职业教育模具专业精品规划教材

# 模具设计与制造基础

## （第2版）

主　编　曾　斌

参　编　张锡联　朱亚林　黎文婉　沈保玲
曾　真　吴　霞　刘强辉



電子工業出版社
Publishing House of Electronics Industry
北京 · BEIJING

## 内 容 简 介

本书作为模具设计与制造专业的入门教材，以培养技能型紧缺人才为目标，重点放在基础方面。本书共分8章，主要内容包括模具的基本知识，冷冲模工艺与结构，塑料模具工艺与结构，模具的机械运动，模具材料与热处理，模具设备，模具零件的机械加工，模具装配、调试和维护。本书坚持以就业为导向、以能力培养为本位的原则，突出实用性、适用性和先进性，深入浅出、循序渐进地引导读者学习。每章后均配有“思考与练习”。

本书可作为职业学校及技校模具设计与制造专业的教材，也可作为模具设计与制造行业的入门读物。



**图书在版编目（CIP）数据**

模具设计与制造基础 / 曾斌主编．—2版．—北京：电子工业出版社，2015.4
职业教育模具专业精品规划教材

ISBN 978-7-121-25731-5

Ⅰ. ①模… Ⅱ. ①曾… Ⅲ. ①模具—设计—中等专业学校—教材 ②模具—制造—中等专业学校—教材
Ⅳ. ①TG76

中国版本图书馆 CIP 数据核字（2015）第 056328 号

策划编辑：张　凌
责任编辑：靳　平
印　　刷：北京盛通商印快线网络科技有限公司
装　　订：北京盛通商印快线网络科技有限公司
出版发行：电子工业出版社
　　　　　北京市海淀区万寿路 173 信箱　邮编　100036
开　　本：787×1 092　1/16　印张：14.5　字数：371.2 千字
版　　次：2008 年 7 月第 1 版
　　　　　2015 年 4 月第 2 版
印　　次：2023 年 11月第 13 次印刷
定　　价：35.00 元

凡所购买电子工业出版社图书有缺损问题，请向购买书店调换。若书店售缺，请与本社发行部联系，联系及邮购电话：（010）88254888，88258888。

质量投诉请发邮件至 zlts@phei.com.cn，盗版侵权举报请发邮件至 dbqq@phei.com.cn。

本书咨询联系方式：（010）88254583，zling@phei.com.cn。

# 前　言

Preface

《模具设计与制造基础》自2008年出版以来，得到广大读者的一致好评。时隔8年，模具设计与制造行业的发展日新月异，新的设计理念、新的制造技术不断得到应用。在此期间，就有不少读者经常打听《模具设计与制造基础》的修订再版情况，并提出了不少好的意见。这次在出版社的提议下，我们对《模具设计与制造基础》进行了修订。

本书在第1版的基础上，在模具设计部分增加了冷冲模及塑料模具设计部分的内容，并相应增加了设计实例，使冷冲模及塑料模具设计部分的内容更充实、丰富；对冷冲模及塑料模具图片进行了更新，选用最新、应用较广的模具及相关图片；相应的课件也重新修改，并增加了动画演示，使学习内容更直观易懂。

本书共分8章。第1章着重介绍模具的定义、模具的分类及应用、模具的特点、标准化的意义、模具设计与制造现代化。第2章着重介绍冷冲模结构、冷冲模标准件、冲裁工艺与冲裁模设计，以及阅读资料——模具加工先进技术。第3章着重介绍注射成型模结构，注射成型模标准零件、注射成型模设计。第4章着重介绍模具运动的概念、冷冲模的机械运动、塑料模具的机械运动。第5章着重介绍模具材料、模具零件的表面处理。第6章着重介绍模具加工设备和模具生产设备。第7章着重介绍模架的加工、模具工作零件的加工、型腔的抛光和表面硬化技术。第8章着重介绍模具的拆卸、模具的装配、模具的安装与调试、模具的使用与维护。

在本书的编写与修订过程中，作者力求体现职业教育的性质、任务和培养目标，坚持以就业为导向、以能力培养为本位的原则，突出教材的实用性、适用性和先进性。本书从培养技能型紧缺人才的目的出发，深入浅出、循序渐进地引导读者学习和掌握本课程的知识点。每章后均附有“思考与练习”，可供读者自我测试之用。

本书由曾斌（岳阳市技工学校）、张锡联（岳阳职业技术学院）、朱亚林（广东白云工商技师学院）、黎文婉（广东白云工商高级技校）、沈保玲（岳阳第一职业中专学校）编写，由曾斌担任主编。参加本书编写和文字录入的还有吴霞、刘强辉。修订过程中，天津职业技术师范大学曾真完成了部分图片的绘制及公式的编辑，在此一并表示感谢。

由于作者水平所限，书中疏漏和错误之处在所难免，欢迎广大读者提出宝贵意见。

编　者

2015年1月

# 目 录

Contents

# 第 1 章

# 模具的基本知识

在现代的工业生产中，模具作为一种工艺装备起着重要的作用。在铸造、冲压、粉末冶金工艺、塑料、橡胶、陶瓷制品等非金属材料制品成型加工过程中，模具与成型机械相配套加工产品。模具生产成为现代工业生产大规模化、专业化的一个重要手段。

## 1.1 模具的定义

在工业生产中，用各种压力机和装在压力机上的专用工具，通过压力把金属或非金属材料制出所需形状的零件或制品，这种专用工具统称为模具。冷冲模具（简称冷冲模）与塑料模具是应用较为广泛的模具。冷冲模如图 1-1 所示。塑料膜具如图 1-2 所示。

（1）模具是一种专用的工业装备，属于精密机械产品，主要由机械零件和机构组成，包括零件、导向零件、支撑零件、定位零件、送料机构、抽芯机构、推（顶）料（件）。

（2）模具在外力作用下能产生一定的运动关系，这种运动关系能使被加工零件形成弯曲变形、冲裁下料、机构检测与安全机构等。

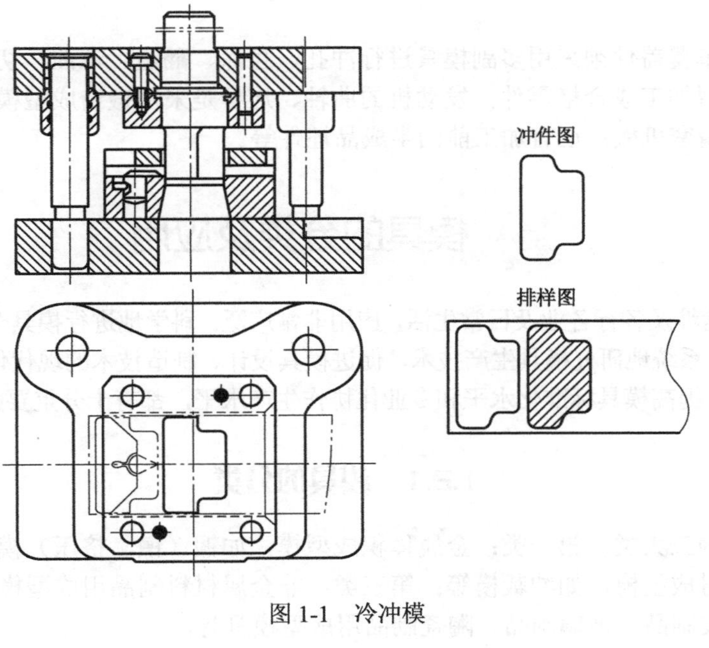


图 1-1　冷冲模

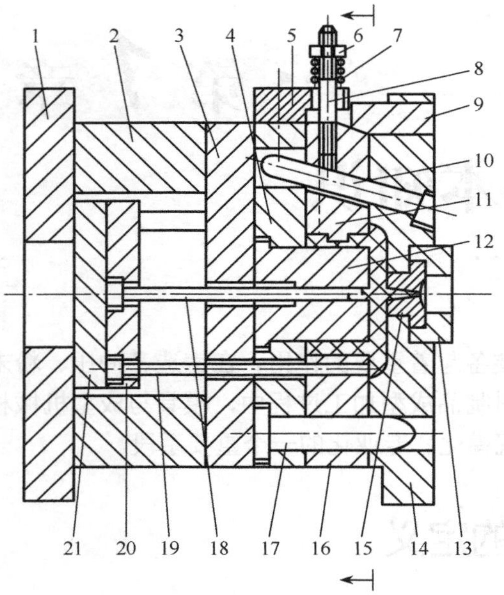


1—动模座板；2—垫块；3—支撑板；
4—动模板；5—挡块；6—螺母；
7—弹簧；8—滑块拉杆；9—锁紧楔；
10—斜导柱；11—滑块；12—型芯；
13—定位圈；14—定模板；15—主流道衬套；
16—动模板；17—导柱；18—拉料杆；
19—推杆；20—推杆固定板；21—推板

图 1-2　塑料模具

（3）制造模具的材料一般要求比较高，硬度要大、耐磨，如 9CrSi、14Cr 等。但目前也有结构简单、生产周期短、成本低的简易冲模，如钢皮冲模、聚氨酯橡胶模、低熔点合金模具、铸合金模具、组合冲模、通用可调孔模等。

（4）在现代工业生产中，由于模具的加工效率高、互换性好、节约材料，所以得到广泛的应用。例如，冲压成型、锻压、压铸成型、挤压成型、塑料注射或其他加工法和成型模具配合，经单工序或多道成型工序，将材料或坯料加工成符合产品要求的零件或半成品件。

例如，汽车覆盖件须采用多副模具进行冲孔、拉深、翻边、弯曲、切边、修边、整形等多道工序成型加工成合格零件；发动机的曲轴、连杆是采用锻造成型模具，经滚锻或模锻成型加工为精密机械；还有加工前的半成品坯件等。

## 1.2　模具的分类及应用

模具的用途涉及各行各业及日常生活，应用非常广泛。科学地进行模具分类，对有计划地发展模具工业、系统地研究模具生产技术，促进模具设计、制造技术的现代化，对研究、制定模具技术标准，提高模具标准化水平和专业化协作生产水平，都有十分重要的意义。

### 1.2.1　模具的分类

模具可分为三大类。第一类：金属体积成型模，如锻（镦、挤压）模、压铸模等；第二类：金属板材成型模，如冲裁模等；第三类：非金属材料制品用成型模，如注射成型模和压缩模、橡胶制品、玻璃制品、陶瓷制品用成型模具等。

目前流行的分类方法很多，采用综合归纳法将模具分为十大类。各大类再根据其使用对象材料、功能和模具制造方法，以及工艺性质等再分成若干类和品种，如表 1-1 所示。

在种类繁多的模具中，目前应用较多的是冷冲模与塑料模具。

表 1-1　模具分类

<table>
<tr><th colspan="3">第一类</th></tr>
<tr><td rowspan="26">金属体积成型模</td><td rowspan="6">压铸模</td><td>热压室压铸机用压铸模</td></tr>
<tr><td>冷压室压铸机用压铸模</td></tr>
<tr><td>铝合金压铸模</td></tr>
<tr><td>铜合金压铸模</td></tr>
<tr><td>锌合金压铸模</td></tr>
<tr><td>黑色金属压铸模</td></tr>
<tr><td rowspan="17">锻造成型模具</td><td>压力机用锻模</td></tr>
<tr><td>摩擦压力机用锻模</td></tr>
<tr><td>平锻机用锻模</td></tr>
<tr><td>辊锻机用锻模</td></tr>
<tr><td>高速锤机用锻模</td></tr>
<tr><td>开（闭）式锻模</td></tr>
<tr><td>校正模</td></tr>
<tr><td>压印模</td></tr>
<tr><td>切边模</td></tr>
<tr><td>冲孔模</td></tr>
<tr><td>精锻模</td></tr>
<tr><td>多向锻模</td></tr>
<tr><td>胎模</td></tr>
<tr><td>闭塞锻模</td></tr>
<tr><td>冷镦模</td></tr>
<tr><td>挤压模</td></tr>
<tr><td>拉丝模</td></tr>
<tr><td colspan="2">粉末冶金成型模</td></tr>
<tr><td colspan="2">锻造金属成型模</td></tr>
<tr><td colspan="2">通用模具与经济模</td></tr>
<tr><th colspan="3">第二类</th></tr>
<tr><td rowspan="8">金属板材成型模</td><td colspan="2">冲裁模</td></tr>
<tr><td colspan="2">单工序模</td></tr>
<tr><td colspan="2">复合冲模</td></tr>
<tr><td colspan="2">级进冲模</td></tr>
<tr><td colspan="2">汽车覆盖件冲模</td></tr>
<tr><td colspan="2">硅钢片冲模</td></tr>
<tr><td colspan="2">硬质合金冲模</td></tr>
<tr><td colspan="2">微型冲件用精密冲模</td></tr>
</table>

续表

| 第三类 | | |
|---|---|---|
| 非金属材料制品成型模 | 塑料成型模 | 注射成型模 |
| | | 压缩模 |
| | | 挤塑模 |
| | | 挤出模 |
| | | 发泡模 |
| | | 吹（吸）塑模 |
| | | 封塑模 |
| | | 滚塑模 |
| | 其他成型模 | 玻璃制品成型模 |
| | | 橡胶制品成型模 |
| | | 陶瓷模 |

### 1.2.2 模具的应用

模具的应用与模具的类别、品种存在密切的关系。每一类、每一种模具都有其特定的用途及使用方法，并且有专门相配套的成型加工机械设备。

在现代工业生产中，由于模具生产技术的现代化，模具已广泛用于电动机与电气产品、电子与计算机产品、仪表、家用电气产品与办公设备、汽车、军械、通用机械产品的生产中。模具的应用如表 1-2 所示。

表 1-2 模具的应用

| 模具类别 | 应　用 |
|---|---|
| 冲裁模 | 使用金属板材，通过冲裁模成型加工为合格工件 |
| 塑料成型模 | 使用热固性和热塑性的塑料，通过注射、压缩、挤塑、挤出、发泡、吹塑和吸塑等成型加工为合格工件；塑件也有板材和体积成型两种成型工艺 |
| 玻璃制品成型模 | 用于玻璃瓶、缸、盒、桶及工业产品零件的成型加工 |
| 橡胶制品成型模 | 汽车轮胎、“O”形密封圈及其他杂件与硫化机配套成型加工为合格橡胶零件 |
| 压铸模 | 金属零件产品，如汽车、汽油机缸体、变速箱体等有色金属零件（锌、铝、铜等），通过注入模具型腔的液态金属加工成型 |
| 锻造成型模 | 采用有色、黑色金属的块料或棒材、丝材，经锻、镦、挤、拉等工艺成型加工成合格零件、毛坯和丝材 |
| 陶瓷模 | 用于建筑用陶瓷构件、陶瓷器皿、工业生产用陶瓷零件的成型加工 |
| 粉末冶金成型模 | 主要用于铜基、铁基粉末制品的压制成型。它包括机械零件、电气元件、工具材料、易热零件、核燃料制件的粉末压制成型 |
| 铸造金属型模 | 液态金属、石蜡等易熔材料经注入模具腔成型为金属零件毛坯、铸造用型芯、工艺品等 |
| 通用模具与经济模 | 适用于产品试制，多品种、小批量生产 |

# 1.3 模具的特点

模具应用广泛，具有适应性强、制件的互换性好、生产效率高、低耗及社会效益高等特点。

## 1.3.1 模具的适应性

针对产品零件的生产规模和生产形式，可采用不同结构和档次与之相适应。产品零件大批量生产，可采用高效率、高精度和高寿命、自动化程度高的模具；产品试制或多品种、小批量的产品零件生产，可采用通用模具，如组合冲模、快换模具（可用于柔性生产线），以及各种经济模具。

根据不同产品零件的结构、性质、精度和批量，以及零件材料和性质、供货形式，可采用不同类别和种类的模具与之相适应。例如，锻件则须采用锻模，冲件则须采用冲模，塑件则须采用塑料成型模，薄壳塑件则须采用吸塑或吹塑成型模具等。

## 1.3.2 制件的互换性

在模具一定使用寿命范围内，合格制件（冲件、塑件、锻件等）的相似性好，可完全互换。常用的模具寿命如表 1-3 所示。

**表 1-3 常用的模具寿命**

| 模具种类和名称 | | 模具参考寿命/万件 | 说　明 |
|---|---|---|---|
| 冲裁模 | 一般钢冲裁模 | 100～300 | 平均寿命 |
| | 电动机定转子硬质合金冲裁模 | 4000～8000 | |
| | E 形片硬质合金冲裁模 | 6000～10000 | |
| 注射成型模 | 钢注射成型模 | 40～60 | 中碳钢制模具 |
| | 合金钢注射成型模 | 100 以上 | 采用优质模具钢 |
| 压铸模 | 中、小型铝合金件用压铸模 | 10～20 | |
| | 中、大型铝合金件用压铸模 | 5～7 | |
| 锻模 | 齿轮精锻模 | 1～1.5 | |
| | 一般锤锻模 | 1～2 | |

模具具有所谓“一模一样”的特点，只要模具生产的第一个零件合乎要求，接下来成批生产的零件就会合乎要求。但必须是在模具使用寿命范围之内。一套模具生产出来的同一批零件，它的互换性好，具有“一模一样”的特点。

## 1.3.3 生产效率高、低耗

采用模具成型加工，产品零件的生产效率高。高速冲压可达 1800 次/min。由于模具寿命和产品产量等因素限制，常用冲模也在 200～600 次/min 范围内。塑件注射循环时间可缩短在 1～2min 内成型，若采用热流道模具进行连续注射成型，生产效益则更高，可满足塑件大批量生产的要求。采用高效滚锻模进行连杆锻件连续滚锻成型。采用塑料异形材挤出模进行建筑用门窗异形材挤出成型，其挤出成型速度可达 4m/min。

采用模具生产，不仅生产效率高，而且生产消耗低，可大幅节约原材料和人力资源，是进行产品生产的一种优质、高效、低耗的生产技术。

### 1.3.4 社会效益高

模具是高技术含量的社会产品，其价值和价格主要取决于模具材料、加工、外购件的劳动与消耗三项直接发生的费用和模具设计与试模（验）等技术费用，而且是模具价值和市场价格的主要组成部分，其中一部分技术价值计入了市场的价格，而更大一部分价值则是模具用户和产品用户受惠变为社会效益。例如，电视机用模具，其模具费用仅为电视机的 1/3000～1/5000，尽管模具的一次投资较大，但在大批量生产的每台电视机的成本中仅占极小的部分，甚至可以忽略不计。而实际上，很高的模具价值为社会所拥有，变成了社会财富。

模具是现代化工业生产中广泛应用的优质、高效、低耗、适应性很强的专用成型工具产品。模具是技术含量高、使用广泛的新技术产品，是价值很高的社会财富。

## 1.4 模具标准化

模具行业在近几年得到了飞速的发展，它的标准化也有了相应的发展，主要体现在模具的技术标准及模具标准件两个方面。

### 1.4.1 模具标准化的意义

模具标准化是模具工业建设的基础，也是现代模具生产的基础，它的意义主要体现在：使用性能和质量、生产周期、生产技术及生产成本。

（1）提高模具使用性能和质量。

实现模具零部件标准化，可使 90%左右的模具零部件实现大规模、高水平、高质量的生产。这为提高模具质量和使用性能及其可靠性提供了保证。

（2）大幅度节约工时和原材料，缩短生产周期。

实现模具零部件标准化后，注射成型模的生产工时可节约 25%～45%，即相对单件生产来讲，可缩短 1/3～2/5 的生产周期。

目前，在工业化国家，中小型冲模、注射成型模、压铸模等模具标准化使用覆盖率已达 80%～90%；大型模具配件标准化程度也很高，除特殊模具外，其零部件基本上实现了标准化。

由于模具标准件需求量大，实现模具零部件的标准化、规模化、专业化生产，可大量节约原材料，大幅度提高原材料的利用率，原材料利用率可达 85%～95%。

（3）是采用现代化生产技术的基础。

实行模具的 CAD/CAM，实现无图生产，实现计算机管理和控制，是进行模具优化设计和制造的技术基础。

（4）可有效地降低模具生产成本，简化生产管理和减少企业库存，是提高企业经济、技术效益的有力措施和保证。

### 1.4.2 模具技术标准

标准是一种社会规范。因此，模具技术标准是模具企业都要遵守的行业或专业规范，也是社会规范的一种。它的主要内容是技术规范内容，人在生产过程中的行为规范，具有科学性、先进性、实践性。其参数、指标、结构必须科学、合理、准确；同时，对实践和市场需求应是完全相适应的。

模具技术标准（的制定）依据如下。

（1）符合国家基础标准及相关标准，包括制图标准、形位公差及配合标准、标准尺寸、材料标准、制件（冲件、塑件等）产品标准。

（2）为与国际贸易接轨，模具技术标准还必须逐步靠拢国际标准和国际优秀企业标准，我国注射成型模和冲模标准的制定参照了 ISOTC29/SC8 零件标准。

（3）积极应用科学实验的科技成果及我国大型企业的生产实践和企业标准。

### 1.4.3 模具技术标准分类

模具技术标准共分为四类：模具产品标准（含标准零部件标准等）、模具工艺质量标准（含技术条件标准等）、模具基础标准（含名词术语标准等），以及相关标准。

#### 1．模具产品标准

模具产品标准主要是对模具零件及结构进行标准化。例如，冷冲模、注射成型模、锻模、挤压模的零件标准，模架标准和结构标准，锻模模块结构标准等，特别是其中的模架标准已得到了市场的广泛认同，已有厂家专业化生产。

#### 2．模具工艺质量标准

模具工艺质量标准主要对模具的表面质量要求、材料的热处理工艺及产品质检等进行规范。例如，冷冲模、注射成型模、拉丝模、橡胶模、玻璃模、锻模、挤压模等模具的技术要求标准，模具材料热处理工艺标准，模具表面粗糙度等级标准，冷冲模、注射成型模零件和模架技术条件、产品精度检查和质量等级标准等。

#### 3．模具基础标准

模具基础标准主要是对模具名词术语、尺寸系列等进行规范。例如，冷冲模、注射成型模、压铸模、锻模等模具的名词术语，模具的尺寸系列，模具体系表等。

4．相关标准

相关标准主要是模具用材料标准，如塑料模具钢标准、冷件模具钢标准、热件模具钢标准等。

模具标准化有利于工业规模化生产。近两年模具标准化有了很大的发展，并逐步得到市场的认同，但由于起步较晚，许多方面的标准还要进一步完善。

### 1.4.4 模具标准件

模具标准件简称标准件。目前我国模具标准件的专业化生产规模不是很大，品种不多。在美国市场有150多种模具标准件供选购。模具标准件的专业生产，简化了模具的生产过程，缩短了模具的生产加工周期，大大提高了生产效益。一副精度高、复杂的电动机定转子片级进冷冲模，只2.5个月即可完工交货。

模具标准件生产加工须具备以下条件。

（1）要有一定规模，能产生规模效益。例如，冷冲模模架的产量就要在保证精度、质量的条件下，达到经济产量，方能产生规模效益。

（2）须保证标准件的互换性和可靠性，因此标准件生产工艺管理须规范，须采用保证高精度、高效的生产设备及工艺设备。

（3）销售服务体系要配套完善，使用户实现无库存管理，保证用户定量、定期获得供应。

## 1.5 模具设计与制造现代化

模具设计与制造的手段在近两年得到了飞速发展。特别是随着计算机的应用，其设计、制造都达到了一个新的层次，它的特点主要体现在以下几方面。

### 1.5.1 模具工业体系的产业基础

模具的工业体系要拥有广大的模具企业与支持模具企业或为模具企业提供生产装备的企业，以形成强大的产业基础。

特别是我国目前汽车行业的高速度发展，带动了模具产业的发展。汽车的工业化规模生产，需要一大批专业模具企业为其提供模具。

模具工业体系的产业基础也是为适应社会产品工业化规模生产的重要条件和特点。

### 1.5.2 模具标准化是现代模具生产的技术基础

为适应各类模具的现代化生产，必须进行模具的标准化工作，即将模具中的通用零部件设计成通用的标准，组织规模生产，以提高模具设计和制造的效率，缩短模具生产周期，提高模具性能水平。这是现代化模具生产的必备条件。

由于现代化模具生产采用了先进的制造和设计技术，例如，采用CAD/CAM/CAE、FMS技术，则必须有标准化的支持，因此模具标准化是现代模具生产的技术基础和必备条件。

### 1.5.3 模具零件的互换性

模具的通用零部件都须标准化，并在此基础上实现互换，是现代模具生产的重要基础和特点。

冲裁模、凸模和凹模及拼块，以及精密塑料型腔拼块，由于高效、精密和超精加工技术的发展，加工精度已达到0.000xmm级，即所谓的“零误差”，从而使凸模、凹模及其拼块可进行完全互换。这对于高精密性、高寿命、高价值模具来说，是非常有利的。例如，安装的硅钢片冲模的冲头（凸模）和凹模拼块，当在冲压过程中拼块失效了，换上另一种拼块，无须检查，即可继续工作。

目前我国模具零部件标准化进展较快，除了凸模、凹模及拼块、精密塑料模具型腔拼块实现互换外，还有部分模具零件也实现了互换。

### 1.5.4 模具的设计技术

随着计算机技术的发展，模具的设计技术也有很大的飞跃。目前，模具的设计包括模具平面图、立体图、效果图、工艺规程、模具加工模拟全部可通过软件实现，常用的、效果较好的软件主要是以下几种。

#### 1. CAD/CAM

1）CAD/CAM的概念

计算机辅助设计（Computer Aided Design，CAD）是人和计算机相结合，各尽所长的新型设计方法。在CAD运行过程中，人可以评价设计结果，控制设计过程；计算机可以发挥其计算和存储信息的能力，完成信息管理、绘图、模拟、优化和其他数值分析任务。

计算机辅助制造（Computer Aided Manufacturing，CAM）通过计算机进行数控加工自动编程，并对加工过程进行模拟。CAD与CAM关系十分密切，形成计算机辅助设计与计算机辅助制造系统，简称CAD/CAM系统。

以CAD/CAM为基础，产生了一系列相关的概念与技术，如计算机辅助工程（CAE）、计算机辅助工艺设计（CAPP）、柔性制造系统（FMS）、快速还原技术（RP）、计算机集成制造系统（CIMS）、反向工程（RE）、并行工程（CE）、敏捷制造（AM）和虚拟制造（VM）等。

2）模具CAD/CAM技术的应用

（1）利用CAD/CAM的几何造型技术获得几何模型，可供后续的设计分析和数控编程等方面使用。

（2）可以缩短新产品的试制周期。

（3）满足产品的技术需要，如汽车车身表面需要利用计算机准备数据和完成随后的制造工作。

（4）模具加工设备通过CAD/CAM处理数据，大大提高效率。

（5）通过磁盘进行数据传送、交流信息，方便制造商及用户。

3）传统的模具设计制造流程与现代流程比较

（1）传统的模具设计制造过程包括工艺设计、模具结构设计、工艺模型制造、零件加工、试模与调试、检测等。传统的模具设计制造流程如图 1-3 所示。

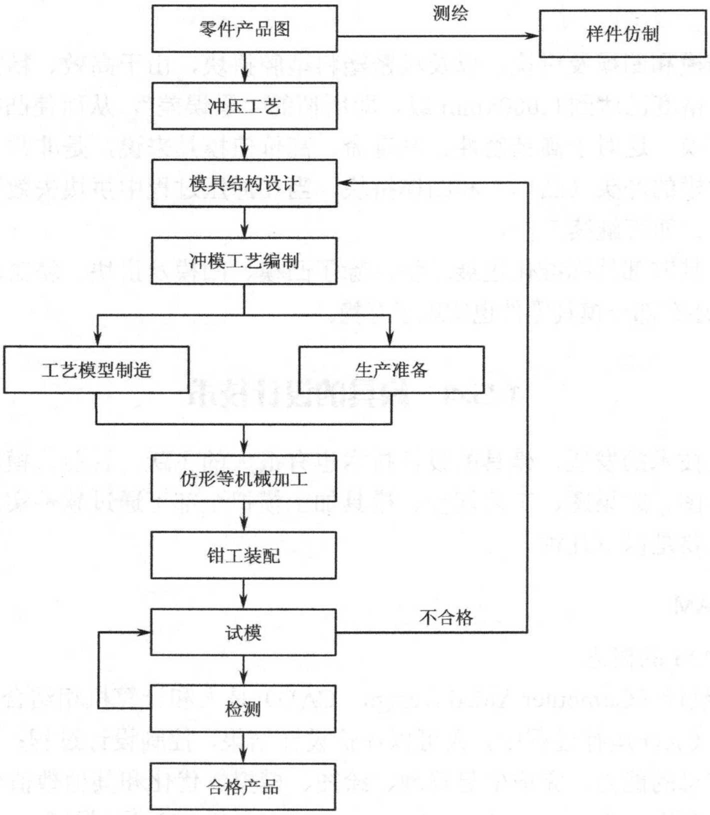


图 1-3　传统的模具设计制造流程

其特点如下。

① 产品设计信息以二维图样为主，对于复杂零件要辅以样件或模型表示零件的形状。

② 进行工作零件设计时，要对产品图进行再设计。

③ 模具设计凭经验进行，结果难以预测。

④ 模具设计效率低，信息共享程度差。

⑤ 工艺模型的制造质量决定整套模具的加工质量。

⑥ 仿形加工是大型型腔模具的主要方式，模具的研配和调试工作量很大。

（2）现代的模具设计与制造主要体现在集成方面，如集成的汽车覆盖模设计制造流程。其过程首先是在三维坐标测量机上进行三维扫描，通过 CAM 进行三维几何造型 NC 编程，生成 NC 加工程序和工艺文件，通过网络传到加工现场，验证模型 NC 程序或试切，最后完成覆盖件模具的 NC 加工，形成合格的模具成品，如图 1-4 所示。

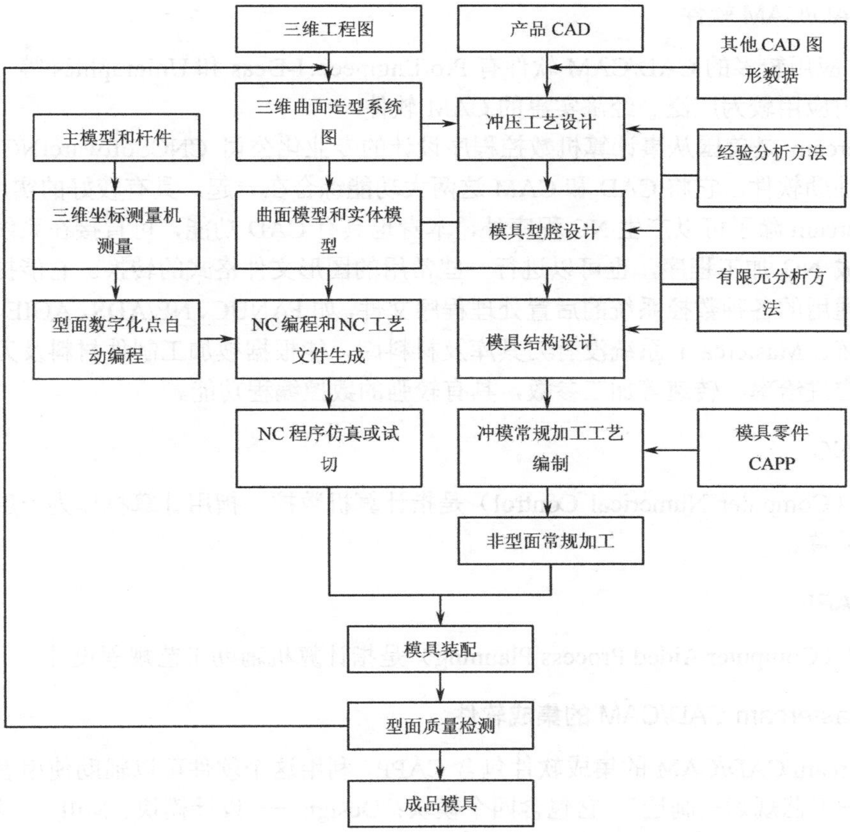


图 1-4 集成的汽车覆盖件模具 CAD/CAM 流程图

### 2. Pro/Engineer

1）3D 实体模型（3D Solid model）

将使用者的设计概念以最真实的模型在计算机上呈现出来，随时计算出产品的体积、面积、质心、重量、惯性矩等，用以了解产品的真实性，并补足传统面架构、线架构的不足。

2）单一数据库（Single data base）

随时由 3D 实体模型产生 2D 工程图，而且自动标注工程图尺寸，不论在 3D 还是 2D 图形上做尺寸修正时，其相关 2D 图形或 3D 实体模型均自动修改，同时组合、制造等相关设计也会自动修改，可确保资料的正确性，并避免反复修正的耗时性。

3）以设计特征作为数据库存取的单位（Feature-based design）

以最自然的思考方式从事设计工作，如钻孔、挖槽、圆角等。充分掌握设计概念之外，设计过程中导入实际的制造观念，以特征作为资料存取的单元可随时对特征做合理、不违反几何顺序的调整、插入、删除、重新定义等修正动作。

4）参数式设计（Parametric design）

设计者只须更改尺寸参数，几何图形立即依照尺寸变更，可以实现设计工作的一致性，避免发生人为改图的疏漏情形，减少许多人为改图的工作时间与人力消耗。

### 3. CAD/CAM 软件

目前，应用较多的 CAD/CAM 软件有 Pro/Engineer、I-Deas 和 Unigraphics 等。Mastercam 是目前国内应用较为广泛、经济实惠的 CAM 软件。

Mastercam 是美国从事计算机数控程序设计的专业化公司 CNCSoftwareINC 研制出来的计算机辅助软件。它将 CAD 和 CAM 这两大功能综合在一起，具有较好的实用性。

Mastercam 除了可以产生 NC 程序外，本身也具有 CAD 功能，可直接在系统上设计图形并转换成 NC 加工程序，也可以进行一些常用的图形文件格式的转换。它能提供适合目前国际上通用的各种数控系统的后置处理程序文件，如 FANUC、NE/ADS、AGIE、HIJACHI 等数控系统。Mastercam 系统没有刀具库及材料库，能根据被加工制件材料及刀具规格尺寸自动确定进给率、转速等加工参数，具有较强的数控编程功能。

### 4. CNC

CNC（Computer Numerical Control）是指计算机数控，指用计算机作为一般数控系统中的控制装置。

### 5. CAPP

CAPP（Computer Aided Process Planning）是指计算机辅助工艺规程设计。

### 6. Mastercam CAD/CAM 的集成软件

Mastercam CAD/CAM 的集成软件包含 CAPP，利用这个软件可以辅助使用者完成产品的“设计—工艺规划—制造”，它包含四个模块：Design——设计模块、Mill——铣销模块、Lathe——车削模块、Wire——线切割模块。

## 1.5.5 模具的制造技术

由于工业产品规模化生产的要求，模具须具备高精密、高寿命的使用性能。因此，模具零件须采用高性能、高硬度或超硬材料制造。例如，冲裁模使用的 Cr12MoLV1 硬质合金 YG15 等材料，硬度都在 62HRC 以上。这是一般机械加工方法难以进行的，因此须采用特种加工工艺和装备。

模具的普通机加工一般是模具零件的粗加工，结构不是很复杂，或模具零件的硬度不是很大。它的加工方法主要包括车、铣、刨、磨、钻、插、镗等，还包括钳工方法的锉、刮、锯、研磨等。

模具零件的特种加工方法主要有电火花、电火花线切割、超声加工、化学与电化学加工等。对高硬或超硬材料的加工效果很好，同时适用于一些薄壁小零件、结构复杂的模具零件。一般机械设备不便于加工，可以采用特种加工工艺。

模具的先进设备加工，是采用计算机控制的自动化程度较高的一些先进设备。目前这方面的技术主要如下。

1）NC、CNC 成型磨削精密加工技术

采用 NC（Numerical Control，简称数控，指用离散的数字信息控制机械等装置的运行 NC）、CNC 曲线磨床、连续轨迹坐标磨床，对冲模的凸模与凹模型面及塑料模具、压铸模等成型模具型面拼块，进行成型加工。

2）NC、CNC成型铣削

NC、CNC成型铣削主要用于成型模具的凸模（含型芯）、凹模（含型腔）型面的半精或精密成型加工。目前，NC、CNC铣镗床加工中心已成为普遍采用的模具生产设备。

## 1.6 快速成型及快速模具制造技术

快速成型（Rapid Prototyping，RP）原理为分层叠加制造，以液态光敏聚合物选择性固化（简称SLA）为例说明快速成型原理及原型零件的制造过程。如图1-5所示，液槽中盛满液态光敏树脂，激光束在偏转镜作用下，在液态表面扫描，扫描的轨迹及光线均由计算机控制，光点打到的地方，液体就固化。成型开始时，工作平台在液面下一确定的深度，聚焦后的光斑在液面上按计算机的指令逐点扫描，即逐点固化。当一层扫描完成后，未被照射的地方仍是液态树脂。然后升降台带动平台下降一层高度，已成型的层面上又布满一层树脂，刮平器将黏度较大的树脂液面刮平，再进行下一层的扫描，新固化的一层牢固地粘在前一层上。如此重复直到整个零件制造完毕，便可从液槽中取出一个分层制造的三维实体零件，也就是原型零件。

快速成型技术具有以下特点。

（1）成型速度快，从CAD设计到原型零件制成，一般只需几个小时至几十个小时。

（2）设计制造一体化，CAD和CAM能够很好地结合。

（3）自由成型制造，自由的含义：一是指可以根据零件的形状，无须专用工具的限制而自由地成型，二是指不受零件形状复杂程度限制。

（4）高度柔性，仅须改变CAD模型，重新调整和设置参数即可生产出不同形状的零件模型。

（5）技术高度集成，带有鲜明的时代特征。

（6）制造成本与零件的复杂程度基本无关。

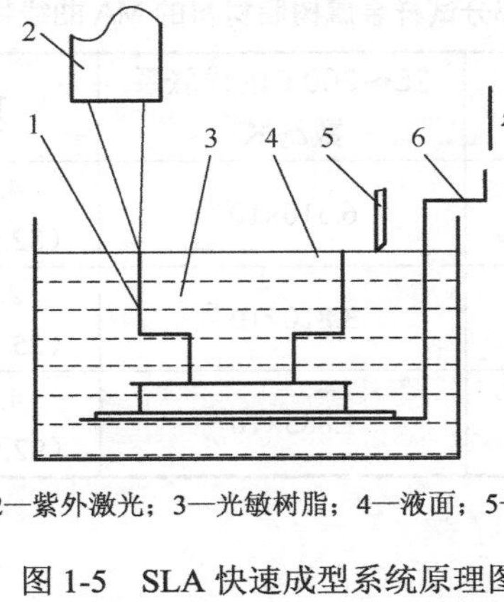


1—原型零件；2—紫外激光；3—光敏树脂；4—液面；5—刮平器；6—升降台

图1-5 SLA快速成型系统原理图

### 1. 快速模具制造技术

1）金属树脂模具材料的配方

环氧树脂应用相当广泛，其特点是固化反应过程中不释放低分子产物，固化物收缩率小，成型压力低，而且固化强度高，尺寸稳定，较耐高温，较适合转化快速原型零件为金属树脂模具。以金属粉末和环氧树脂为基料，作者研究了不同添加剂对金属树脂材料性能的影响，各种金属树脂模具材料的配方如表 1-4 所示。

表 1-4　金属树脂模具材料的配方

| 环氧树脂/g | | | 固化剂/g | | 金属粉末/g | | | |
|---|---|---|---|---|---|---|---|---|
| 配方号 | E-44 | F-51 | 脂肪胺类（A1） | 芳香胺类（A2） | 铝粉 | 铜粉 | 稀释剂/mL | 其他添加剂 |
| 1 | 100 | | 10 | | 200 | | 85 | 少许 |
| 2 | 100 | | 10 | | 120 | | 35 | |
| 3 | 100 | | 10 | | | 200 | 30 | 少许 |
| 4 | 100 | | | 11 | 120 | | 89 | 若干 |
| 5 | | 100 | | 15 | 120 | | 100 | 若干 |
| 6 | | 100 | 12 | | 120 | | 100 | |

按表 1-4 配方将称量好的环氧树脂倒入容器，加入稀释剂和金属粉末，充分搅拌均匀，加入适量固化剂和其他添加剂（有的不加）。不断搅拌，待充分混合均匀后倒入成型模具中成型，脱模后置于恒温箱中充分固化。制得各种标准试样，然后进行性能测试，配方试样的性能测试值如表 1-5、表 1-6 所示。

表 1-5　6 种金属树脂试样的性能测试值

| 性能参数 | 试样号 | | | | | |
|---|---|---|---|---|---|---|
| | 1 | 2 | 3 | 4 | 5 | 6 |
| 硬度（HR） | 30.2 | 42.8 | 58.5 | 51.5 | 112.0 | 106.3 |
| 磨损体积/$mm^3$ | 7.352 | 5.810 | 5.569 | 1.441 | 6.398 | 2.772 |
| 抗拉强度/MPa | 1.18 | 14.53 | 32.21 | 10.18 | 7.63 | 12.05 |

表 1-6　部分试样金属树脂材料的 MA 曲线特征数据

| 试样号 | 不同温度区间最大线胀系数 $\alpha_1$/$K^{-1}$ | 25～200℃的线胀系数 $\alpha_2$/$K^{-1}$ | 其他温度区的线胀系数 $\alpha_3$/$K^{-1}$ | |
|---|---|---|---|---|
| 2 | $1.848\times10^{-4}$（55.3～82.5℃） | $6.310\times10^{-5}$ | $4.112\times10^{-5}$（82.5～200℃） | $5.975\times10^{-5}$（25～55.3℃） |
| 4 | $4.855\times10^{-3}$（151.8～157.5℃） | $3.810\times10^{-4}$ | $2.149\times10^{-4}$（25～151.8℃） | $8.286\times10^{-4}$（157.5～200℃） |
| 5 | $2.428\times10^{-4}$（25～75.5℃） | $1.885\times10^{-4}$ | $4.275\times10^{-5}$（92.8～200℃） | 0（75.5～92.8℃） |

2）性能测试结果分析

（1）硬度。从表 1-5 可以看出试样 5、6 的硬度最大，而其他几种试样的硬度相差不大，这可能是因为试样 5、6 所用环氧树脂不同，其固化物的分子链刚性较大的缘故。同时，环氧树脂的相对含量也是影响硬度的主要因素，从试样 1、2、3 的硬度大小可看出这一点。

（2）磨损性能。从表 1-5 可以看出，试样 1 磨损体积最大，耐磨性最差。而试样 4 磨损体积最小，仅为 1.1441 $mm^3$，试样 3 耐磨性最好，用作模具材料较为适宜。

（3）抗拉强度。由表 1-5 可以看出，试样 1 的抗拉强度最小，这可能与试样 1 所用铝粉较多、环氧树脂相对用量减小有关。而试样 3 则因用的是铜粉，其密度大，在金属树脂中占有体积小，环氧树脂相对用量较多，故其结合紧密，抗拉强度最高。试样 2、4、5、6 的拉伸强度相差不是很大。由此表明，金属粉末的品种和含量是影响抗拉强度的主要因素。

（4）线胀系数。在相同条件下，对 3 种金属树脂试样 2、4、5 进行了热膨胀性能分析，在 25～200℃范围内，得到它们的 MA 曲线的特征数据，如表 1-6 所示，从中可以看出，3 种试样的线胀系数在 25～200℃相差不是很大。但在不同的温度范围内，它们的线胀系数相差悬殊，试样 2 在 55.3～82.5℃膨胀最快，而在 82.5～200℃膨胀速度明显减缓。由此表明试样 2 适于在此温度范围内使用，其膨胀幅度不会很大。试样 4 在 151.8～157.5℃膨胀极为迅速，线胀系数高达 $4.855\times10^{-3}$/K，而在 25～151.8℃时，其膨胀却较为缓慢，当温度升高至 157.5℃时突然收缩，这可能是因为试样 4 固化不完全，当温度升高时发生固化收缩所致。试样 5 在 25～200℃膨胀速度相差不大，开始较为迅速，在 25～75.5℃时线胀系数为 $2.428\times10^{-4}$/K，升至 75.5℃时出现一段水平线，达到 92.8℃时重新开始膨胀，到 200℃时线胀系数为 $4.275\times10^{-5}$/K。由此表明，在 25～200℃温度范围内用试样 5 作为模具材料，膨胀幅度不大。

从以上的分析可以得到以下结论。

① 对于以环氧树脂和金属粉末为基料的金属树脂材料，材料中的环氧树脂、固化剂、金属粉末等是影响材料性能的直接因素。

② 在试样配方中，试样 5 硬度高，强度适中，且在 25～200℃时线胀系数不大，较适合作为金属树脂模具的材料，也可作为低熔点塑料模具材料；试样 4、6 比较适合作为拉深模的材料。

### 2. 制模过程

基于 RP 技术的金属树脂模具快速制造工艺，制模过程分析如下。

（1）设计制作原型。首先按照前述 RP 原型的设计制作原则，利用快速成型技术设计制作模具原型零件。

（2）原型表面处理。原型表面必须进行光整处理，采用刮腻子、打磨等方法，尽可能提高原型粗糙度，然后涂刷聚氨酯漆 2～3 遍，使其表面达到一定的粗糙度。

（3）设计制作金属模框。根据原型的大小和模具结构设计制作模框。模框的作用：一是在浇注树脂混合料时防止混合料外溢；二是在树脂固化后，模框与树脂黏结在一起形成模具，金属模框对树脂固化体起强化和支撑的作用。模框的长和宽应比原型尺寸放大一些，一般原型放到模框内，模框内腔与原型的间隔应在 40～60mm，如图 1-6 所示。高度也应适当考虑。浇注时模框表面要用四氯化碳清洗，去除油污、铁锈、杂物，以使环氧树脂固化体能与模框结合牢固。

（4）选择和完善分型面。无论是浇注金属环氧树脂模具还是考虑用模具生产产品，都要合理选择模具的分型面。这不仅为脱模提供方便，而且是提高产品质量、尽可能减少重复修整工作等必须考虑的技术措施。另外，严禁出现倒拔模斜度，以免出现无法脱模等现象。

（5）上脱模剂。选用适当的脱模剂，在原型的外表面（包括分型面）、平板上均匀、细致地喷涂脱模剂。

（6）涂刷模具胶衣树脂。把原型和模框放置在平板上，原型和模框之间的间隙要调整一致。将模具胶衣树脂按一定的配方比例，先后与促进剂、催化剂、固化剂混合搅拌均匀，即可用硬细毛刷等工具将胶衣树脂刷于原型表面，一般刷 0.2～0.5mm 厚即可。

（7）浇注凹模。如图 1-6 所示，当表面胶衣树脂开始固化但还有黏性时（一般 30min），将配制好的金属环氧树脂混合料沿模框内壁（不可直接浇到型面上）缓慢浇入其中的空间。浇注时可将平板支起一角，然后从最低处浇入，这样有利于模框内气泡逸出。

（8）浇注凸模。待凹模制成后，去掉平板，如图 1-7 所示放置，在分型面及原型内表面均匀涂上脱模剂，然后在原型内表面及分型面涂刷胶衣树脂。待胶衣树脂开始固化时，将配制好的混合料沿模框内壁缓慢浇入。

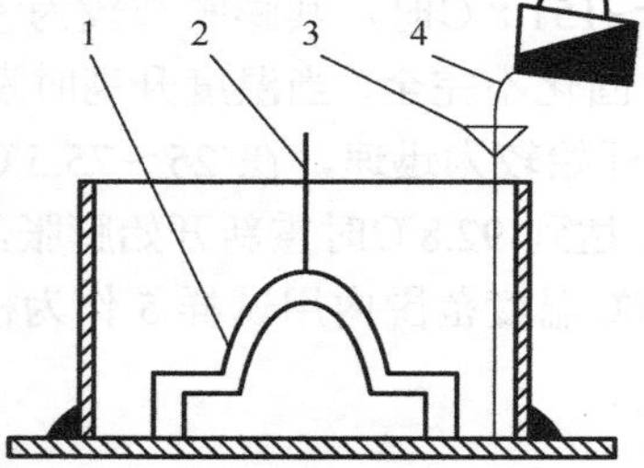


1—胶衣树脂层；2—顶模杆；3—漏斗；
4—金属树脂混合料

图 1-6　浇注凹模简图

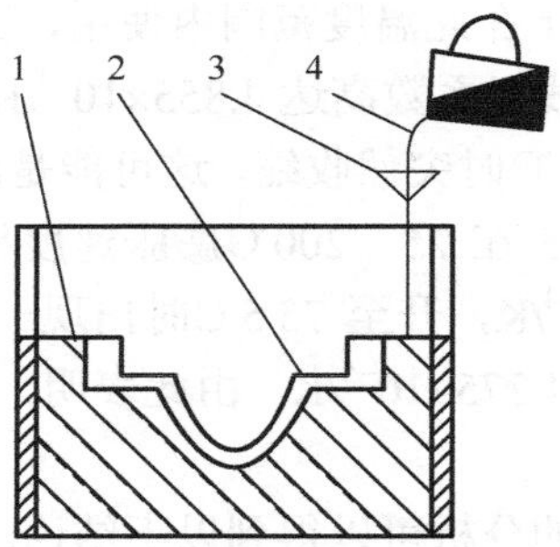


1—凹模；2—胶衣树脂层；3—漏斗；
4—金属树脂混合料

图 1-7　浇注凸模简图

（9）分模。在常温下浇注的模具，一般 1～2 天就可基本固化定型，即能分模。

（10）取出原型及修模。由于金属树脂混合料固化时具有一定的收缩量，分模后，原型一般留在凹模内。取原型时，可用简单的起模工具，如硬木、铜或高密度塑料制成的楔形件，轻轻地楔入凹模与原型之间，也可同时吹入高压气流或注射高压水，使原型与凹模逐步分离，取原型时，应尽量避免用力过猛、重力敲击，以防止损伤原型和凹模。

## 思考与练习

1-1　模具的定义是什么？

1-2　模具是怎样分类的？目前应用最广泛的是哪两类？

1-3　模具有哪些主要特点？

1-4　什么是模具标准化？它的意义是什么？

1-5　什么是模具零件的互换性？

1-6　现代模具设计与制造的主要特点是什么？

1-7　试说明集成的汽车覆盖模设计制造流程。

1-8　Mastercam 的主要作用是什么？

# 第 2 章

# 冷冲模工艺与结构

冷冲模在机械行业应用非常广泛，在模具加工产品过程中发挥了重要作用。了解冷冲模的工艺与结构对冷冲模设计及制造起关键作用。

## 2.1 冷冲模基本概念与分类

### 1. 冷冲模基本概念

（1）冷冲压与冷冲模。

冷冲压是在室温下，利用安装在冲压设备上的模具对材料施加压力，使其产生分离或塑性变形，从而获得所需零件的一种压力加工方法。

冷冲压所使用的模具称为冷冲压模具，简称冷冲模。冷冲模在冷冲压中至关重要，没有符合要求的冷冲模，冷冲压生产就难以进行；没有先进的冷冲模，先进的冷冲压加工就无法实现。冷冲压工艺与模具、冷冲压设备、冷冲压材料构成冷冲压加工的三要素，如图 2-1 所示。

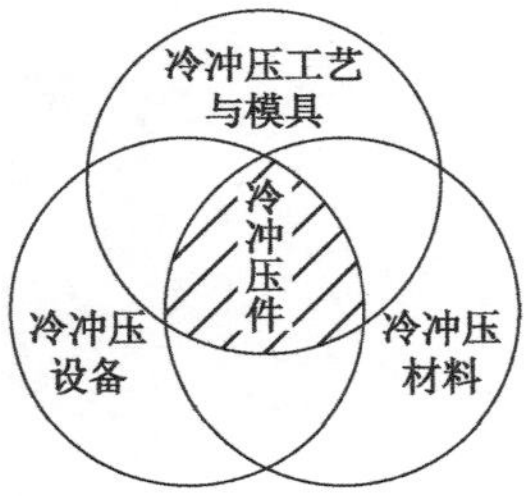


图 2-1　冷冲压生产的三要素

（2）冷冲压生产的三要素：合理的冷冲压工艺与模具（冷冲模一种特殊工艺装备）、冷冲压材料及高效的冷冲压设备。冷冲模与冷冲压件有“一模一样”的关系，冷冲模没有通用性。冷冲模是冷冲压生产必不可少的工艺装备，决定着产品的质量、效益和新产品的开发能力。冷冲模的功能和作用、冷冲模设计与制造方法和手段，决定了冷冲模是技术密集、高附加值型产品。

（3）冷冲压生产的主要特点：低耗、高效、低成本是模具加工产品对冷冲压设备的基本要求。如果板材有良好的冷冲压成型性能，就可以加工出“一模一样”、质量稳定、高一致性的薄壁、复杂零件，但模具成本高。

### 2. 冷冲模分类

冷冲压成型适宜批量生产，冷冲模的形式很多，一般可按以下几个主要特征分类。

1）按工序性质分

按工序性质分为冲裁模、弯曲模、拉深模、成型模及冷挤压模等。

（1）冲裁模：沿封闭或敞开的轮廓线使板料产生分离的模具，如落料模、冲孔模、切断模、切口模、切边模、剖切模等。

（2）弯曲模：使板料沿着直线（曲线）产生弯曲变形，从而获得一定角度和形状的工件的模具。

（3）拉深模：把板料制成开口空心件，或使空心件进一步改变形状和尺寸的模具。

（4）成型模及冷挤压模：将板料或工序件按凸、凹模的形状直接复制成型，而板料本身仅产生局部塑性变形的模具，如胀形模、缩口模、扩口模、起伏成型模、翻边模、整形模等。

2）按工序的组合方式分

按工序的组合方式分为单工序模、连续模及复合模等。

（1）单工序模是在压力机一次行程中只完成一道工序的冲模，如图 2-2 所示。

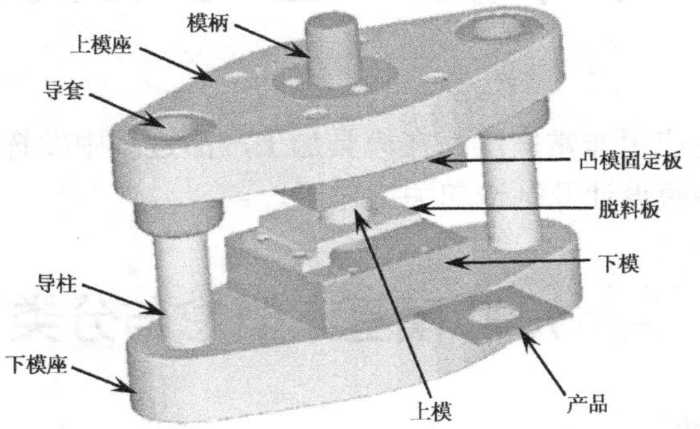


图 2-2　单工序模具结构

（2）复合模在一次冲压过程中完成多步加工工序，如图 2-3 所示。

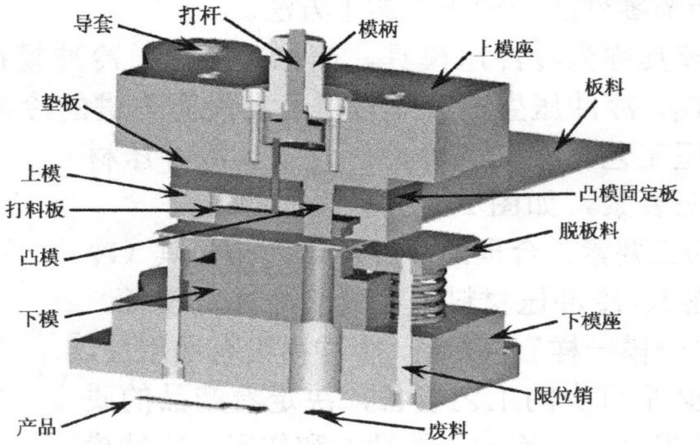


图 2-3　复合模结构

（3）连续模是具有两个或更多工位的冲模，材料随压力机行程逐次送进一工位，从而使冲件逐步成型，如图 2-4 和图 2-5 所示。

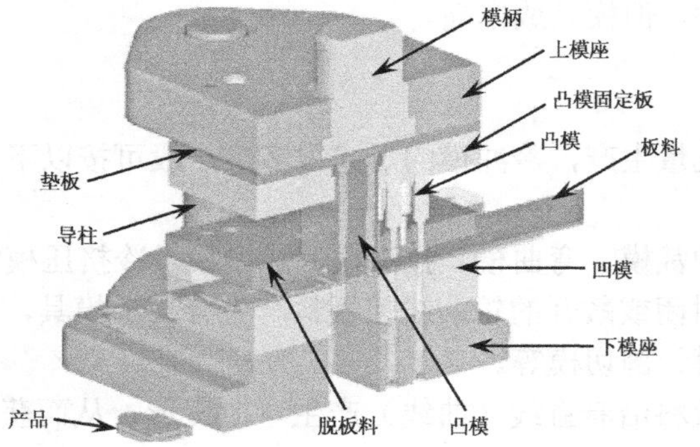


图 2-4　连续模结构

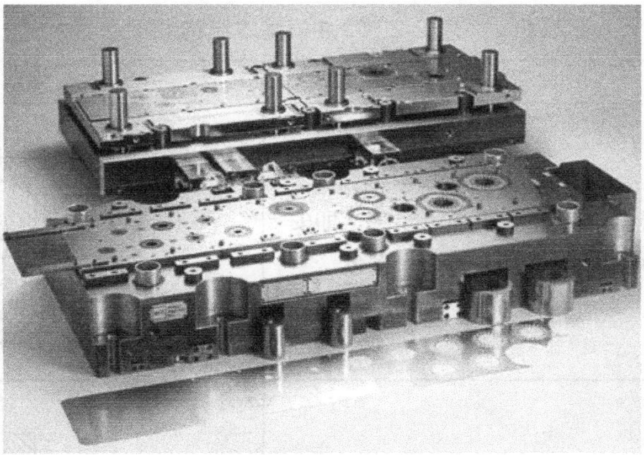

图 2-5　连续模实物结构

3）按模具使用的通用程度分

按模具使用的通用程度分专用模、通用模及组合模等。

# 2.2 冷冲模结构基础

## 2.2.1 冷冲模结构

冷冲模结构虽然种类繁多，但总体结构分为单工序模、复合模和连续模 3 种，表 2-1 所示是 3 种模具结构的比较。但是单工序模、复合模和连续模的模具结构基本相同，都是由上模、上模座、下模、下模座、凸模、凹模、卸料板、固定板、导柱、导套、压料板（圈）等组成。冷冲模基本结构如表 2-2 所示。

表 2-1　单工序模、复合模和连续模的比较

| 比较项目 | 单工序模 | 复合模 | 连续模 |
|---|---|---|---|
| 冲压精度 | 较低 | 较高 | 一般 |
| 冲压生产率 | 低，压力机一次行程内只能完成一个工序 | 较高，压力机一次行程内可完成两个以上工序 | 高，压力机在一次行程内可完成多个工序 |
| 实现操作机械化、自动化 | 较容易，尤其适合于多工位压力机上实现自动化 | 难，制作和废料排除较复杂，只能在单机上实现部分机械操作 | 容易，尤其适应于单机上实现自动化 |
| 生产通用性 | 通用性好，适合于小批量生产及大型零件的大量生产 | 通用性较差，仅适合于大批量生产 | 通用性较差，仅适合于中小型零件的大批量生产 |
| 冲模制造的复杂性和价格 | 结构简单，制造周期短，价格低 | 复杂性和价格较高 | 复杂性和价格低于复合模 |

表 2-2　冷冲模基本结构

| 术　语 | 说　明 | 图　示 |
|---|---|---|
| 上模 | 上模是整副冲模的上半部，即安装于压力机滑块上的冲模部分 | 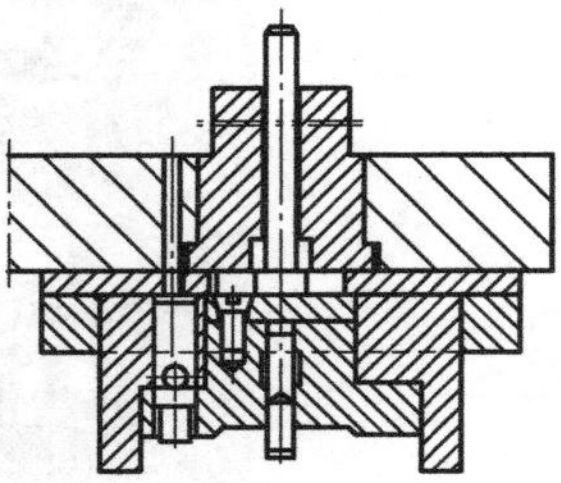 |
| 冲模 | 冲模是装在压力机上用于生产冲件的工艺装备，由相互配合的上、下两部分组成 | 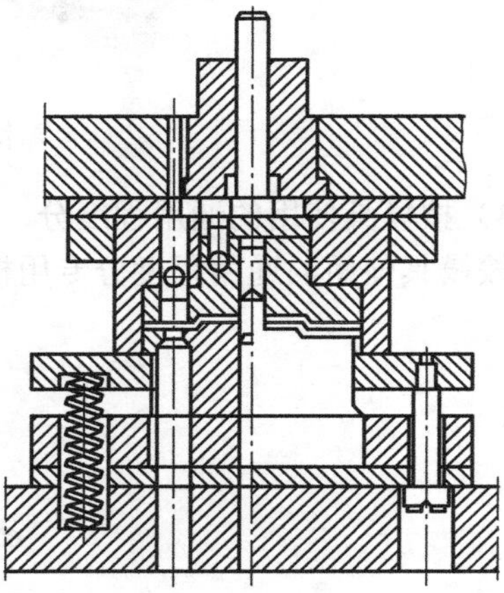 |
| 凸模 | 凸模是冲模中起直接形成冲件作用的凸形工作零件，即以外形为工作表面的零件 | 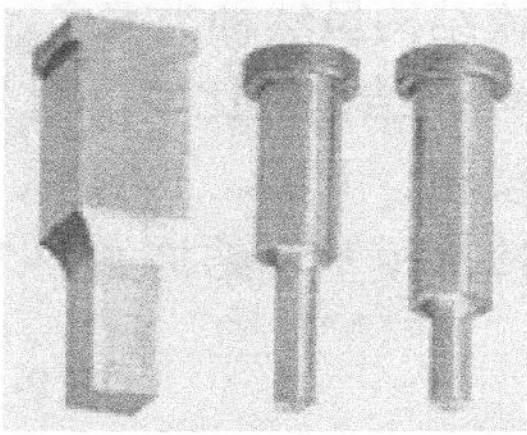 |
| 凹模 | 凹模是冲模中起直接形成冲件作用的凹形工作零件，即以内形为工作表面的零件 | 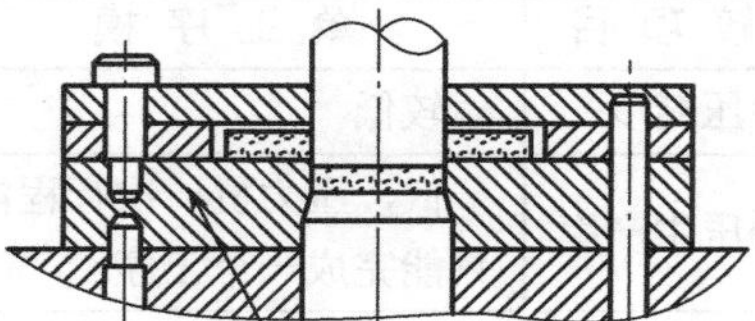 |
| 压料板（圈） | 压料板（圈）是冲模中用于压住冲压材料或工序件以控制材料流动的零件，在拉深模中，压料板多数称为压料圈 | 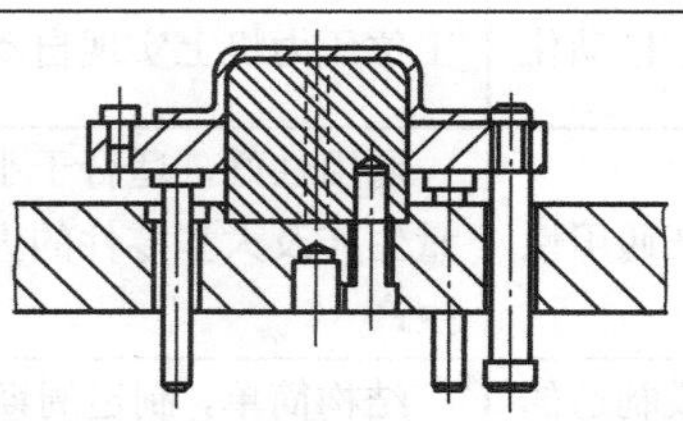 |
| 固定板 | 固定板是固定凸模的板状零件 | 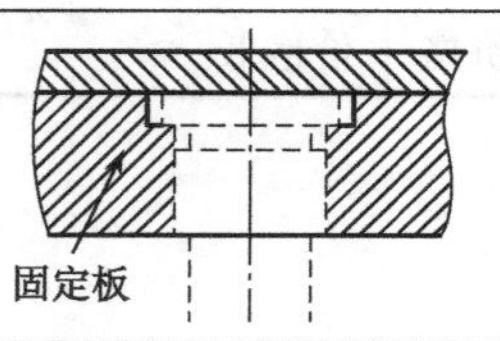 |

续表

| 术　语 | 说　明 | 图　示 |
|---|---|---|
| 卸料板 | 卸料板是将材料或工（序）件从凸模上卸脱的固定式或活动式板形零件。卸料板有时与导料板做成一体，兼起导料作用，仍称卸料板 | 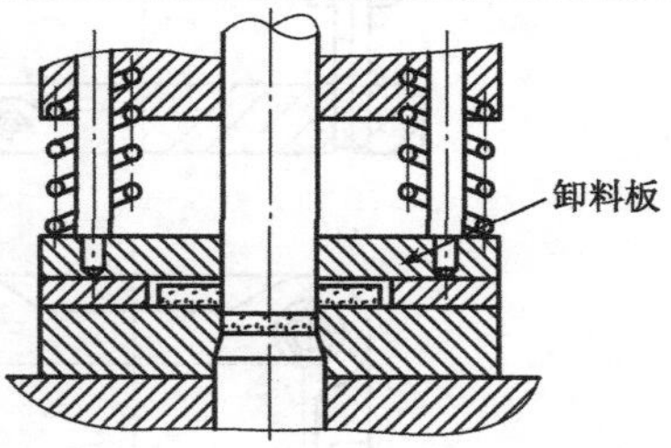 |

## 2.2.2 模架结构

模架的组成部分包括上模座、下模座、导柱、导套、模柄（大型模具不含模柄）5 部分。按照不同的导柱排列位置，大致可以分为 4 种。每种结构的形式和意义如下。

（1）对角导柱模架如图 2-6 所示，由于可以承受一定的偏心负荷，上下滑动平稳，常用于横向送料的级进模或纵向送料的各种模具，适用于大件冲裁。

（2）后侧式导柱模架如图 2-7 所示，上下滑动不够平稳，可以三面送料，操作方便，使用较广，但受较大冲压载荷时模架易变形，适用于小件冲裁。

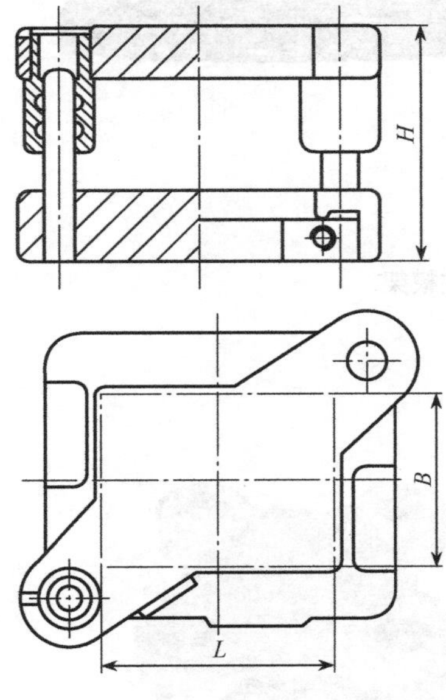


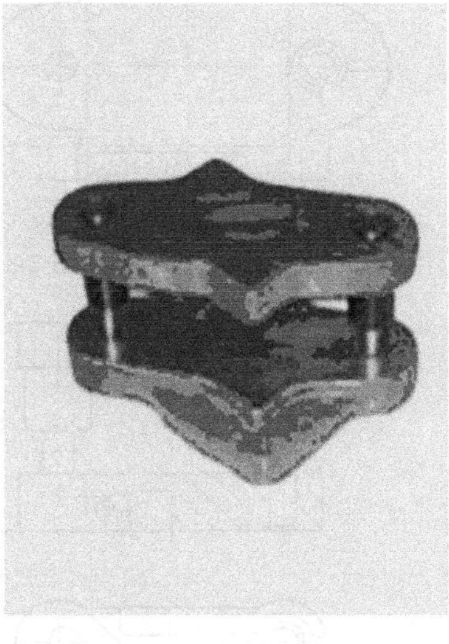

图 2-6　对角导柱模架

（3）中间导柱模架如图 2-7 所示，其结构简单，加工方便。但送料适应性差，常用在块料冲压的模具上。当受偏心冲压载荷时，模具容易歪斜，滑动不平稳，使用寿命短。

（4）四角式导柱模架如图 2-9 所示，导向精度高，平稳，用于大型工件或精度要求特别高的工件冲压。为了防止模架安装时误转 180°，除后侧导柱模架外，模架中两个导柱导套的直径大小不等，相差 2～5mm。

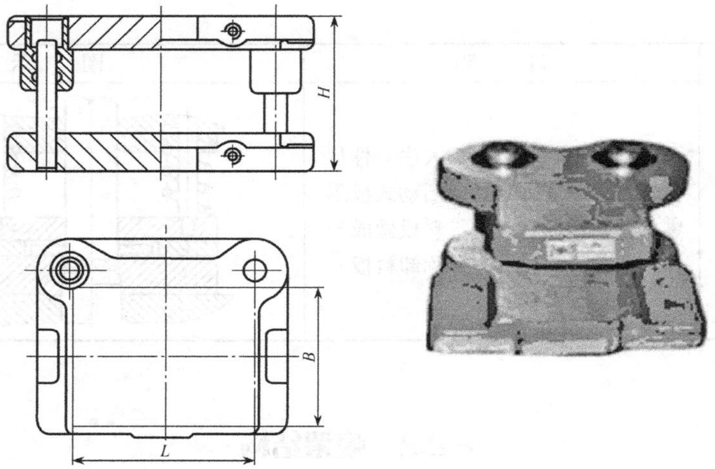


图 2-7　后侧式导柱模架

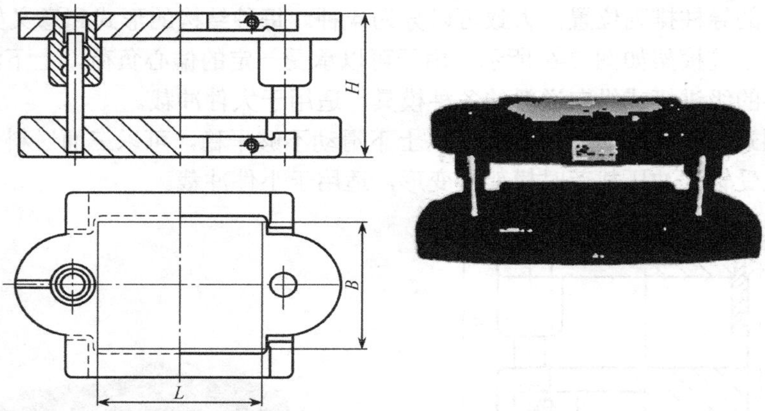


图 2-8　中间导柱模架

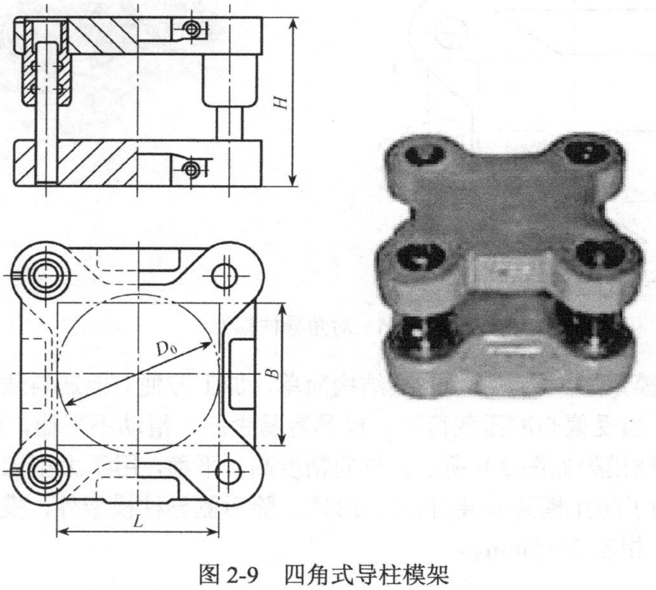


图 2-9　四角式导柱模架

## 2.3 冷冲模标准件

冷冲模常用的凹模板、模板、模柄、凹模、挡料销、推杆、导正销等标准件基本尺寸和材料如表 2-3 所示。

**表 2-3 标准件基本尺寸**

| 名 称 | 图 例 | 基本尺寸/mm | 备 注 |
|---|---|---|---|
| 矩形凹模板（GB 2858.1—1981） | 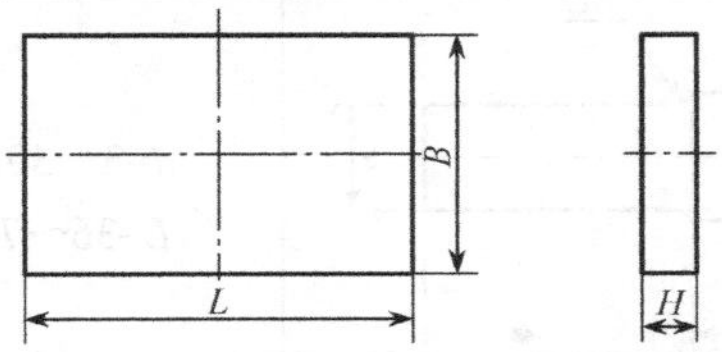 | L=63～315<br>B=50～250<br>H=10～45 | 材料为 T10A、Cr12、Cr6WV、9Mn2V、Cr12MoV |
| 圆形凹模板（GB 2858.4—1981） | 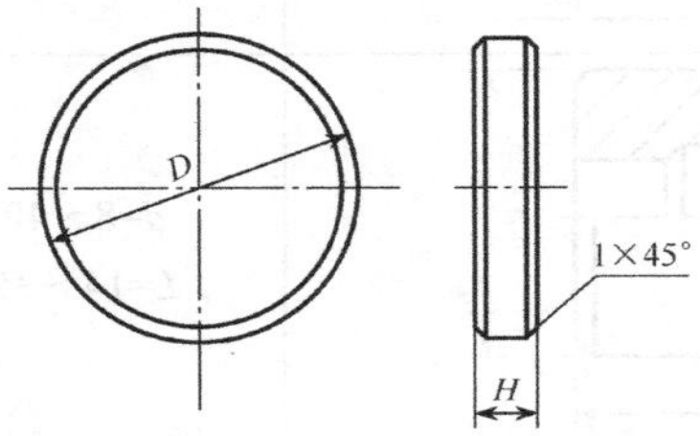 | D=63～315<br>H=10～40 | 材料为 T10A、9Mn2V、CrWV |
| 矩形模板（GB 2858.2—1981） | 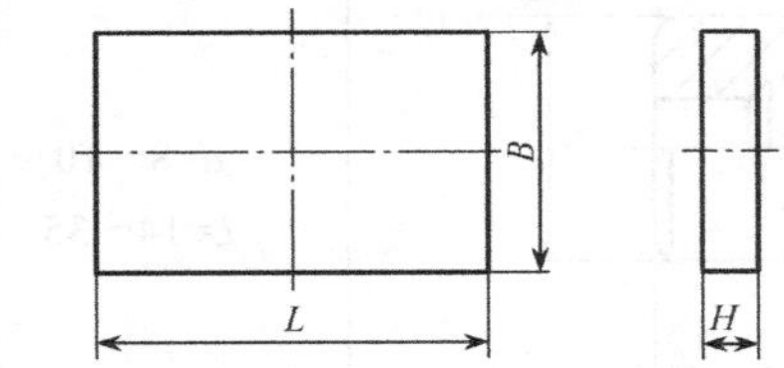 | L=63～315<br>B=50～250<br>H=6～40 | 适用于凸模固定板，材料为 45 钢、Q235-A |
| 圆形模板（GB 2858.5—1981） | 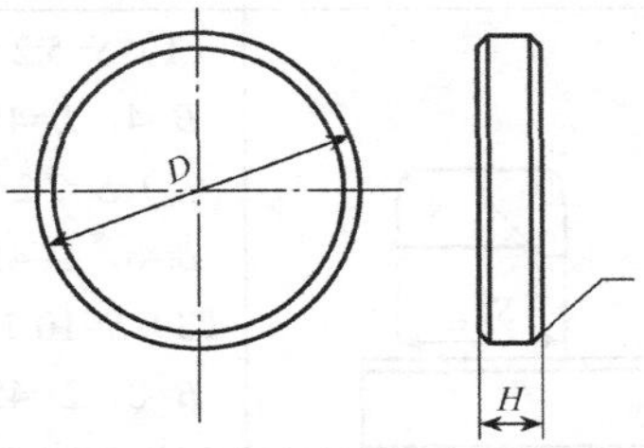 | D=63～315<br>H=6～40 | 适用于凸模固定板、料板、空心垫板、凹模框等。材料为 45 钢、Q235-A |
| 压入式模柄（GB 2862.1—1981） | 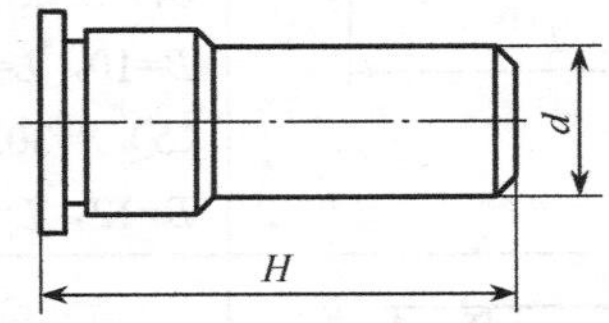 | d=20～76<br>H=68～158 | 材料为 Q235-A |
| 槽形模柄（GB 2862.4—1981） | 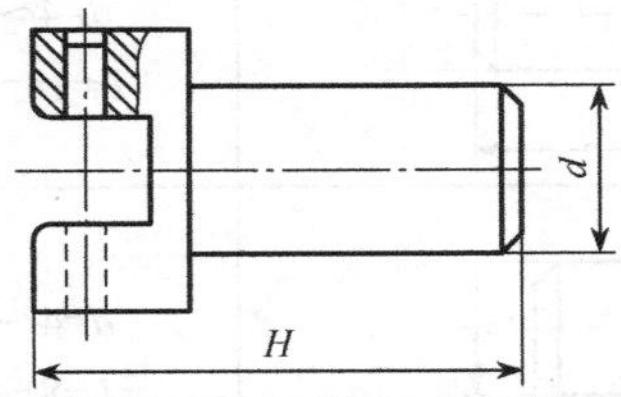 | d=20～60<br>H=70～130 | 材料为 Q235-A |

续表

| 名　　称 | 图　　例 | 基本尺寸/mm | 备　　注 |
|---|---|---|---|
| A 型凸缘式模柄<br>（GB 2862.3—1981） | 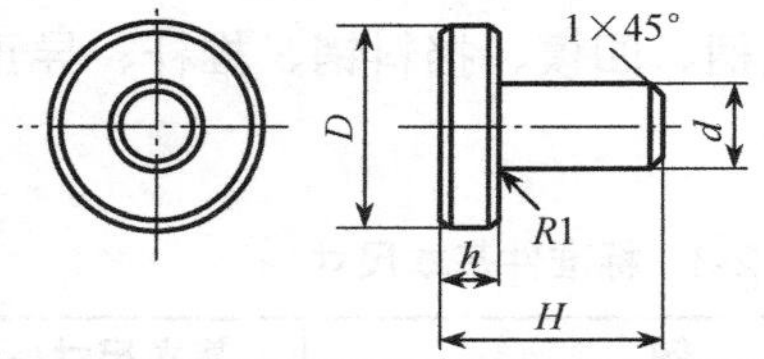 | $d$=30～76<br>$h$=16～22<br>$H$=64～98 | 材料为 Q235-A |
| B 型圆凸模<br>（GB 2863.2—1981） | 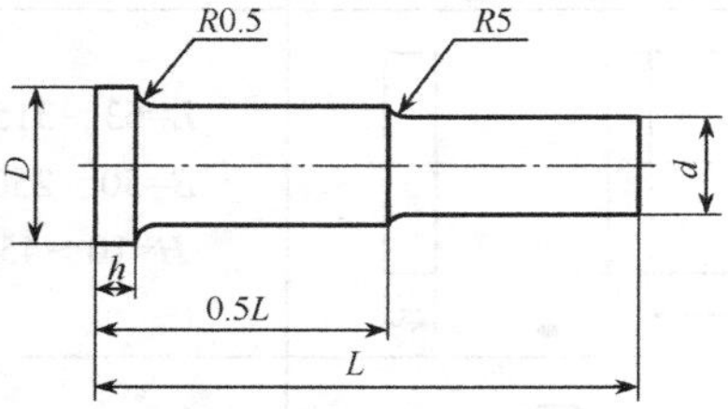 | $d$=3～30.2<br>$L$=36～70 | 材料为9Mn2V、Cr6WV、Cr12、Cr12MoV |
| 键入式圆凹模<br>（GB 2863.4—1981） | 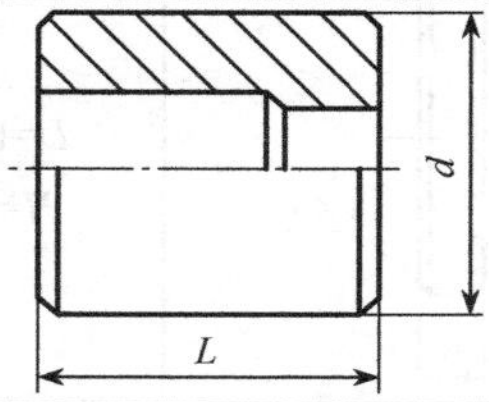 | $d$=8～40<br>$L$=14～35 | 材料为 T10A、9Mn2V、Cr12、Cr6WV，硬度为HRC58～62 |
| 带台肩凹模<br>（GB 2863—1981） | 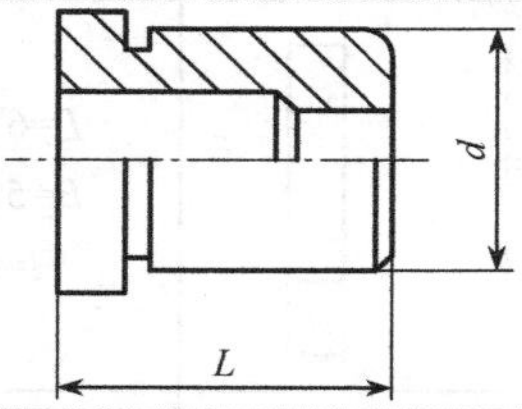 | $d$=8～10<br>$L$=14～35 | 材料为 T10A、9Mn2V、Cr12、Cr6WV，硬度为HRC58～62 |
| 侧刃<br>（GB 2865.1—1981） | 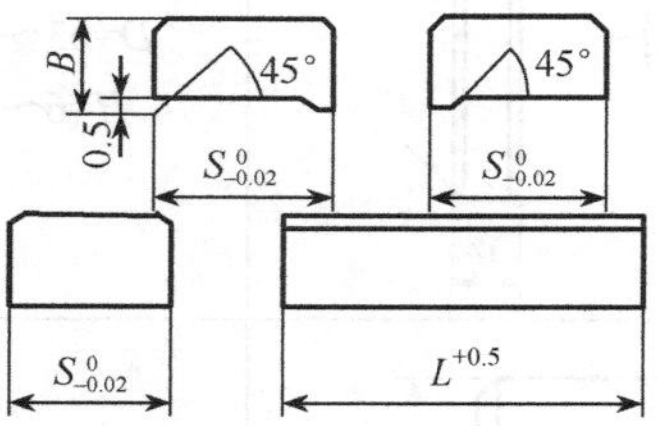 | （1）$S$=5.2～10.2<br>$B$=4，$L$=45～50<br>（2）$S$=7.2～10.2<br>$B$=6，$L$=45～50<br>（3）$S$=10.2～15.2<br>$B$=8，$L$=45～50<br>（4）$S$=15.2～30.2<br>$B$=10，$L$=50～65<br>（5）$S$=30.2～40.2<br>$B$=12，$L$=55～70 | 材料为 Cr12、9Mn2V，硬度为HRC58～62 |
| 弹簧弹顶挡料销<br>（GB 2866.5—1981） | 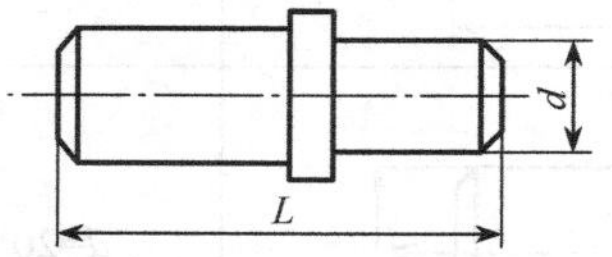 | $d$=4～20<br>$L$=18～60 | 材料为 45 钢，热处理 HRC45～48 |
| 固定挡料销<br>（GB 2866.11—1981） | 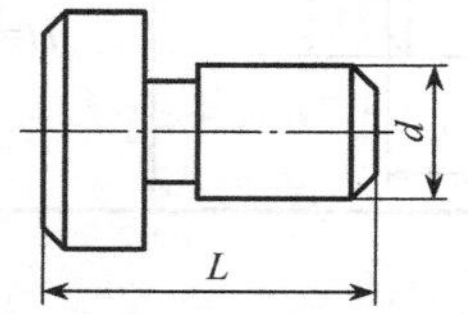 | $d$=4～25<br>$L$=8～22 | 材料为 45 钢，热处理 HRC43～48 |

续表

| 名　　称 | 图　　例 | 基本尺寸/mm | 备　　注 |
|---|---|---|---|
| 带肩撬杆<br>（GB 2867.1—1981） | 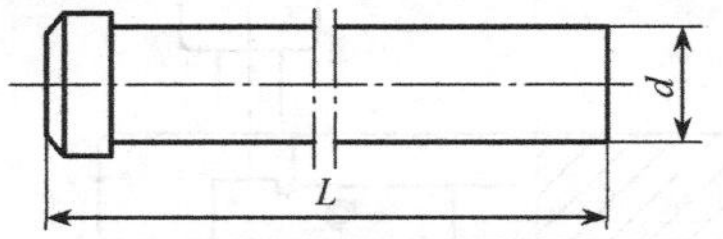 | $d$=6～25<br>$L$=40～280 | 材料为 45 钢，热处理 HRC43～48 |
| A 型顶板<br>（GB 2867.4—1981） | 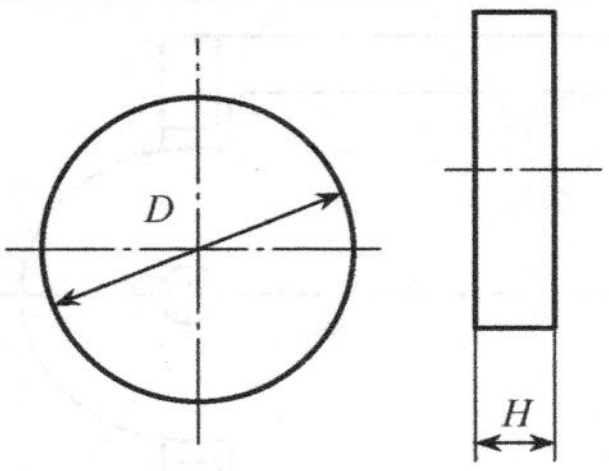 | $D$=20～210<br>$H$=4～18 | 材料为 45 钢，热处理 HRC43～48 |
| 圆柱头卸料螺钉<br>（GB 2867.5—1981） | 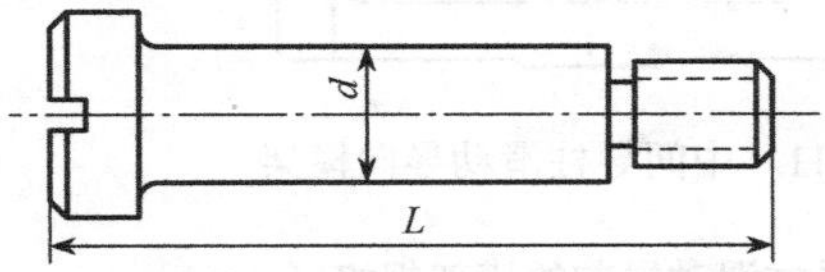 | $d$=4～16<br>$L$=20～100 | 材料为 45 钢，热处理 HRC43～48 |
| B 型导正销<br>（GB 2864.2—1981） | 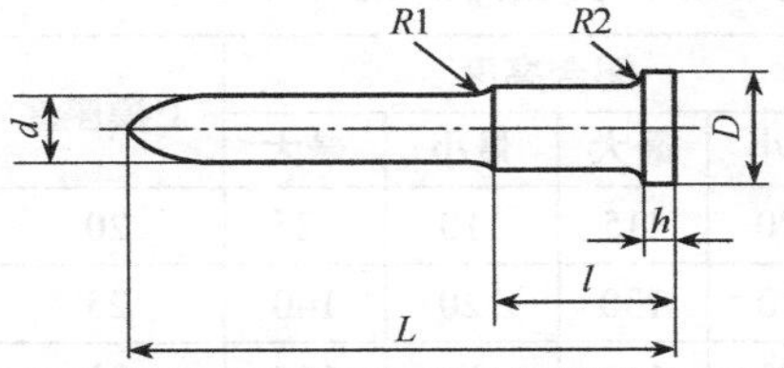 | $d$=3～10<br>$L$ 等设计确定 | 材料为 9Mn2V、Cr12，热处理 HRC52～56 |

## 2.3.1 滑动导向模架

滑动导向模架是靠导柱与导套相对滑动来导向的模架。由于导柱与导套间有一定的间隙，导向精度不高，适用于冲压工序少的零件。按照导柱、导套的安装位置和数量不同，其常用的二导柱结构形式有对角导柱滑动导向模架、中间导柱滑动导向模架，如图 2-10、图 2-11 所示，具体规格如表 2-4、表 2-5 所示。

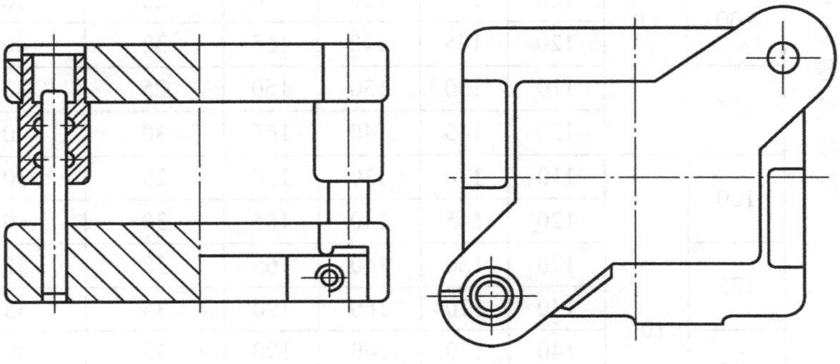

图 2-10　对角导柱滑动导向模架

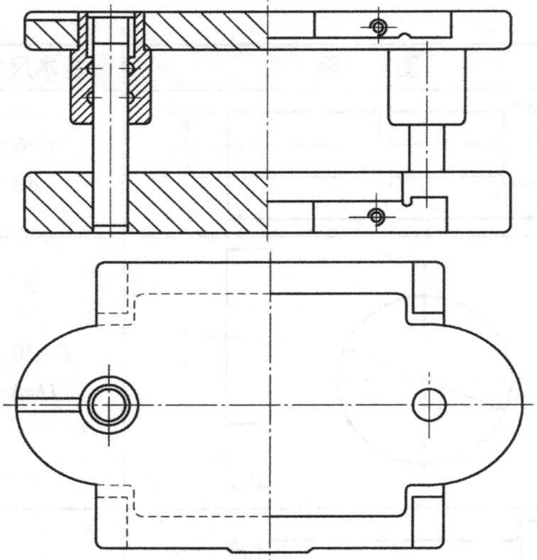

图 2-11　中间导柱滑动导向模架

**表 2-4　导柱滑动导向的模架规格（mm）**

| 模架形式 | | | 凹模周界 | | 闭合高度 | | | | 上模座厚 | 下模座厚 | 导柱直径 |
|---|---|---|---|---|---|---|---|---|---|---|---|
| | | | *L* | *B* | 最小 | 最大 | 最小 | 最大 | | | |
| 滑动导向对角导柱模架 | 滑动导向中间导柱模架 | 滑动导向后侧导柱模架 | 63 | 50 | 100 | 115 | 110 | 125 | 20 | 25 | $\phi16/\phi18$ |
| | | | | | 110 | 130 | 120 | 140 | 25 | 30 | |
| | | | 63 | 63 | 100 | 115 | 110 | 125 | 20 | 25 | |
| | | | | | 110 | 130 | 120 | 140 | 25 | 30 | |
| | | | 80 | | 110 | 130 | 120 | 140 | 25 | 30 | $\phi18/\phi20$ |
| | | | | | 120 | 145 | 140 | 165 | 30 | 40 | |
| | | | 100 | | 110 | 130 | 130 | 150 | 25 | 30 | |
| | | | | | 120 | 145 | 140 | 165 | 30 | 40 | |
| | | | 80 | 80 | 110 | 130 | 130 | 150 | 25 | 30 | $\phi20/\phi22$ |
| | | | | | 120 | 145 | 140 | 165 | 30 | 40 | |
| | | | 100 | | 110 | 130 | 130 | 150 | 25 | 30 | |
| | | | | | 120 | 145 | 140 | 165 | 30 | 40 | |
| | | | 125 | | 110 | 130 | 130 | 150 | 25 | 30 | |
| | | | | | 120 | 145 | 140 | 165 | 30 | 40 | |
| | | | 100 | 100 | 110 | 130 | 130 | 150 | 25 | 30 | |
| | | | | | 120 | 145 | 140 | 165 | 30 | 40 | |
| | | | 125 | | 120 | 150 | 140 | 165 | 30 | 35 | $\phi22/\phi25$ |
| | | | | | 140 | 170 | 160 | 190 | 35 | 45 | |
| | | | 160 | | 140 | 170 | 160 | 190 | 35 | 40 | $\phi25/\phi28$ |
| | | | | | 160 | 195 | 190 | 225 | 40 | 50 | |
| | | | 200 | | 140 | 170 | 160 | 190 | 35 | 40 | |
| | | | | | 160 | 195 | 140 | 165 | 30 | 35 | |

续表

| 模架形式 | | | 凹模周界 | | 闭合高度 | | | | 上模座厚 | 下模座厚 | 导柱直径 |
|---|---|---|---|---|---|---|---|---|---|---|---|
| | | | *L* | *B* | 最小 | 最大 | 最小 | 最大 | | | |
| 滑动导向对角导柱模架 | 滑动导向中间导柱模架 | 滑动导向后侧导柱模架 | 125 | 125 | 120 | 150 | 140 | 165 | 30 | 35 | $\phi$22/$\phi$25 |
| | | | | | 140 | 170 | 160 | 190 | 35 | 45 | |
| | | | 160 | | 140 | 170 | 160 | 190 | 35 | 40 | $\phi$25/$\phi$28 |
| | | | | | 170 | 205 | 190 | 225 | 40 | 50 | |
| | | | 200 | | 140 | 170 | 160 | 190 | 35 | 40 | |
| | | | | | 170 | 205 | 190 | 225 | 40 | 50 | |
| | | | 250 | | 160 | 200 | 180 | 220 | 40 | 45 | $\phi$28/$\phi$32 |
| | | | | | 190 | 235 | 210 | 255 | 45 | 55 | |
| | | | 160 | 160 | 160 | 200 | 180 | 220 | 40 | 45 | $\phi$28/$\phi$32 |
| | | | | | 190 | 235 | 210 | 255 | 45 | 55 | |
| | | | 200 | | 160 | 200 | 180 | 220 | 40 | 45 | |
| | | | | | 190 | 235 | 210 | 225 | 45 | 50 | |
| | | | 250 | | 170 | 210 | 200 | 240 | 45 | 50 | $\phi$32/$\phi$35 |
| | | | | | 200 | 245 | 220 | 265 | 50 | 60 | |
| | | | 200 | 200 | 170 | 210 | 200 | 240 | 45 | 50 | |
| | | | | | 200 | 245 | 220 | 265 | 50 | 60 | |
| | | | 250 | | 170 | 210 | 200 | 240 | 45 | 50 | |
| | | | | | 200 | 245 | 220 | 265 | 50 | 60 | |
| | | | 315 | 200 | 190 | 230 | 220 | 260 | 45 | 55 | $\phi$35/$\phi$40 |
| | | | | | 210 | 255 | 240 | 285 | 50 | 65 | |
| | | | 250 | | 190 | 230 | 220 | 260 | 45 | 55 | |
| | | | | | 210 | 255 | 240 | 285 | 50 | 65 | |
| | | | 315 | — | 215 | 250 | 245 | 280 | 50 | 60 | $\phi$40/$\phi$45 |
| | | | | | 245 | 290 | 275 | 320 | 55 | 70 | |
| | | | 400 | | 215 | 250 | 245 | 280 | 50 | 60 | |
| | | | | | 245 | 290 | 275 | 320 | 55 | 60 | |
| | | | 315 | 315 | 215 | 250 | 245 | 280 | 50 | 60 | $\phi$45/$\phi$50 |
| | | | | | 245 | 290 | 275 | 320 | 55 | 70 | |
| | | | 400 | | 245 | 290 | 275 | 315 | 55 | 65 | |
| | | | | | 275 | 320 | 305 | 350 | 60 | 75 | |
| | | | 500 | | 245 | 290 | 275 | 315 | 55 | 75 | |
| | | | | | 275 | 320 | 305 | 350 | 60 | 75 | |
| | | | 400 | 400 | 245 | 290 | 275 | 315 | 55 | 65 | $\phi$50/$\phi$55 |
| | | | | | 275 | 320 | 305 | 350 | 60 | 75 | |
| | | | 630 | | 260 | 300 | 290 | 325 | 55 | 65 | |
| | | | | | 290 | 330 | 320 | 360 | 65 | 80 | |
| | | | 500 | 500 | 260 | 300 | 290 | 325 | 55 | 65 | |
| | | | | | 290 | 330 | 320 | 360 | 65 | 80 | |

表 2-5　二导柱滚动导向模架规格（mm）

| 模架形式 | | | 凹模周界 L | 凹模周界 B | 最大行程 S | 最小闭合高度 H | 上模座厚度 | 下模座厚度 | 导柱直径 d |
|---|---|---|---|---|---|---|---|---|---|
| 滚动导向对角导柱模架 | 滚动导向中间导柱模架 | 滚动导向后侧导柱模架 | 80 | 63 | 80 | 165 | 35 | 40 | $\phi18/\phi20$ |
| | | | 100 | 80 | | | | | $\phi20/\phi22$ |
| | | | 125 | 100 | | | 35 | 45 | $\phi22/\phi25$ |
| | | | 160 | 125 | 100 | 200 | 40 | 45 | $\phi25/\phi28$ |
| | | | 200 | 160 | 120 | 220 | 45 | 55 | $\phi28/\phi32$ |
| | | | 200 | 160 | 100 | 200 | | | |
| | | | 250 | 200 | 100 | 200 | 50 | 60 | $\phi32/\phi35$ |
| | | | | | 120 | 230 | | | |

## 2.3.2 模架技术条件

### 1. 精度

滑动导向模架的精度分为Ⅰ级和Ⅱ级；滚动导向模架的精度分为Ⅰ级和Ⅱ级，各级精度的模架分级技术指标应符合表 2-6 的规定。

表 2-6　模架分级技术指标

| 检查项目 | | 被测尺寸/mm | 模架精度等级 Ⅰ级 | 模架精度等级 Ⅱ级 |
|---|---|---|---|---|
| | | | 公差等级 | |
| A | 上模座上平面对下模座下平面的平行度 | ≤400 | 5 | 6 |
| | | ＞400 | 6 | 7 |
| B | 导柱轴心线对下模座下平面的垂直度 | ≤160 | 4 | 5 |
| | | ＞160 | 4 | 5 |

注：公差等级按 GB 1184—1980《形状和位置公差，未注公差》的规定。

### 2. 配合间隙

装入模架的每对导柱和导套（包括可卸导柱和导套）的配合间隙值（或过盈量）应符合表 2-7 的规定。

表 2-7　导柱、导套配合间隙（或过盈量）(mm)

| 配合形式 | 导柱直径 | 模架精度等级 Ⅰ级 | 模架精度等级 Ⅱ级 | 配合后的过盈量 |
|---|---|---|---|---|
| | | 配合后的间隙值 | | |
| 滑动配合 | ≤18 | 0.010 | 0.015 | |
| | ＞18～30 | ≤0.011 | ≤0.017 | |
| | ＞30～50 | ≤0.014 | 0.021 | |
| | ＞50～80 | ≤0.016 | ≤0.025 | |
| 滚动配合 | ＞18～35 | | | 0.01～0.02 |

# 2.4 冷冲模的设计基础

## 2.4.1 塑性变形的基本概念

变形包括：弹性变形、塑性变形。塑性表示材料塑性变形的能力。塑性变形是指固体材料在外力作用下发生永久变形而不破坏其完整性的能力。

塑性指标：衡量金属塑性高低的参数。常用塑性指标为延伸率$\delta$和断面收缩率$\psi$。

$$\delta = \frac{L_k - L_0}{L_0} \times 100\%$$

$$\psi = \frac{F_0 - F_k}{F_0} \times 100\%$$

## 2.4.2 塑性变形对金属组织和性能的影响

金属受外力作用产生塑性变形后不仅形状和尺寸发生变化，而且其内部的组织和性能也将发生变化。一般会产生以下加工硬化现象。

（1）金属的机械性能随着变形程度的增加，强度和硬度逐渐增加，而塑性和韧性逐渐降低。

（2）晶粒会沿变形方向伸长排列形成纤维组织使材料产生各向异性。

（3）由于变形不均，会在材料内部产生内应力，变形后作为残余应力保留在材料内部。

## 2.4.3 金属塑性变形的一些基本规律

### 1．硬化规律

加工硬化：塑性降低，变形抗力提高，能提高变形均匀性。

硬化曲线：实际应力曲线或真实应力曲线，表示硬化规律。这种变化规律可近似用指数曲线表示：

$$\sigma = A\varepsilon n$$

### 2．卸载弹性恢复规律和反载软化现象

卸载弹性恢复规律和反载软化现象可用反载软化曲线表示，如图 2-14 所示。

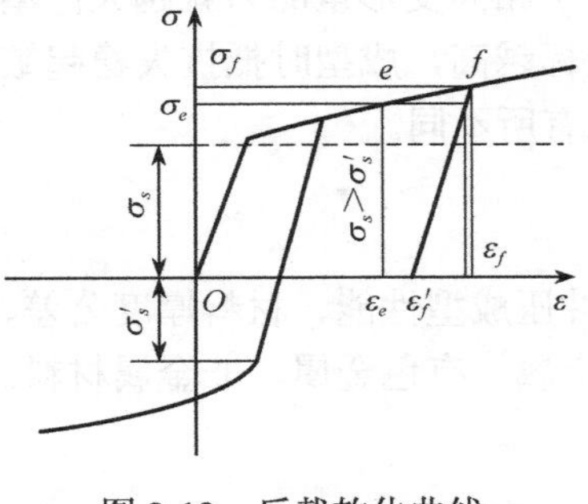


图 2-12　反载软化曲线

3．体积不变条件

金属材料在塑性变形时，体积变化很小，可以忽略不计。一般认为金属材料在塑性变形时体积不变，可证明满足：

$$\varepsilon_1 + \varepsilon_2 + \varepsilon_3 = 0$$

4．最小阻力定律

在塑性变形中，破坏了金属的整体平衡而强制金属流动，当金属质点有向几个方向移动的可能时，它向阻力最小的方向移动。

在冲压加工中，板料在变形过程中总是沿着阻力最小的方向发展，这就是塑性变形中的最小阻力定律，如图 2-13 所示。

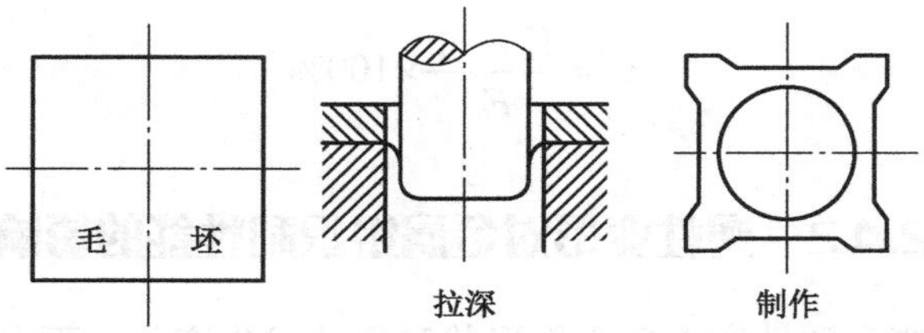

图 2-13　最小阻力定律

方板拉深试验——最小阻力定律试验。弱区先变形，变形区为弱区，控制变形的趋向性：开流和限流。

## 2.4.4　冲压材料及其冲压成型性能

1．冲压成型性能

（1）材料对各种冲压加工方法的适应能力好。

（2）材料的冲压性能好、成型极限高、成型质量好、便于冲压加工。

（3）冲压成型性能是一个综合性的概念，成型极限高、成型质量好。

2．冲压成型性能的试验方法

冲压成型性能的试验方法有间接试验和直接试验法。

3．板料的机械性能与冲压成型性能的关系

板料的强度指标越高，产生相同变形量的力就越大；塑性指标越高，成型时所能承受的极限变形量就越大；刚度指标越高，成型时抵抗失稳起皱的能力就越大。不同冲压工序对板料的机械性能的具体要求有所不同。

4．冲压材料

（1）对冲压材料的要求：冲压成型性能、材料厚度公差、表面质量。

（2）常用冲压材料：黑色金属、有色金属、非金属材料。

## 2.4.5 冷冲模的设计流程

冷冲模的设计过程可以说是相当复杂的，因为在模具的设计过程当中要考虑的问题相当多。从冲压产品的结构设计开始，就要考虑制品的尺寸公差、拉深次数、折弯的角度、凸凹台的设计，以及其他的工艺结构等方面是否合理。当制品设计完成后，才正式开始进行模具的设计，在模具的设计当中要考虑的东西就更多了，顶出机构、脱料机构都直接影响模具质量的好坏。所以在模具行业上有这样的玩笑话来形容模具师傅："要有科学家的头脑，也要有搬运工的身材"。

利用 Pro/Engineer 进行冷冲模设计，虽然可以有效简化设计过程，但仍然要按部就班展开设计。所以，下面先来简单了解冲压模具的设计过程及技巧。为今后顺利地进行模具设计铺平道路。

### 1. 接受任务书

在工厂针对客户这一项目称为接单，成型冲压制品的任务书通常由制品设计工程师提出，其主要内容如下。

（1）经过审签的正规制品图纸，并注明采用板料。

（2）冲压制品使用说明或技术要求。

（3）制品生产产量。

（4）冲压制品的样品。

其实科技发展到今天，具有一定规模的公司已经有专门的产品开发和设计部门，并有专门的设计开发工程师进行产品的设计和开发。在设计完成后，还会利用三维原型制造或手工制造的方法，制造出单个的样品摆放在货架上，预测产品的销售前景。

### 2. 分析制品工艺

分析冲压制品图，了解制件的用途，分析冲压制件的工艺性、尺寸精度等技术要求。例如，冲压制件在外表形状、使用性能方面的要求是什么，冲压的几何结构情况是否合理，有无涂装、电镀、钻孔等后加工。选择冲压制件尺寸精度最高的尺寸进行分析，看看估计成型公差是否低于冲压制件的公差，能否成型出合乎要求的冲压制件来。此外，还要了解冲压的拉深及成型工艺参数。

分析工艺资料和工艺任务书所提出的成型方法、设备型号、材料规格、模具结构类型等要求是否恰当，能否落实。成型材料应当满足冲压制件的强度要求，具有好的拉深和折弯性。根据冲压件的用途，成型材料应满足染色、镀金属的条件、装饰性能、必要的弹性和焊接性等要求。

### 3. 选择成型设备

根据成型设备的种类来进行模具设计，因此必须熟知各种成型设备的性能、规格、特点，以及模具最大厚度和最小厚度、模板行程等。一般大型冷冲模（如汽车覆盖件模具）要考虑机床是否有压边机构，甚至边润滑剂、多工位级进等。除冲压吨位还要考虑冲次、送料装置、机床及模具保护装置。初步估计模具外形尺寸，判断模具能否在所选的冲压机上安装和使用。

#### 4. 确定具体结构方案

选择理想的模具结构在于确定必需的成型设备、理想的排模数，在绝对可靠的条件下能使模具本身的工作满足该冲压制件的工艺技术和生产经济的要求。对冲压制件的工艺技术要求是要保证冲压制件的几何形状、表面粗糙度和尺寸精度。生产经济要求是要使冲压制件的成本低，生产效率高，模具能连续地工作，使用寿命长，节省劳动力。冷冲模要考虑到的内部机构很多，主要有以下的项目。

（1）排模布置。根据冲压件的几何结构特点、尺寸精度要求、批量大小、模具制造难易程度、模具成本等确定排模数量及其排列方式。

（2）选择顶出方式。根据冲压件的要求选用弹簧顶出或油压顶出。

（3）根据模具材料、强度计算或者经验数据，确定模具零件厚度及外形尺寸，外形结构及所有连接、定位、导向件位置。

（4）确定主要成型零件、结构件的结构形式。

（5）考虑模具各部分的强度，计算成型零件工作尺寸。

在以上的问题都做出全面的考虑，并明确采用何种机构进行后，才利用 Pro/Engineer 展开模具的排模及其他的设计工作。

## 2.5 冷冲模加工工艺

### 2.5.1 模具制造特点

冷冲模是专用的工艺装备，冷冲模制造属于单件生产，其特点如下。

（1）形状复杂，加工精度高。

（2）模具材料性能优异，硬度高，加工难度大。

（3）模具生产批量小，大多具有单件生产的特点，应多采用少工序、多工步的加工方案，即工序集中的方案，不用或少用专用工具加工。

（4）模具制造完成后，均须调整和试模。

模具制造正由劳动密集到技术密集，依靠手工技巧到依靠高效、高精度的数控切削机床、电加工机床，由机械加工时代到机、电结合加工，以及其他特种加工时代。

现代模具制造集中了制造技术的精华，体现了先进制造技术，已成为技术密集型的综合加工技术。

### 2.5.2 模具零件加工方法

模具零件加工方法包括机械加工和特种加工。

（1）机械加工是主要加工方法，配以钳工操作，可实现整套模具的制造。

（2）特种加工是对机械加工的重要补充，但也需要用机械加工的方法进行预加工。

#### 1. 模具零件的毛坯选择

模具零件的选择是加工前一个重要步骤，直接影响到模具的使用效果。凸、凹模等工作零件一般采用锻件作为毛坯；模座、大型模具零件一般采用铸件作为毛坯；垫板、固定板等零件一般是型材上的切割件作为毛坯；要注意的是不同方法得到的毛坯，其加工余量不同。

**2．模具零件的机械加工**

常用机械加工方法在模具零件加工中的应用主要有车、刨、铣、镗、磨等。现在数控技术都应用在这些加工方法中，甚至有多轴联动、复合加工。

1）成型磨削的基本原理

将复杂的几何线型分解成若干直线、圆弧等简单的几何线型，然后按一定的顺序分段磨削，并使其相互连接，圆滑光整，符合图纸要求。

2）成型磨削的常用方法

成型磨削一般在小型精密平面磨床上或专用万能工具磨床上进行，方法有多种，常用的有两种：成型砂轮磨削法、夹具成型磨削法。

3）适用范围

适用于凸、凹模（镶块）、电极等零件铣削加工或线切割加工后的型面精加工。

4）成型磨削的工艺要点

（1）一般应先磨基准面，并优先磨削与基准面有关的平面。

（2）精度要求高的平面先磨削，精度要求低的平面后磨削。

（3）大平面先磨削，小平面后磨削。

（4）平行于直角的面先磨削，斜面后磨削。

（5）与凸圆弧相接的平面与斜面先磨削，圆弧面后磨削。

（6）与凹圆弧相接的平面与斜面，先磨削凹圆弧面，后磨削平面与斜面。

（7）两凸圆弧面相连接时，应先磨半径较大的圆弧面，后磨削半径较小的圆弧面。

（8）两凹圆弧面相连接时，应先磨半径较小的圆弧面，后磨削半径较大的圆弧面。

（9）凸圆弧面与凹圆弧面相连接时，应先磨削凹圆弧面，后磨削凸圆弧面。

**3．模具零件的电加工**

1）电火花加工

电火花加工是指在一定的介质中，通过工具电极和工件电极之间脉冲放电的电腐蚀作用，对工件进行加工的一种工艺方法，它是不断放电蚀除金属的过程。

电火花加工的局限性如下。

（1）要制作成型电极。

（2）只能用于加工金属等导电材料。

（3）加工速度一般较慢，为了提高加工速度，一般要事先用机械加工方法对零件进行预加工。

（4）存在电极损耗，影响加工精度。

（5）最小角部半径有限制，一般电火花加工能得到的最小角部半径等于放电间隙。

2）电火花线切割加工

电火花线切割加工和电火花成型加工的原理是一样的。线切割加工时，是用连续移动的电极丝作为工具电极代替电火花加工中的成型电极，其加工原理、特点及应用如图 2-14 所示。要特别指出的是，电火花线切割加工时要注意工件内部残余应力对加工的影响，防止变形的措施如下。

（1）合理选择模具材料。

（2）合理安排电火花线切割工艺。

根据走丝速度线切割加工有快丝和慢丝之分。

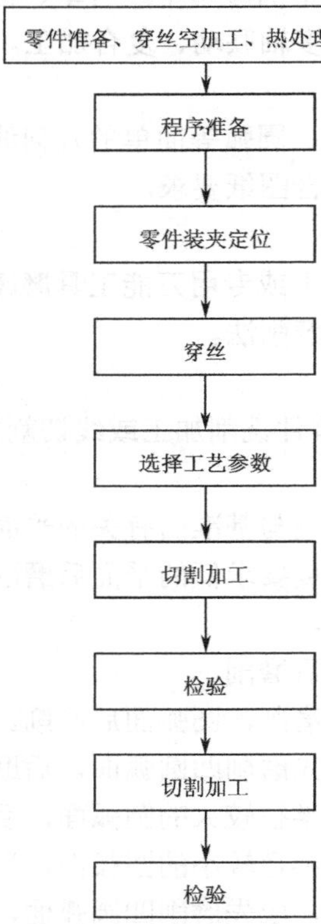


图 2-14　电火花线切割加工的工艺过程

### 2.5.3　模具零件加工工艺规程的编制

技术上要先进、经济上要合理。由于模具零件的加工多属于单件生产，一般都制定以工序为单位、简单明了的工艺规程。

## 2.6　冲裁工艺与冲裁模设计

冲裁是指利用模具使板料沿着一定的轮廓形状产生分离的一种冲压工序。分离工序（广义冲裁）包括落料、冲孔、切断、切边、剖切、切口、整修等，其中冲裁（落料、冲孔）应用最多。冲裁得到的制件可以是最终零件，也可以作为弯曲、拉深、成型等其他工序的坯料/工序件/半成品。

冲裁所使用的模具叫冲裁模，它是冲裁过程必不可少的工艺装备。冲裁工件如图 2-15 所示。

图 2-15 冲裁工件

## 2.6.1 冲裁件质量及其影响因素

冲裁件质量是指断面状况、尺寸精度和形状误差。

断面状况是指断面是否垂直、光洁、毛刺小。

尺寸精度是指图纸规定的公差范围内的形状误差。外形要满足图纸要求，表面要平直，即拱弯小。

1）冲裁件断面质量及其影响因素

冲截件断面的特征圆角带刃口附近的材料会产生弯曲和伸长变形，其影响因素如下。

（1）光亮带：塑性剪切变形，质量最好的区域。

（2）断裂带：裂纹形成及扩展。

（3）毛刺区：间隙存在，裂纹产生不在刃尖，毛刺不可避免。此外，间隙不正常、刃口不锋利，还会加大毛刺。

2）冲裁件尺寸精度及其影响因素

冲裁件的尺寸精度是指冲裁件的实际尺寸与图纸上基本尺寸之差。

该差值包括两方面的偏差：一是冲裁件相对于凸模或凹模尺寸的偏差；二是模具本身的制造偏差。其影响因素如下。

（1）冲裁模的制造精度（零件加工和装配）。

（2）材料的性质。

（3）冲裁间隙。

3）冲裁件形状误差及其影响因素

冲裁件的形状误差是指翘曲、扭曲、变形等缺陷。其影响因素如下。

（1）翘曲：冲裁件呈曲面不平现象。它是由于间隙过大、弯矩增大、变形拉深和弯曲成分增多而造成的，另外材料的各向异性和卷料未矫正也会产生翘曲。

（2）扭曲：冲裁件呈扭歪现象。它是由于材料的不平、间隙不均匀、凹模后角对材料摩擦不均匀等造成的。

（3）变形：由于坯料的边缘冲孔或孔距太小等，从而发生胀形。

## 2.6.2 冲裁间隙

### 1．冲裁间隙

冲裁间隙 $Z$ 是指冲裁模中凹模刃口横向尺寸 $D_A$ 与凸模刃口横向尺寸 $d_T$ 的差值。

冲裁间隙如图 2-16 所示。

（1）间隙对冲裁件质量的影响：间隙是影响冲裁件质量的主要因素。

（2）间隙对冲裁力的影响：随间隙的增大，冲裁力有一定程度的降低，但影响不是很大。间隙对卸料力、推件力的影响比较显著。随间隙增大，卸料力和推件力都将减小。

（3）间隙对模具寿命的影响：模具寿命分为刃磨寿命和模具总寿命。

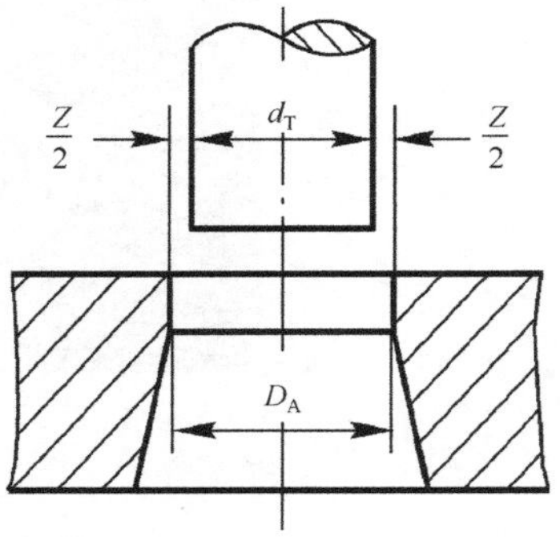

图 2-16　冲裁间隙

模具失效的原因一般有磨损、变形、崩刃、折断和胀裂。

小间隙将使磨损增加，甚至使模具与材料之间产生黏结现象，并引起崩刃、凹模胀裂、小凸模折断，以及凸、凹模相互啃刃等异常损坏。

所以为了延长模具寿命，在保证冲裁件质量的前提下适当采用较大的间隙值是十分必要的。

### 2．冲裁模间隙值的确定

在冲压实际生产中，主要根据冲裁件断面质量、尺寸精度和模具寿命这三个因素综合考虑，给间隙规定一个范围值。考虑到在生产过程中的磨损使间隙变大，故设计与制造新模具时应采用最小合理间隙 $Z_{min}$。

设计模具时，选择一个合理的冲裁间隙，可获得冲裁件断面质量好、尺寸精度高、模具寿命长、冲裁力小的综合效果。生产实际中，一般是以观察冲裁件断面状况来判定冲裁间隙是否合理，即塌角带和断裂带小、光亮带能占整个断面的 1/3 左右、不出现二次光亮带、毛刺高度合理，得到这种断面状况的冲裁间隙就是在合理的范围内。

确定合理冲裁间隙主要有理论计算法、查表法、经验记忆法。

1）理论计算法

理论计算法确定冲裁间隙的依据：在合理间隙情况下，冲裁时板料在凸、凹模刃口处产生的裂纹成直线会合，从图 2-17 所示的几何关系，得出计算合理间隙的公式：

$$Z=2t（1-b/t）\tan\beta$$

由上式可知，合理间隙取决于板料厚度 $t$、相对切入深度 $b/t$、裂纹方向角 $\beta$ 三个因素。

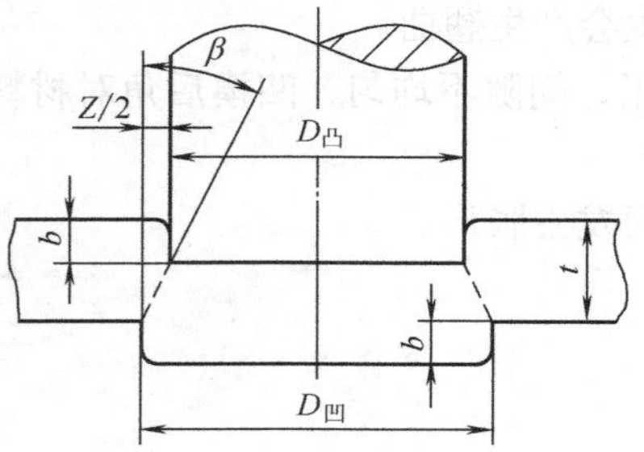

图 2-17　合理间隙的理论值

$\beta$ 是一个与板料的塑性或硬度有关的值，但其变化不大，所以影响合理间隙值大小主要取决于前两个因素。材料塑性愈好或硬度愈低，则光亮带所占的相对宽度 $b/t$ 就愈大；反之，材料塑性愈差或硬度愈高，则 $b/t$ 就愈小。

综上所述，板料愈厚、塑性愈差或硬度愈高，则合理冲裁间隙就愈大；板料愈薄、塑性愈好或硬度愈低，则合理冲裁间隙愈小。

迄今为止，理论计算法尚不能在实际工作中发挥实用价值，但对影响合理间隙值的各因素做定性分析还是很有意义的。

2）查表法

在生产实际中，合理间隙值是通过查阅由实验方法所制定的表格来确定的。由于冲裁间隙对断面质量、制件尺寸精度、模具寿命、冲裁力等的影响规律并非一致，所以并不存在一个能同时满足断面质量、模具寿命、尺寸精度及冲裁力要求绝对合理的间隙值。因此各行业甚至各工厂所认为的合理间隙值并不一致。一般讲，取较小的间隙有利于提高冲裁件的断面质量和尺寸精度，而取较大的间隙值则有利于提高模具寿命、降低冲裁力。表 2-8 列出了汽车拖拉机行业常用的较大初始间隙数值；表 2.9 列出了电气仪表行业所用的较小初始间隙数值。

表 2-8　冲裁模初始双面间隙值 *Z*（汽车拖拉机行业用）（mm）

| 板料厚度 *t* | 08、10、35<br>09Mn、Q235 | | 16Mn | | 40、50 | | 65Mn | |
|---|---|---|---|---|---|---|---|---|
| | $Z_{min}$ | $Z_{max}$ | $Z_{min}$ | $Z_{max}$ | $Z_{min}$ | $Z_{max}$ | $Z_{min}$ | $Z_{max}$ |
| <0.5 | 极小间隙 | | | | | | | |
| 0.5 | 0.040 | 0.060 | 0.040 | 0.060 | 0.040 | 0.060 | 0.040 | 0.060 |
| 0.6 | 0.048 | 0.072 | 0.048 | 0.072 | 0.048 | 0.072 | 0.048 | 0.072 |
| 0.7 | 0.064 | 0.092 | 0.064 | 0.092 | 0.064 | 0.092 | 0.064 | 0.092 |
| 0.8 | 0.072 | 0.104 | 0.072 | 0.104 | 0.072 | 0.104 | 0.064 | 0.092 |
| 0.9 | 0.090 | 0.120 | 0.090 | 0.126 | 0.090 | 0.126 | 0.090 | 0.126 |
| 1.0 | 0.100 | 0.140 | 0.100 | 0.140 | 0.100 | 0.140 | 0.090 | 0.126 |
| 1.2 | 0.126 | 0.180 | 0.132 | 0.180 | 0.132 | 0.180 | | |
| 1.5 | 0.132 | 0.240 | 0.170 | 0.240 | 0.170 | 0.230 | | |
| 1.75 | 0.220 | 0.320 | 0.220 | 0.320 | 0.220 | 0.320 | | |
| 2.0 | 0.246 | 0.360 | 0.260 | 0.380 | 0.260 | 0.380 | | |
| 2.1 | 0.260 | 0.380 | 0.280 | 0.400 | 0.280 | 0.400 | | |
| 2.5 | 0.360 | 0.500 | 0.380 | 0.540 | 0.380 | 0.540 | | |
| 2.75 | 0.400 | 0.560 | 0.420 | 0.600 | 0.420 | 0.600 | | |
| 3.0 | 0.460 | 0.640 | 0.480 | 0.660 | 0.480 | 0.660 | | |
| 3.5 | 0.540 | 0.740 | 0.580 | 0.780 | 0.580 | 0.780 | | |
| 4.0 | 0.640 | 0.880 | 0.680 | 0.920 | 0.680 | 0.920 | | |
| 4.5 | 0.720 | 1.000 | 0.680 | 0.960 | 0.780 | 1.040 | | |
| 5.5 | 0.940 | 1.280 | 0.780 | 1.100 | 0.980 | 1.320 | | |
| 6.0 | 1.080 | 1.440 | 0.840 | 1.200 | 1.140 | 1.500 | | |
| 6.5 | | | 0.940 | 1.300 | | | | |
| 8.0 | | | 1.200 | 1.680 | | | | |

注：1．冲裁皮革、石棉和纸板时，间隙取 08 钢的 25%。

2．$Z_{min}$ 相当于公称间隙。

表 2-9　冲裁模初始双面间隙值 Z（电气仪表行业用）（mm）

| 材料名称 | | 45<br>T7、T8（退火）<br>65Mn（退火）<br>磷青铜（硬）<br>铍青铜（硬） | | 10、15、20、30 钢<br>硅钢<br>H62、H65（硬）<br>LY12 | | Q215、Q235 钢<br>08、10、15 钢<br>纯铜（硬）<br>磷青铜、铍青铜<br>H62、H68 | | H62、H68（软）<br>纯铜（软）<br>L21～LF2 防锈铝<br>硬铝 LY12（退火）<br>铜母线、铝母线 | |
|---|---|---|---|---|---|---|---|---|---|
| 力学性能 | HBS | ≥190 | | 140～190 | | 70～140 | | ≤70 | |
| | $\sigma_b$ | ≥600MPa | | 400～600MPa | | 300～400MPa | | ≤300MPa | |
| 板料厚度 t | | 始用间隙 Z | | | | | | | |
| | | $Z_{min}$ | $Z_{max}$ | $Z_{min}$ | $Z_{max}$ | $Z_{min}$ | $Z_{max}$ | $Z_{min}$ | $Z_{max}$ |
| 0.3 | | 0.04 | 0.06 | 0.03 | 0.05 | 0.02 | 0.04 | 0.01 | 0.03 |
| 0.5 | | 0.08 | 0.10 | 0.06 | 0.08 | 0.04 | 0.06 | 0.025 | 0.045 |
| 0.8 | | 0.12 | 0.16 | 0.10 | 0.13 | 0.07 | 0.10 | 0.045 | 0.075 |
| 1.0 | | 0.17 | 0.20 | 0.13 | 0.16 | 0.10 | 0.13 | 0.065 | 0.095 |
| 1.2 | | 0.21 | 0.24 | 0.16 | 0.19 | 0.13 | 0.16 | 0.075 | 0.105 |
| 1.5 | | 0.27 | 0.31 | 0.21 | 0.25 | 0.15 | 0.19 | 0.10 | 0.14 |
| 1.8 | | 0.34 | 0.38 | 0.27 | 0.31 | 0.20 | 0.24 | 0.13 | 0.17 |
| 2.0 | | 0.38 | 0.42 | 0.30 | 0.34 | 0.22 | 0.26 | 0.14 | 0.18 |
| 2.5 | | 0.49 | 0.55 | 0.39 | 0.45 | 0.29 | 0.35 | 0.18 | 0.24 |
| 3.0 | | 0.62 | 0.65 | 0.49 | 0.55 | 0.36 | 0.42 | 0.23 | 0.29 |
| 3.5 | | 0.73 | 0.81 | 0.58 | 0.66 | 0.43 | 0.51 | 0.27 | 0.35 |
| 4.0 | | 0.86 | 0.94 | 0.68 | 0.76 | 0.50 | 0.58 | 0.32 | 0.40 |
| 4.5 | | 1.00 | 1.08 | 0.78 | 0.86 | 0.58 | 0.66 | 0.36 | 0.45 |
| 5.0 | | 1.13 | 1.23 | 0.90 | 1.00 | 0.65 | 0.75 | 0.42 | 0.52 |
| 6.0 | | 1.40 | 1.50 | 1.00 | 1.20 | 0.82 | 0.92 | 0.53 | 0.63 |
| 8.0 | | 2.00 | 2.12 | 1.60 | 1.72 | 1.17 | 1.29 | 0.76 | 0.88 |

注：1. $Z_{min}$应视为公称间隙。

2. 一般情况下，其 $Z_{max}$ 可适当放大。

表 2-9 中所列 $Z_{min}$ 和 $Z_{max}$ 只是指新制造模具初始间隙的变动范围，并非磨损极限。从表 2-9 中可以发现，当板料厚度 $t$ 很薄时，$Z_{max}-Z_{min}$ 的值很小，以至于现有的模具加工设备难以达到要求，因此很薄的板料的冲裁工艺性是很差的，对模具的制造精度要求也是很高的。当然，实践中可以在模具结构和模具加工工艺上采取一些特殊措施来满足无（小）间隙冲裁的要求。

3）经验记忆法

经验记忆法是一种比较实用的、易于记忆的确定合理冲裁间隙的方法。其值用下式表达：

$$Z=mt$$

式中　$Z$——合理冲裁间隙；

$t$——板料厚度；

$m$——记忆系数，参考数据如下。

软态有色金属　　$m$=4%～8%；

硬态有色金属、低碳钢、纯铁　　$m$=6%～10%；

中碳钢、不锈钢、可伐合金　　$m$=7%～14%；

高碳钢、弹簧钢　　$m$=12%～24%；

硅钢 $m$=5%～10%；

非金属（皮革、石棉、胶布板、纸板等） $m$=1%～4%。

应当指出，上述记忆系数 $m$ 值是基于常用普通板料冲裁而归纳总结出来的。各行业各企业对此的选取值是不相同的。在使用过程中还应考虑以下因素。

（1）对于制件断面质量要求高的，其值可取小些。

（2）计算冲孔间隙时比计算落料间隙时，其值可取大些。

（3）为减小冲裁力，其值可取大些。

（4）为减少模具磨损，其值可取大些。

（5）计算异形件间隙时比计算圆形件间隙时，其值可取大些。

（6）冲裁厚板（$t$＞8mm）时，其值可取小些。

### 2.6.3 凸、凹模刃口

冲裁模凸、凹模工作部分的尺寸直接决定冲裁件的尺寸和凸、凹模间隙的大小，是冲裁模上最重要的尺寸。

#### 1．计算原则

若忽略冲裁件的弹性回复，冲孔件的尺寸等于凸模实际尺寸，落料件的尺寸等于凹模实际尺寸。冲裁过程中凸、凹模与冲裁件和废料发生摩擦，凸、凹模会向入体方向磨损变大（小），如图 2-18 所示。因此，确定凸、凹模工作部分尺寸应遵循下述原则。

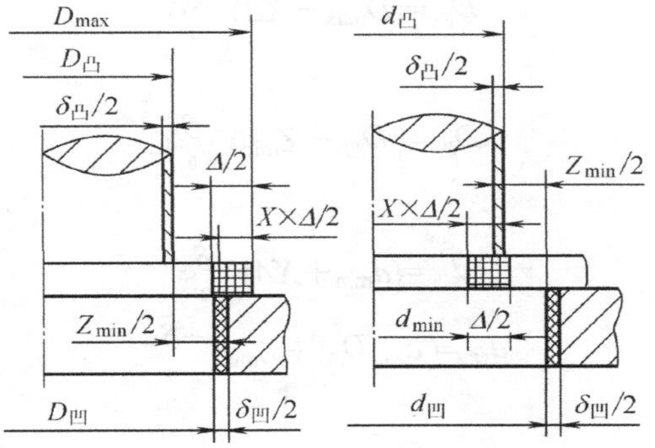


（a）落料　　（b）冲孔

图 2-18　凸模和凹模工作部分尺寸的确定

（1）落料模应先确定凹模尺寸，其基本尺寸应按入体方向接近或等于相应的落料件极限尺寸，此时的凸模基本尺寸按凹模相应尺寸沿入体方向减（加）一个最小合理间隙值 $Z_{min}$。

（2）冲孔模应先确定凸模尺寸，其基本尺寸应按入体反方向接近或等于相应的冲孔件极限尺寸，此时的凹模基本尺寸比凸模按入体方向加（减）一个最小合理间隙值 $Z_{min}$。

（3）凸、凹模的制造公差应与冲裁件的尺寸精度相适应，一般比制件的精度高 2~3 级，且必须按入体方向标注单向公差。

#### 2．计算方法

冲裁模工作部分尺寸的计算方法与模具的加工方法有关，常用的模具加工方法有凸、凹模分别加工的分别加工法、凸、凹模配合加工的单配加工法，单配加工法还要考虑相应的基准件和配合件的尺寸换算。

1）分别加工法

分别加工法分别规定了凸、凹模的尺寸及公差，使之可分别进行加工制造，所以凸、凹模的尺寸及制造公差都对间隙有影响，如图 2-19 所示，可得出下列计算公式：

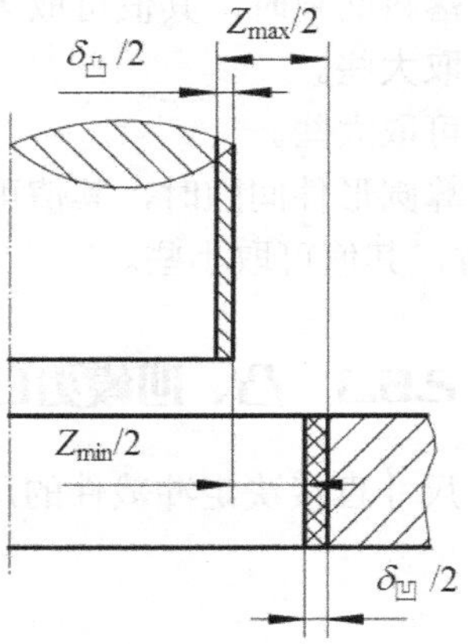


图 2-19　凸模和凹模分别加工时间隙变动范围

$$|\delta_{\text{凸}}|+|\delta_{\text{凹}}|\leqslant Z_{max}-Z_{min}$$

落料

$$D_{\text{凹}}=(D_{max}-X\Delta)^{-\delta_{\text{凸}}}_{0}$$

$$D_{\text{凸}}=(D_{\text{凹}}-Z_{min})^{-\delta_{\text{凸}}}_{0}$$

冲孔

$$d_{\text{凸}}=(d_{min}+X\Delta)^{-\delta_{\text{凸}}}_{0}$$

$$d_{\text{凹}}=(d_{\text{凸}}\ D_{\text{凸}}+Z_{min})^{+\delta_{\text{凹}}}_{0}$$

中心距

$$L_{\text{凹}}=L_{\text{中}}\pm\Delta/8$$

式中　$D_{\text{凹}}$、$D_{\text{凸}}$——分别为落料凹模和凸模的基本尺寸；

$d_{\text{凸}}$、$d_{\text{凹}}$——分别为冲孔凸模和凹模的基本尺寸；

$D_{max}$——落料件最大极限尺寸；

$d_{min}$——冲孔件最小极限尺寸；

$\Delta$——冲裁件的公差；

$X$——磨损系数，查表 2-10 或直接按 1 选取；

$\delta_{\text{凹}}$、$\delta_{\text{凸}}$——分别为凹模和凸模的制造公差，可按冲裁件公差的 1/4~1/5 选取，也可查表 2-11；

$L_{\text{凹}}$——凹模中心距的基本尺寸；

$L_{\text{中}}$——冲裁件中心距的中间尺寸。

表 2-10　制件公差及磨损系数

| 板料厚度 $t$/mm | 制件公差 $\Delta$/mm | | | | |
|---|---|---|---|---|---|
| ＜1 | ≤0.16 | 0.17～0.35 | ≥0.36 | ＜0.16 | ≥0.16 |
| 1～2 | ≤0.20 | 0.21～0.41 | ≥0.42 | ＜0.20 | ≥0.20 |
| 2～4 | ≤0.24 | 0.25～0.49 | ≥0.50 | ＜0.24 | ≥0.24 |
| ＞4 | ≤0.30 | 0.31～0.59 | ≥0.60 | ＜0.30 | ≥0.30 |
| 磨损系数 $X$ | 非圆形 $X$ 值 | | | 圆形 $X$ 值 | |
| | 1.0 | 0.75 | 0.5 | 0.75 | 0.5 |

表 2-11　规则形状冲裁模凸、凹模制造公差（mm）

| 基本尺寸 | $\delta_{凸}$ | $\delta_{凹}$ | 基本尺寸 | $\delta_{凸}$ | $\delta_{凹}$ |
|---|---|---|---|---|---|
| ≤18 | −0.020 | +0.020 | ＞180～260 | −0.030 | +0.045 |
| ＞18～30 | −0.020 | +0.025 | ＞260～360 | −0.035 | +0.050 |
| ＞30～80 | −0.020 | +0.030 | ＞360～500 | −0.040 | +0.060 |
| ＞80～120 | −0.025 | +0.035 | ＞500 | −0.050 | +0.070 |
| ＞120～180 | −0.030 | +0.040 | | | |

2）单配加工法

单配加工法是用凸模和凹模相互单配的方法来保证合理间隙的一种方法。此方法只要计算基准件（冲孔时为凸模，落料时为凹模）基本尺寸及公差，另一件无须标注尺寸，仅注明“相应尺寸按凸模（或凹模）配作，保证双面间隙在 $Z_{min}$～$Z_{max}$ 之间”即可。与分别加工法相比较，单配加工法基准件的制造公差不再受间隙大小的限制，同时配合件的制造公差≤$Z_{max}-Z_{min}$，就可保证获得合理间隙，所以模具制造更容易。

在制件上，会同时存在三类不同性质的尺寸，要区别对待，如图 2-20 所示。

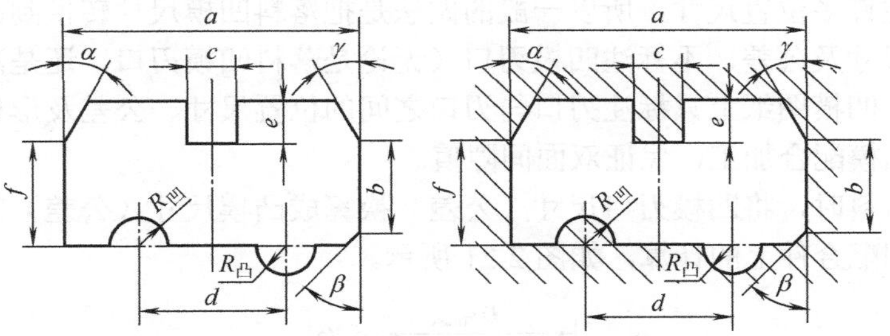


（a）落料件　　（b）冲孔件

图 2-20　冲裁件的尺寸分类

第一类：凸模（冲孔件）或凹模（落料件）磨损后增大的尺寸。

第二类：凸模（冲孔件）或凹模（落料件）磨损后减小的尺寸。

第三类：凸模（冲孔件）或凹模（落料件）磨损后基本不变的尺寸。

图 2-20（a）落料件中，$a$，$b$，$f$，$R_{凹}$ 尺寸随凹模磨损增大；$c$，$R_{凸}$ 尺寸随凹模磨损减小；$d$，$e$，$\alpha$，$\beta$，$\gamma$ 尺寸不受凹模磨损影响。

图 2-20（b）冲孔件中，$a$，$b$，$f$，$R_{凹}$ 尺寸随凸模磨损减小；$c$，$R_{凸}$ 尺寸随凸模磨损增大；$d$，$e$，$\alpha$，$\beta$，$\gamma$ 尺寸不受凸模磨损影响。

下面分别讨论这三类尺寸的不同计算方法。

第一类尺寸相当于简单形状的落料凹模尺寸，冲孔时为凸模，落料时为凹模，则

$$第一类基准件尺寸=（冲裁件上该尺寸的最大极限-X\Delta）^{+\Delta/4}_{0}$$

第二类尺寸相当于简单形状的冲孔凸模尺寸，冲孔时为凸模，落料时为凹模，则

$$第二类基准件尺寸=（冲裁件上该尺寸的最小极限+X\Delta）^{0}_{-\Delta/4}$$

第三类尺寸不受磨损的影响，基准件与配合件的基本尺寸取冲裁件上该尺寸的中间值，其公差取正负对称分布，则

$$第三类基准件尺寸=冲裁件上该尺寸的中间值\pm\Delta/8$$

用单配加工法加工的凸模和凹模必须对号入座，不能互换，但由于电火花线切割加工已成为冲裁模加工的主要手段，该加工方法所具有的“间隙补偿功能”，使配合件基本不存在加工制造公差，而只有很小的电火花放电间隙，所以无论形状复杂与否，它都能很准确地保证模具的合理初始间隙，因此单配加工法适用于复杂形状、小间隙（薄料）冲裁件模具的工作部分尺寸计算。

3）单配加工法基准件和配合件的尺寸换算

受模具结构、加工方法等因素的影响，在实际的模具制造过程中，不论落料、冲孔，都习惯于先做标注了尺寸及公差的凸模，然后按规定间隙配制凹模刃口。尤其是在加工级进模及采用电火花线切割加工凸模、凹模时，这种做法很普遍。

级进模的凹模上既有冲孔刃口，也有落料刃口，甚至还有压弯、拉深及各类成型腔。按单配加工法，落料刃口是基准（件），须标注尺寸及公差，而冲孔刃口是配合（件），须按已加工好的凸模实际尺寸配以规定的双面间隙。这就造成在一张图纸上，有的刃口标注尺寸公差，有的不标注尺寸公差，显然是不合理的。尤其是采用电火花线切割加工中，必须做到要么全部刃口都标注尺寸及公差（将冲孔转换成落料），要么全部刃口都不标注尺寸及公差（将落料转换成冲孔）。由于级进模凹模刃口与刃口之间存在要求比较高的位置精度要求，须要标注许多位置尺寸，所以一般的做法是把落料凹模尺寸转换到凸模上去，即只标注各凸模的尺寸及公差，不标注凹模刃口（无论是落料凹模刃口，还是冲孔凹模刃口）的尺寸及公差，凹模图纸上只标注刃口与刃口之间的位置尺寸、公差及形位要求，各凹模刃口均按相应凸模配合加工，保证双面间隙值。

下面讨论落料时，将凹模刃口尺寸（公差）换算成凸模尺寸（公差）的计算，即将基准件尺寸换算到配合件上的计算，如图 2-21 所示。

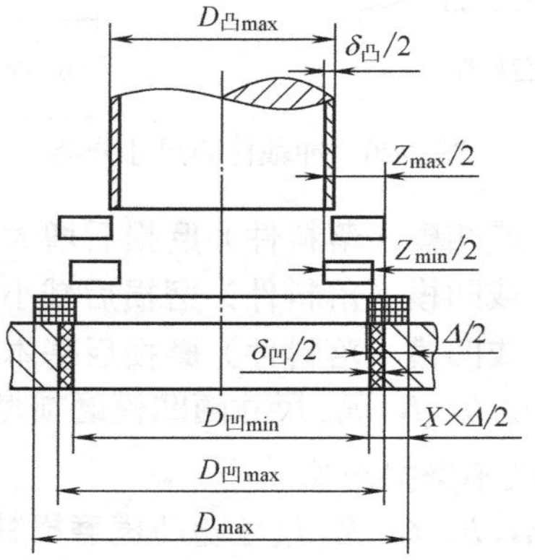


图 2-21　落料时将凹模尺寸换算到凸模上去的计算图

$$D_{凹\max}=D_{凸\max}+Z_{\max}$$
$$D_{凸\min}=D_{凸\min}+Z_{\min}$$

两式相减得

$$D_{凹\max}-D_{凸\min}=(D_{凸\max}-D_{凸\min})+(Z_{\max}-Z_{\min})$$

即

$$\delta_{凹}=\delta_{凸}+(Z_{\max}-Z_{\min})$$

为了使落料件保持原有的精度，凹模的制造公差 $\delta_{凹}$ 仍应控制在制件公差 $\varDelta$ 的 1/4 内，此时

$$\delta_{凸}=\varDelta/4-(Z_{\max}-Z_{\min})$$

依据原则规定及图 2-20 得到计算后凸模的基本尺寸及公差分别为

第一类情况

$$D_{凸}=(D_{\max}-X\varDelta-Z_{\min}+\delta_{凸})^{0}_{\delta_{凸}}$$

但图 2.21 中尺寸 $b$、$f$ 对应的凸模基本尺寸及公差应为

$$D_{凸}=\left[D_{\max}-X\varDelta-\left(\frac{Z_{\min}}{2}\times\tan\frac{\gamma}{2}+\frac{Z_{\min}}{2}\times\tan\frac{\beta}{2}\right)+\delta_{凸}\right]^{0}_{-\delta_{凸}}$$

$$D_{凸}=\left[D_{\max}-X\varDelta-\left(\frac{Z_{\min}}{2}+\frac{Z_{\min}}{2}\times\tan\frac{\alpha}{2}\right)+\delta_{凸}\right]^{0}_{-\delta_{凸}}$$

第二类情况

$$D_{凸}=(D_{\min}+X\varDelta+Z_{\min}-\delta_{凸})^{+\delta_{凸}}_{0}$$

但图 2.21 中尺寸 $b$、$f$ 对应的凸模基本尺寸及公差应为

$$D_{凸}=\left[D_{\max}-X\varDelta+\left(\frac{Z_{\min}}{2}\times\tan\frac{\gamma}{2}+\frac{Z_{\min}}{2}\times\tan\frac{\beta}{2}\right)-\delta_{凸}\right]^{0}_{-\delta_{凸}}$$

$$D_{凸}=\left[D_{\max}-X\varDelta+\left(\frac{Z_{\min}}{2}+\frac{Z_{\min}}{2}\times\tan\frac{\alpha}{2}\right)-\delta_{凸}\right]^{0}_{-\delta_{凸}}$$

显然，第三类尺寸无须计算。

值得说明的是，$Z_{\max}-Z_{\min}$ 值按表 2-8 和表 2-9 所查值比较大（尤其是板料厚度 $t$ 比较小时），但实际用线切割间隙补偿功能所得 $Z_{\max}-Z_{\min}$ 值是很小的，一般开环数控为≤0.02mm，而闭环数控能达到≤0.01mm，这样计算的 $\delta_{凸}$ 值不至于比 $\delta_{凹}$ 小太多，也不会使凸模制造精度过高。

### 3. 应用实例

以下分别就分开加工法、单配加工法和单配加工法基准件和配合件的尺寸换算进行举例。

**例 2.1** 图 2-22 所示垫圈，材料为 Q235 钢，分别计算落料和冲孔的凸模和凹模工作部分尺寸。该制件由 2 副模具完成，第 1 副落料，第 2 副冲孔。

**解：** 由表 2-8 查得

$$Z_{\min}=0.46\text{ mm}\qquad Z_{\max}=0.64\text{mm}$$

$$Z_{max}-Z_{min}=0.64-0.46=0.18\text{（mm）}$$

1）落料模

由表 2-11 查得

$$\delta_{凹}1=+0.03\text{mm} \qquad \delta_{凸}=-0.02\text{mm}$$

因为 $|\delta_{凹}|+|\delta_{凸}|=0.05\text{mm}<0.18\text{mm}$

故能满足分别加工法的要求。

由表 2-10 查得 $X$=0.5，则

$$D_{落凹}=(D_{max}-X\Delta)_{0}^{+\delta_{凹}}=(80-0.5\times0.74)_{0}^{+0.03}=79.63_{0}^{+0.03}\text{（mm）}$$

$$D_{落凸}=(D_{凹}-Z_{min})_{-\delta_{凸}}^{0}=(79.63-0.46)_{-0.02}^{0}=79.17_{-0.02}^{0}\text{（mm）}$$

2）冲孔模

由表 2-11 查得

$$\delta_{凹}=+0.025\text{mm} \qquad \delta_{凸}=-0.02\text{mm}$$

因为 $|\delta_{凹}|+|\delta_{凸}|=0.045\text{mm}<0.18\text{mm}$

故能满足分别加工法的要求。

由表 2-10 查得 $X$=0.5，则

$$d_{凸}=(d_{min}+X\Delta)_{-\delta_{凸}}^{0}=(30+0.5\times0.62)_{-0.02}^{0}=30.31_{-0.02}^{0}\text{（mm）}$$

$$d_{凹}=(d_{凸}+Z_{min})_{0}^{+\delta_{凹}}=(30.31+0.46)_{0}^{+0.025}=30.77_{0}^{+0.025}\text{（mm）}$$

**例 2.2** 图 2-23 所示开口垫片，材料为 10 钢，采用复合模冲裁，用单配加工法计算冲孔凸模、落料凹模工作部分尺寸，并画出凸模、凹模及凸、凹模工作部分简图。

**解：** 令 $a=80_{-0.40}^{0}$，$b=40_{-0.34}^{0}$，$c=22\pm0.14$，$d=\phi6_{0}^{+0.12}$，$e=15_{-0.2}^{0}$。

由表 2-8 查得 $Z_{min}$=0.10mm，$Z_{max}$=0.14mm。

由表 2-10 查得：对于尺寸 $a$，$X$=0.5；其他尺寸，$X$=0.75。

该制件 $D$ 尺寸为冲孔，其余尺寸均为落料。

冲孔凸模，由于 $d$ 尺寸随凸模磨损变小，故

$$d_{凸}=(D_{min}+X\Delta)_{-\delta_{凸}}^{0}=(6+0.75\times0.12)_{-\frac{1}{4}\times0.12}^{0}=6.09_{-0.03}^{0}\text{（mm）}$$

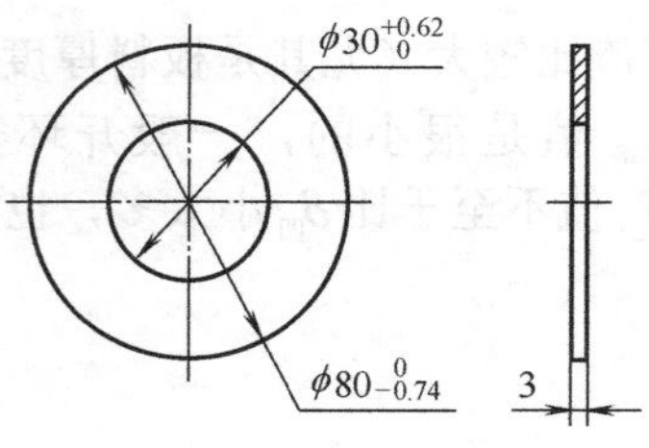

图 2-22 垫圈

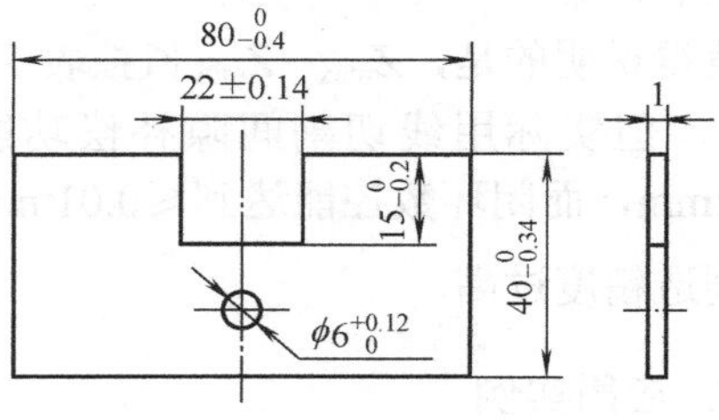

图 2-23 开口垫片

落料凹模，由于 $a$、$b$ 尺寸随凹模磨损变大，$c$ 尺寸随凹模磨损变小，$e$ 尺寸不随凹模磨损变化。故

$$a_{凹}=(a_{max}-X\Delta)_{0}^{+\delta_{凹}}=(80-0.5\times0.4)_{0}^{+\frac{1}{4}\times0.4}=79.8_{0}^{+0.1}\text{（mm）}$$

$$b_{凹}=(b_{max}-X\Delta)_{0}^{+\delta_{凹}}=(40-0.75\times0.34)_{0}^{+\frac{1}{4}\times0.34}=39.75_{0}^{+0.085}\text{（mm）}$$

$$c_{凹}=(c_{min}+X\Delta)_{-\delta_{凸}}^{0}=(22-0.14+0.75\times0.28)_{-\frac{1}{4}\times0.28}^{0}=22.07_{-0.07}^{0}\ (mm)$$

$$e_{凹}=e_{中间}\pm\frac{1}{8}\Delta=(15-0.1)\pm\frac{1}{8}\times0.2=14.9\pm0.025\ (mm)$$

凸凹模外形各尺寸按落料凹模相应尺寸、圆孔尺寸按冲孔凸模相应尺寸配作，保证双面间隙在0.10~0.14mm。

冲孔凸模、落料凹模及凸凹模工作部分简图如图2-24所示。

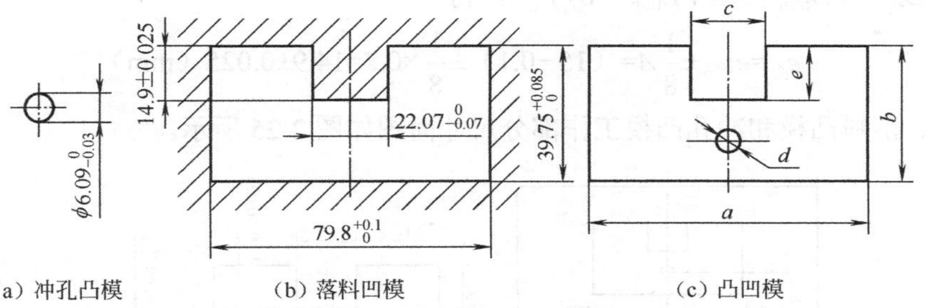


图2-24 冲孔凸模、落料凹模及凸凹模工作部分简图

**例2.3** 图2.24所示开口垫片，采用级进模结构。某工厂习惯先做凸模，凹模根据凸模尺寸按间隙配作加工，计算凸模工作部分尺寸，并画出各凸模工作部分简图。

**解：**根据题意，要求将落料凹模尺寸换算到相应凸模上。

图2-25（a）为该级进模凹模简图，其中洞口1为冲孔刃口，不存在尺寸转换问题，洞口2为落料刃口，要进行尺寸转换。

令 $a=80_{-0.4}^{0}$，$b=40_{-0.34}^{0}$，$c=22\pm0.14$，$e=15_{-0.2}^{0}$，$D=\phi6_{0}^{+0.12}$。

由表2-8查得 $Z_{min}$=0.10mm，$Z_{max}$=0.14mm。

由表2-10查得：对于尺寸 $a$，$X$=0.5；其他均为 $X$=0.75。

该制件除尺寸 $D$ 为冲孔尺寸，其余尺寸均为落料尺寸。

冲孔凸模如图2-25（c）所示，由于尺寸 $d$ 随凸模磨损尺寸变小，故

$$d_{凸}=(d_{min}+X\Delta)_{-\delta_{凸}}^{0}=(6+0.75\times0.12)_{-\frac{1}{4}\times0.12}^{0}=6.09_{-0.03}^{0}\ (mm)$$

落料凸模如图2-25（b）所示，由于 $a$、$b$ 尺寸随凹模磨损变大，$c$ 尺寸随凹模磨损变小，$e$ 尺寸不随凹模磨损变化。考虑到采用线切割加工，$Z_{max}-Z_{min}$ 值取0.02mm。

按式 $\delta_{凸}=\Delta/4-(Z_{max}-Z_{min})$，得

$$\delta_a=\frac{1}{4}\times0.4-0.02=0.08\ (mm)$$

按式 $D_{凸}=(D_{max}-X\Delta-Z_{min}+\delta_{凸})_{\delta_{凸}}^{0}$，得

$$a_{凸}=(80-0.5\times0.4-0.1+0.08)_{-0.08}^{0}=79.78_{-0.08}^{0}\ (mm)$$

按式 $\delta_{凸}=\Delta/4-(Z_{max}-Z_{min})$，得

$$\delta_b=\frac{1}{4}\times0.34-0.02=0.065\ (mm)$$

按式 $D_{凸}=(D_{max}-X\Delta-Z_{min}+\delta_{凸})_{\delta_{凸}}^{0}$，得

$$b_{凸}=(40-0.75\times0.34-0.1+0.065)_{-0.065}^{\ 0}=39.71_{-0.065}^{\ 0}\ \text{(mm)}$$

按式 $\delta_{凸}=\Delta/4-(Z_{max}-Z_{min})$，得

$$\delta_c=\frac{1}{4}\times0.28-0.02=0.05\ \text{(mm)}$$

按式 $D_{凸}=(D_{min}+X\Delta+Z_{min}-\delta_{凸})_{\ 0}^{+\delta_{凸}}$，得

$$c_{凸}=(22-0.14+0.75\times0.28+0.1-0.05)_{\ 0}^{+0.05}=22.12_{\ 0}^{+0.05}\ \text{(mm)}$$

按式 $D_{凸}=(D_{min}+X\Delta+Z_{min}-\delta_{凸})_{\ 0}^{+\delta_{凸}}$，得

$$e_{凸}=e_{中间}\pm\frac{1}{8}\Delta=(15-0.1)\pm\frac{1}{8}\times0.2=14.9\pm0.025\ \text{(mm)}$$

凹模、落料凸模和冲孔凸模工作部分尺寸简图如图 2-25 所示。

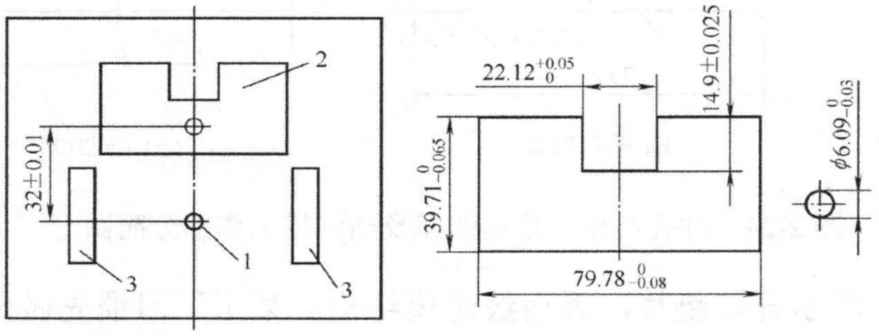


（a）凹模(各洞口按冲孔凸模和落料凸模配作，保证双面间隙0.1mm)；（b）落料凸模；（c）冲孔凸模

1—冲孔洞口；2—落料洞口；3 定距侧刃洞口

图 2-25　凹模、落料凸模和冲孔凸模工作部分尺寸简图

## 2.6.4　排样法

### 1．有废料排样法

如图 2-26（a）所示，有废料排样法是指冲裁件与冲裁件之间，以及冲裁件与条料侧边之间都有工艺余料（称为搭边）存在，这种排样法的冲裁件分离轮廓封闭，冲裁件质量好、模具寿命长，但材料利用率较低。

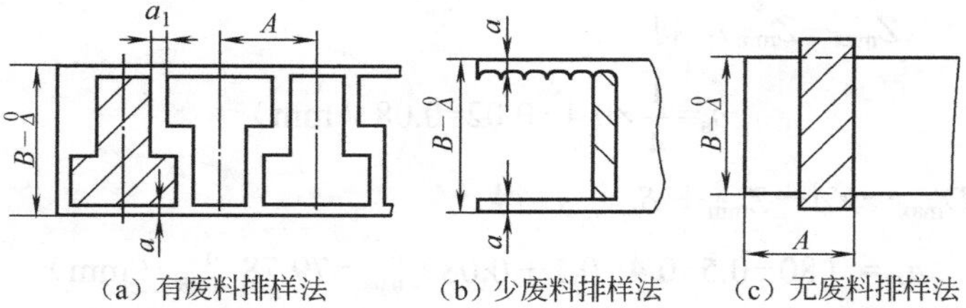


（a）有废料排样法　（b）少废料排样法　（c）无废料排样法

图 2-26　排样法

### 2．少、无废料排样法

如图 2-26（b）所示，少废料排样法是指只有在冲裁件与冲裁件之间或冲裁件与条料之间留有搭边，这种排样法的冲裁只沿着冲裁件的部分轮廓进行。材料的利用率可达 70%～

90%。

如图 2-26（c）所示，无废料排样法是指冲裁件与冲裁件之间，以及冲裁件与条料之间均无搭边存在，这种排样方法的冲裁件实际上是由直接切断获得，所以材料的利用率可达到 85%～95%。

少、无废料排样法材料利用率很高，且模具结构简单，所需冲裁力小，但其应用范围有很大的局限性，既受到制件形状、结构限制，且由于条料宽度误差及送料误差均会影响制件尺寸而使尺寸精度下降，同时模具刃口是单面受力，所以磨损加快，断面质量下降，此外制件的外轮廓毛刺方向也不一致。所以选择少、无废料排样时必须全面权衡利弊。

无论采用何种排样法，根据冲裁件在条料上的不同布置，排样法又有直排、斜排、对排、混合排、多排和裁搭边等多种形式。表 2-12 列出了有废料排样法的布排形式，表 2-13 列出了少、无废料排样法的布排形式。

表 2-12　有废料排样法的布排形式

| 形　式 | 简　图 | 用　途 |
|---|---|---|
| 直排 | 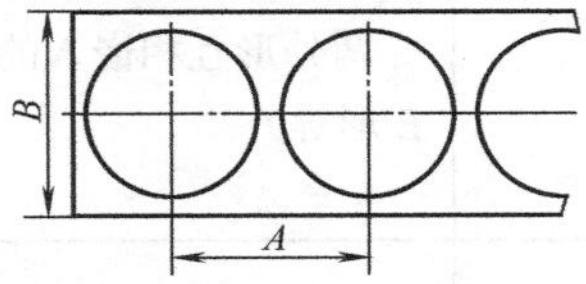 | 几何形状简单的制件（如圆形、矩形等） |
| 斜排 | 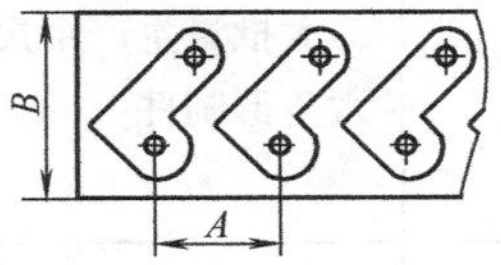 | T 形或其他复杂外形制件，这些制件直排时废料较多 |
| 对排 | 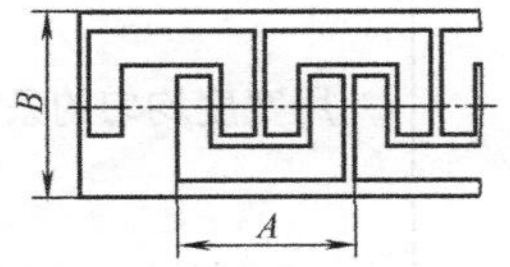 | T、U、E 形制件，这些制件直排或斜排时废料较多 |
| 混合排 | 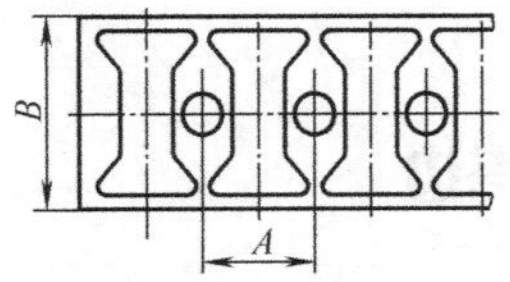 | 材料及厚度均相同的不同制件，适于大批量生产 |
| 多排 | 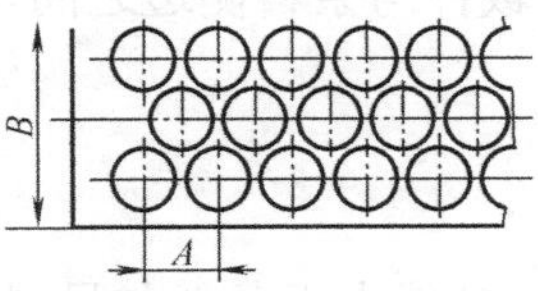 | 大批量生产中轮廓尺寸较小的制件 |
| 裁搭边 | 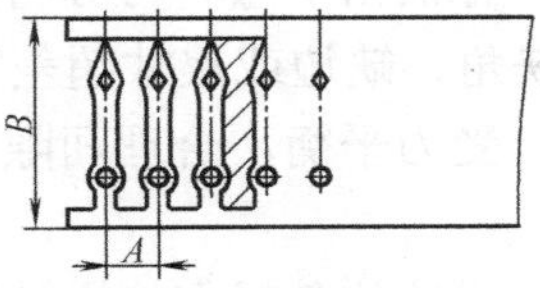 | 大批量生产中小而窄的制件 |

表 2-13　少、无废料排样法的布排形式

| 形　　式 | 简　　　图 | 用　　途 |
| --- | --- | --- |
| 直排 | 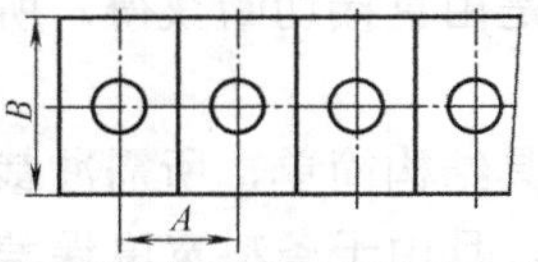 | 矩形制件 |
| 斜排 | 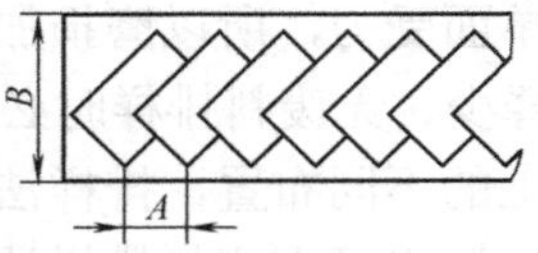 | T 形、Γ 形或其他形状制件，在外形上允许有不大的缺陷 |
| 对排 | 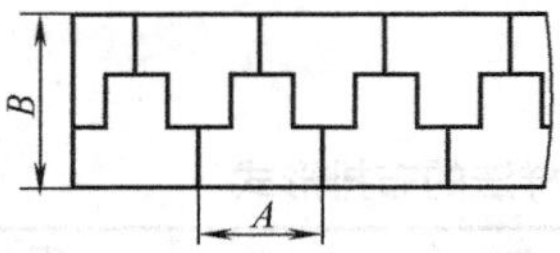 | 梯形、三角形、T 形制件 |
| 混合排 | 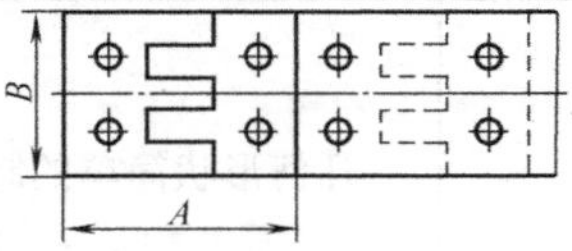 | 两外形互相嵌入的制件（铰链、U 形和 E 形等） |
| 多排 | 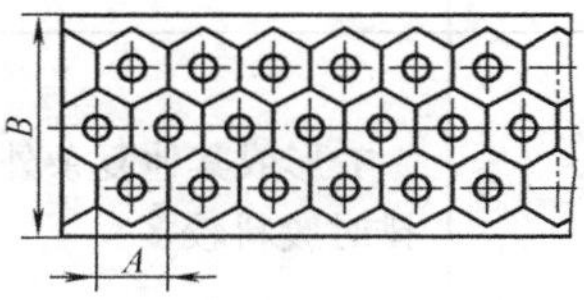 | 大批量生产中尺寸较小的矩形、方形及六角形制件 |
| 裁搭边 | 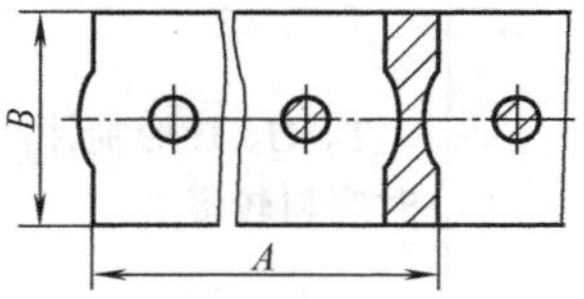 | 用宽度均匀的条料或卷料制造的长形件 |

## 2.6.5　搭边

排样时冲裁件与冲裁件之间（$a_1$），以及冲裁件与条料侧边之间（$a$）留下的工艺余料称为搭边，如图 2-28 所示。

### 1．搭边的作用

（1）补偿条料的剪裁误差、送料步距误差，补偿由于条料与导料板之间有间隙所造成的送料歪斜误差。若没有搭边则可能出现制件缺角、缺边或尺寸超差等废品。

（2）使凸、凹模刃口能沿封闭轮廓线冲裁，受力平衡，合理间隙不易破坏。模具寿命与制件断面质量都能提高。

（3）对于利用搭边拉条料的自动送料模具，搭边使条料有一定的刚度，以保证条料的连续送进。

2．搭边的数值

搭边过大，浪费材料。搭边过小，起不到搭边作用。过小的搭边还可能被拉入凸、凹模之间的缝隙中，使模具刃口破坏。

搭边的合理数值就是保证冲裁件质量，保证模具较长寿命，保证自动送料时不被拉弯、拉断条件下允许的最小值。

搭边的合理数值主要决定于板料厚度 $t$、材料种类、冲裁件大小及冲裁件的轮廓形状等。一般来说，板料愈厚，材料硬度愈低，以及冲裁件尺寸愈大，形状愈复杂，则合理搭边数值也应愈大。

搭边值通常是由经验确定的，表 2-14 列出的即为经验数据之一。

表 2-14 板料冲裁时的合理搭边值（mm）

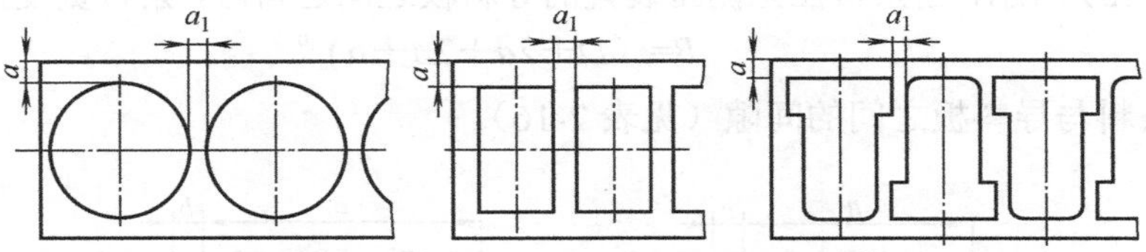


| 板料厚度 $t$ | 手送料 | | | | | | 自动送料 | |
|---|---|---|---|---|---|---|---|---|
| | 圆形 | | 非圆形 | | 往复送料 | | | |
| | $a$ | $a_1$ | $a$ | $a_1$ | $a$ | $a_1$ | $a$ | $a_1$ |
| ≤1 | 1.5 | 1.5 | 2 | 1.5 | 3 | 2 | 2.5 | 2 |
| >1～2 | 2 | 1.5 | 2.5 | 2 | 3.5 | 2.5 | 3 | 2 |
| >2～3 | 2.5 | 2 | 3 | 2.5 | 4 | 3.5 | 3.5 | 3 |
| >3～4 | 3 | 2.5 | 3.5 | 3 | 5 | 4 | 4 | 3 |
| >4～5 | 4 | 3 | 5 | 4 | 6 | 5 | 5 | 4 |
| >5～6 | 5 | 4 | 6 | 5 | 7 | 6 | 6 | 5 |
| >6～8 | 6 | 5 | 7 | 6 | 8 | 7 | 7 | 6 |
| >8 | 7 | 6 | 8 | 7 | 9 | 8 | 8 | 7 |

注：非金属材料（皮革、纸板、石棉等）的搭边值应比金属大 1.5～2 倍。

### 2.6.6 送料步距与条料宽度

选定排样方法与确定搭边值之后，就要计算送料步距和条料宽度，这样才能画出排样图。

1．送料步距 $A$

条料在模具上每次送进的距离称为送料步距（简称步距或进距）。每个步距可以冲出一个制件，也可以冲出几个制件。送料步距的大小应为条料上两个对应冲裁件的对应点之间的距离。如图 2-26 所示，每次只冲一个制件的步距 $A$ 的计算式为

$$A=D+a_1$$

式中 $a_1$——冲裁件之间的搭边值。

### 2. 条料宽度 $B$

条料是由板料（或带料）剪裁下料而得，为保证送料顺利，规定条料宽度 $B$ 的上偏差为零，下偏差为负值（$-\Delta$）。为了准确送进，模具上一般设有导向装置。当使用导料板导向而又无侧压装置时，在宽度方向也会产生送料误差。条料宽度 $B$ 的值应保证在这两种误差的影响下，仍能保证在冲裁件与条料侧面之间有一定的搭边值 $a$。

如图 2-27（a）所示，模具的导料板之间有侧压装置时，条料宽度按下式计算：

$$B=(D+2a+\Delta)_{-\Delta}^{\ 0}$$

式中　$D$——冲裁件与送料方向垂直的最大尺寸；

$a$——冲裁件与条料侧边之间的搭边；

$\Delta$——板料剪裁时的下偏差（见表 2-15）。

如图 2-27（b）所示，当条料在无侧压装置的导料板之间送料时，条料宽度按下式计算：

$$B=(D+2a+2\Delta+b)_{-\Delta}^{\ 0}$$

式中　$b$——条料与导料板之间的间隙（见表 2-16）。

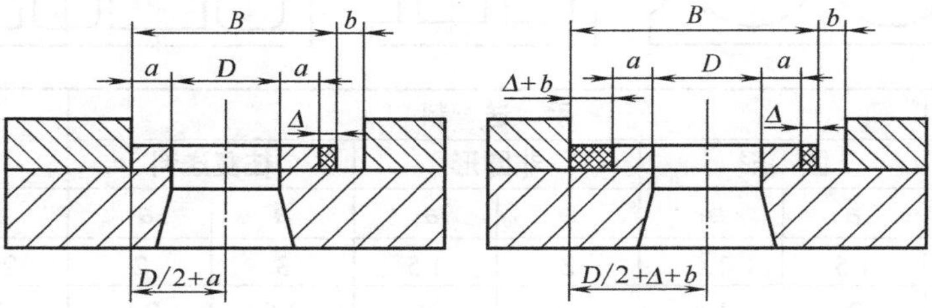

（a）有侧压装置时　　（b）无侧压装置时

图 2-27　条料宽度的确定

**表 2-15　剪板机下料精度（mm）**

| 板料厚度 $t$ | 宽　度 | | | | |
|---|---|---|---|---|---|
| | <50 | 50～100 | 100～150 | 150～220 | 220～300 |
| <1 | −0.3 | −0.4 | −0.5 | −0.6 | −0.6 |
| 1～2 | −0.4 | −0.5 | −0.6 | −0.6 | −0.7 |
| 2～3 | −0.6 | −0.6 | −0.7 | −0.7 | −0.8 |
| 3～5 | −0.7 | −0.7 | −0.8 | −0.8 | −0.9 |

**表 2-16　条料与导料板之间的间隙 $b$（mm）**

| 板料厚度 $t$ | 条料宽度 | | | | |
|---|---|---|---|---|---|
| | 无侧压装置 | | | 有侧压装置 | |
| | ≤100 | >100～200 | >200～300 | ≤100 | >100 |
| ≤1 | 0.5 | 0.5 | 1 | 5 | 8 |
| >1～5 | 0.8 | 1 | 1 | 5 | 8 |

### 3. 条料剪裁的方法

冲裁用条料（带料）是从板料或卷料上剪裁而得，这就存在沿材料轧制方向裁（纵裁）、垂直于轧制方向裁（横裁）、与轧制方向成一定角度裁（斜裁）3 种剪裁方法，如图 2-28 所示。

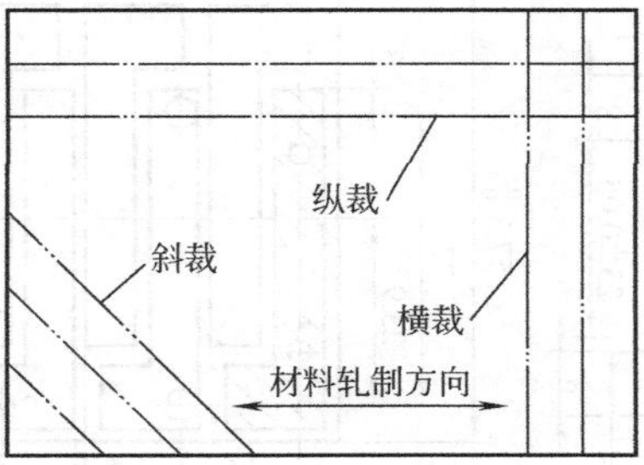


图 2-28 板料的纵裁、横裁和斜裁

一般情况下纵裁材料利用率高，冲压时调换条料的次数也少。尤其是卷料滚剪可为多工位连续自动冲裁提供带料。但有以下情况必须考虑横裁或斜裁。

（1）手动送料时，板料纵裁后的条料太长（＞1500mm），冲压操作移动不方便。

（2）手动送料时，板料纵裁后的条料太重（＞12kg），工人劳动强度太高。

（3）板料（卷料）纵裁不能满足制件（如弯曲件）对轧制方向的要求。

（4）横裁的材料利用率明显高于纵裁时。

**4．材料利用率 $\eta$ 的计算**

材料利用率 $\eta$ 通常以百分率表示

$$\eta=S_1/S_0\times100\%=S_1/AB\times100\%$$

式中 $S_1$——一个步距内制件的实际面积；

$S_0$——一个步距内所需毛坯面积；

$A$——送料步距；

$B$——条料宽度。

实际材料利用率还应考虑板料（卷料）剪裁时的剩余边料和条（带）料冲裁时的料头、料尾消耗，工厂常用以下经验公式估算：

$$\eta_0=K\eta$$

式中 $\eta_0$——材料的实际利用率；

$K$——料头、料尾等消耗系数。纵裁时 $K$=0.9，横裁时 $K$=0.85，斜裁时 $K$=0.75。

**5．材料消耗定额的计算**

工厂通常以每千件消耗材料的千克数为计量单位。可以用下式计算

$$G=（每张板料的质量/每张板料可冲制件数）\times1000$$

## 2.6.7 排样图

排样图是排样设计最终表达形式，也是编制冲压工艺与设计的重要依据。

一张完整的排样图应反映出条料（带料）宽度及公差，送料步距及搭边 $a$、$a_1$ 值，冲

裁时各工步先后顺序与位置，条料在送料时定位元件的位置，以及条料（带料）的轧制方向。如图 2-29、图 2-30 所示。

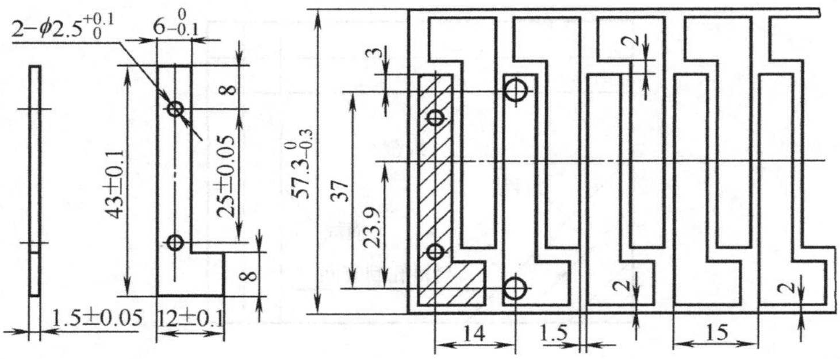


(a) 铁芯零件图　　(b) 铁芯复合冲裁排样图

图 2-29　铁芯冲孔落料复合排样图

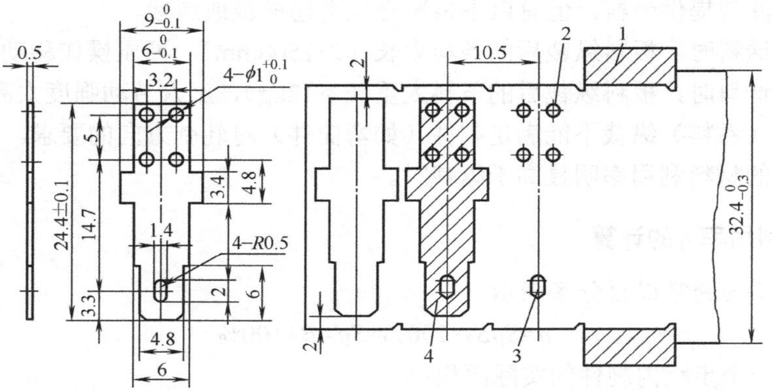


(a) 动簧引出脚零件图　　(b) 动簧引出脚复合冲裁排样图

图 2-30　动簧引出脚冲孔落料级进排样图

## 2.7 冲裁工艺设计

冲裁工艺设计主要包括冲裁件工艺性分析和冲裁工艺方案确定两个方面的内容。

冲裁件的工艺性是指冲裁件对冲裁工艺的适应性。冲裁件工艺性分析就是判断冲裁件能否冲裁、冲裁的难易程度及可能出现的问题。而分析判断冲裁件工艺性合理与否主要是从冲裁件结构（形状）工艺性及尺寸精度要求两方面入手。

### 1. 冲裁件的结构工艺性

以实现经济加工为前提，普通冲裁件应满足以下几个方面的结构工艺性要求。

（1）应尽量避免应力集中的结构。冲裁件各直线或曲线连接处应尽可能避免出现尖锐的交角。除少废料排样、无废料排样、裁搭边排样或凹模使用镶拼模结构外，都应有适当的圆角相连，如图 2-31 所示。圆角 $R$ 的最小值可参考表 2-17 选取。

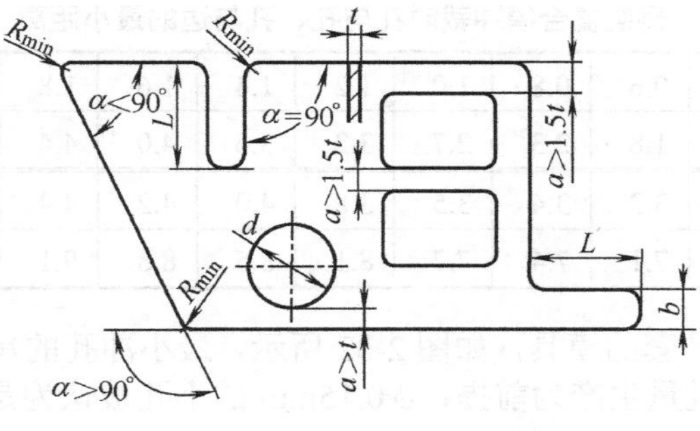


图 2-31　冲裁件有关尺寸的限制

（2）冲裁件应避免有过长的悬臂和窄槽，如图 2-31 所示。这样能有利凸、凹模的加工，提高凸、凹模的强度，防止崩刃。一般材料取 $b\geqslant1.5t$；高碳钢应同时满足 $b\geqslant2t$，$L\leqslant5b$；但 $b\leqslant0.25$mm 时模具制造难度已相当大，所以 $t\leqslant0.5$mm 时，前述要求按 $t$=0.5mm 判断。

**表 2-17　冲裁件的最小圆角半径**

| 工　序 | 角　度 | 最小圆角半径 $R_{min}$ | | |
|---|---|---|---|---|
| | | 黄铜、纯铜、铝 | 低　碳　钢 | 高　碳　钢 |
| 落　料 | α≥90° | 0.18$t$ | 0.25$t$ | 0.35$t$ |
| | α<90° | 0.35$t$ | 0.50$t$ | 0.70$t$ |
| 冲　孔 | α≥90° | 0.20$t$ | 0.30$t$ | 0.45$t$ |
| | α<90° | 0.40$t$ | 0.60$t$ | 0.90$t$ |

（3）因受凸模刚度的限止，冲裁件的孔径不宜太小。冲孔最小尺寸取决于冲压材料的力学性能、凸模强度和模具结构。各种形状孔的最小尺寸可参考表 2-18。

**表 2-18　无导向凸模冲孔的最小尺寸**

| 材　料 | 示意图及尺寸要求 | | | |
|---|---|---|---|---|
| | 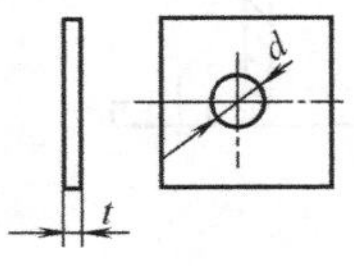  | 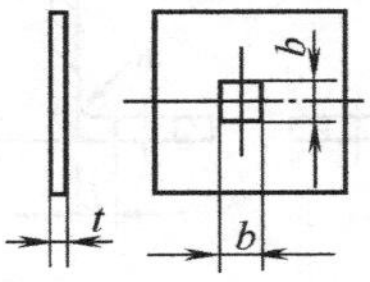  | 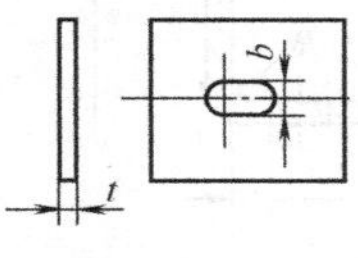  | 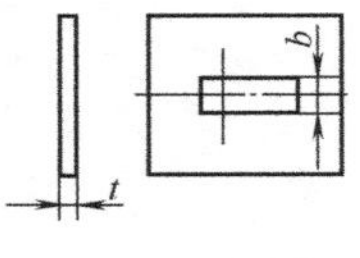  |
| 硬钢 | $D\geqslant1.3t$ | $b\geqslant1.2t$ | $b\geqslant0.9t$ | $b\geqslant1.0t$ |
| 软钢、黄铜 | $D\geqslant1.0t$ | $b\geqslant0.9t$ | $b\geqslant0.7t$ | $b\geqslant0.8t$ |
| 铝、锌 | $D\geqslant0.8t$ | $b\geqslant0.7t$ | $b\geqslant0.5t$ | $b\geqslant0.6t$ |

（4）冲裁件上孔与孔、孔与边之间的距离不宜过小，如图 2.33 所示，以避免制件变形或因材料易拉入凹模而影响模具寿命（当 $t<0.5$ 时，按 $t$=0.5 计算）。如果用倒装复合模冲裁，受凸、凹模最小壁厚强度的限制，模壁不宜过薄。此时冲裁件上孔与孔、孔与边之间的距离应参考表 2-19。

表2-19　倒装复合模冲裁时孔与孔、孔与边的最小距离（mm）

| 板料厚度 $t$ | ≤0.3 | 0.4 | 0.6 | 0.8 | 1.0 | 1.2 | 1.4 | 1.6 | 1.8 | 2.0 | 2.2 | 2.4 | 2.6 |
|---|---|---|---|---|---|---|---|---|---|---|---|---|---|
| 最小距离 $a$ | ≥1.0 | 1.4 | 1.8 | 2.3 | 2.7 | 3.2 | 3.6 | 4.0 | 4.4 | 4.9 | 5.2 | 5.6 | 6.0 |
| 板料厚度 $t$ | 2.8 | 3.0 | 3.2 | 3.4 | 3.5 | 3.8 | 4.0 | 4.2 | 4.4 | 4.6 | 4.8 | 5.0 | |
| 最小距离 $a$ | 6.4 | 6.7 | 7.1 | 7.4 | 7.7 | 8.1 | 8.5 | 8.8 | 9.1 | 9.4 | 9.7 | 10.0 | |

（5）如果采用带保护套的模具，如图2-32所示，最小冲孔的尺寸可参考表2.16。值得提出的是，冲裁时若以批量生产为前提，$\phi$0.15mm的小孔被认为是现阶段的冲裁极限（有学术报告称，最小冲孔直径可达$\phi$0.048mm）。

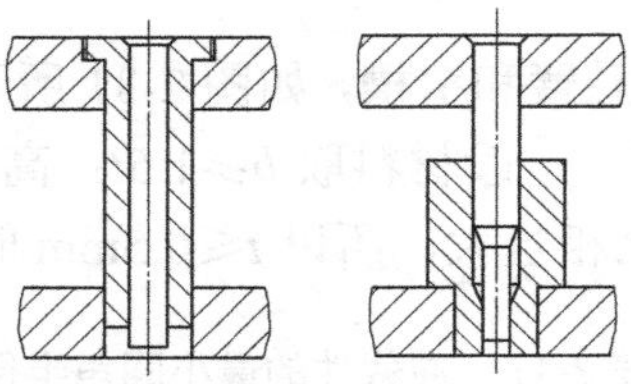

图2-32　带护套的凸模

表2-20　采用凸模护套冲孔的最小尺寸

| 材　料 | 圆形孔（$D$） | 方形孔（$a$） |
|---|---|---|
| 硬钢 | 0.50$t$ | 0.40$t$ |
| 软钢、黄铜 | 0.35$t$ | 0.30$t$ |
| 铝、锌 | 0.30$t$ | 0.28$t$ |

（6）在弯曲件或拉深件上冲孔时，为避免凸模受水平推力而折断。孔壁与制件直壁之间应保持一定距离。使$L \geqslant R+0.5t$，如图2-33所示。

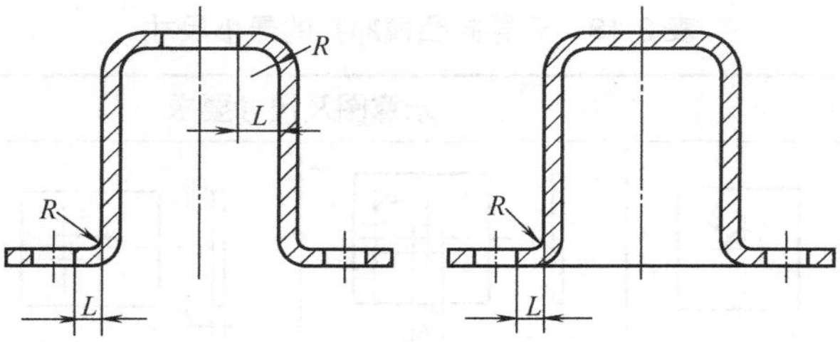


图2-33　弯曲件和拉深件冲孔位置

## 2．冲裁件的尺寸精度

冲裁件的尺寸精度要求，应在经济精度范围以内，对于普通冲裁件一般可达IT11级，较高精度可达IT8级。冲裁件外形、内孔及孔中心距一般精度的公差值如表2-21所示；冲裁件外形、内孔及孔中心距较高精度的公差值如表2-22所示，冲裁件孔边距的公差值如表2-23所示。

表 2-21 冲裁件外形、内孔及孔中心距一般精度的公差值（mm）

| 板料厚度 t | 制件尺寸 | | | | | |
|---|---|---|---|---|---|---|
| | ≤10 | 10～25 | 25～63 | 63～160 | 160～400 | 400～1000 |
| ≤0.5 | 0.05 / ±0.025 | 0.07 / ±0.035 | 0.10 / ±0.05 | 0.12 / ±0.06 | 0.18 / ±0.09 | 0.24 / ±0.12 |
| 0.5～1 | 0.07 / ±0.035 | 0.10 / ±0.05 | 0.14 / ±0.07 | 0.18 / ±0.09 | 0.26 / ±0.13 | 0.34 / ±0.17 |
| 1～3 | 0.10 / ±0.05 | 0.14 / ±0.07 | 0.20 / ±0.10 | 0.26 / ±0.13 | 0.36 / ±0.18 | 0.48 / ±0.24 |
| 3～6 | 0.13 / ±0.065 | 0.18 / ±0.09 | 0.26 / ±0.13 | 0.32 / ±0.16 | 0.46 / ±0.23 | 0.62 / ±0.31 |
| >6 | 0.16 / ±0.08 | 0.22 / ±0.11 | 0.30 / ±0.15 | 0.40 / ±0.20 | 0.56 / ±0.28 | 0.70 / ±0.35 |

注：1．本表适用于按高于 IT8 级精度制定的模具所冲的冲裁件。
2．表中分子为外形和内孔的公差值，分母为孔中心距的公差值。
3．使用本表时，所指的孔至多应在 3 工步内全部冲出。

表 2-22 冲裁件外形、内孔及孔中心距较高精度的公差值（mm）

| 板料厚度 t | 制件尺寸 | | | | | |
|---|---|---|---|---|---|---|
| | ≤10 | 10～25 | 25～63 | 63～160 | 160～400 | 400～1000 |
| ≤0.5 | 0.026 / ±0.013 | 0.036 / ±0.018 | 0.05 / ±0.025 | 0.06 / ±0.03 | 0.09 / ±0.045 | 0.12 / ±0.06 |
| 0.5～1 | 0.036 / ±0.018 | 0.05 / ±0.025 | 0.07 / ±0.035 | 0.09 / ±0.045 | 0.12 / ±0.06 | 0.18 / ±0.09 |
| 1～3 | 0.05 / ±0.025 | 0.07 / ±0.035 | 0.10 / ±0.05 | 0.12 / ±0.06 | 0.18 / ±0.09 | 0.24 / ±0.12 |
| 3～6 | 0.06 / ±0.03 | 0.09 / ±0.045 | 0.12 / ±0.06 | 0.16 / ±0.08 | 0.24 / ±0.12 | 0.32 / ±0.16 |
| >6 | 0.08 / ±0.04 | 0.12 / ±0.06 | 0.16 / ±0.08 | 0.20 / ±0.10 | 0.28 / ±0.14 | 0.34 / ±0.17 |

注：1．本表适用于按高于 IT7 级精度制定的模具所冲的冲裁件。
2．表中分子为外形和内孔的公差值，分母为孔中心距的公差值。
3．使用本表时，所指的孔是有导正销导正分步冲出。复合模或级进模同时（同步）冲出的孔中心距公差可按相应分子值的一半，冠以"±"号作为上、下偏差。

表 2-23 冲裁件孔边距的公差值（mm）

| 板料厚度 t | 制件尺寸 | | | | | |
|---|---|---|---|---|---|---|
| | ≤10 | 10～25 | 25～63 | 63～160 | 160～400 | 400～1000 |
| ≤0.5 | ±0.025 / ±0.05 | ±0.035 / ±0.07 | ±0.05 / ±0.10 | ±0.06 / ±0.13 | ±0.09 / ±0.18 | ±0.12 / ±0.24 |
| 0.5～1 | ±0.035 / ±0.07 | ±0.05 / ±0.10 | ±0.07 / ±0.14 | ±0.09 / ±0.18 | ±0.13 / ±0.25 | ±0.17 / ±0.33 |
| 1～3 | ±0.05 / ±0.10 | ±0.07 / ±0.14 | ±0.10 / ±0.20 | ±0.13 / ±0.25 | ±0.18 / ±0.35 | ±0.24 / ±0.47 |

续表

| 板料厚度 $t$ | 制件尺寸 | | | | | |
|---|---|---|---|---|---|---|
| | ≤10 | 10～25 | 25～63 | 63～160 | 160～400 | 400～1000 |
| 3～6 | ±0.065 / ±0.13 | ±0.09 / ±0.18 | ±0.13 / ±0.25 | ±0.16 / ±0.32 | ±0.23 / ±0.45 | ±0.31 / ±0.60 |
| ＞6 | ±0.08 / ±0.15 | ±0.11 / ±0.22 | ±0.15 / ±0.30 | ±0.20 / ±0.39 | ±0.28 / ±0.55 | ±0.35 / ±0.70 |

注：1．本表适用于按高于 IT8 级精度制定的模具所冲的冲裁件。

2．表中分子适合复合模、有导正销级进模所冲的冲裁件。

3．表中分母适合无导正销级进模、外形是单工序冲孔模所冲的冲裁件。显然，如果制件的尺寸和精度高于表值，应采用整修、精密冲裁甚至用其他加工方法来满足。

### 3．冲裁件其他工艺性问题

冲裁件除了主要结构形状、尺寸精度的工艺性，还要注意以下几个问题。

（1）断面质量已在前几节中做了分析，表 2-24 为普通冲裁件断面的近似表面粗糙程度。如果冲裁件设计要求超过表 2-24 的要求，则普通冲载是难以满足的，则要通过整修工艺或精冲工艺来满足。

表 2-24　普通冲裁件断面近似表面粗糙度

| 板料厚度 $t$/mm | ≤1 | ＞1～2 | ＞2～3 | ＞3～4 | ＞4～5 |
|---|---|---|---|---|---|
| 表面粗糙度 $Ra$/μm | 3.2 | 6.3 | 12.5 | 25 | 50 |

（2）冲裁件设计一般都会对毛刺高度提出要求。毛刺的成因及控制在前几节中做了阐述。为防止变形及表面擦伤，某些冲裁件（如低压电器无线电类零件）不允许采用光饰去毛刺等辅助工序。此类制件允许毛刺高度至少应大于毛刺的允许高度表中所规定的试冲时的高度。

（3）冲裁件的尺寸标注基准应尽可能和制模时的基准重合，以避免产生基准不重合的误差。还应尽量避免以参与变形的边为基准来标注孔位、外形尺寸，如图 2-34 所示。

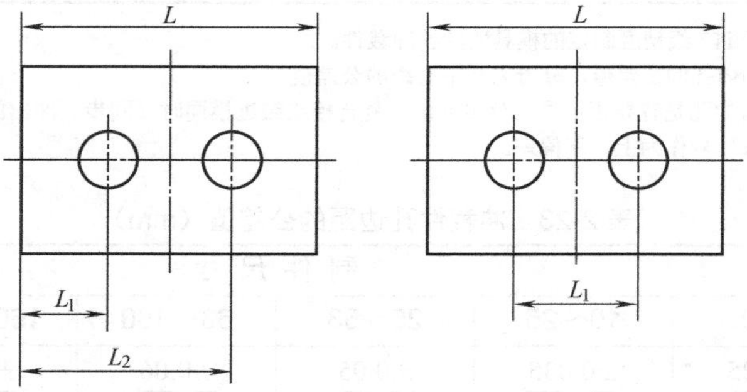

（a）不合理　（b）合理

图 2-34　冲裁件的尺寸标注

（4）当冲裁件作为其他工序（如弯曲）的坯料时，还要考虑材料的轧制方向与弯曲线的关系。应分析评估其对排样设计、材料利用率及模具设计制造所带来的影响。

（5）对于冲孔落料类冲裁件，用复合模和单工序模冲裁，其内孔毛刺和外形毛刺方向一致，有此类要求的冲裁件，也应分析评估其对材料利用率及生产效率所带来的影响。

（6）普通冲裁会出现弯拱，前几节中已对此做了分析。表 2-25 列出了普通冲裁所能达到的平面度公差值。如果冲裁件设计要求超过表 2-25 的规定，则必须增加压平工序（工步）来保证。一般冲裁件的外形不可避免地会出现塌角，对塌角也希望尽量不做要求。

**表 2-25　普通冲裁件平面度公差值（mm）**

| 公差等级 | 制件长度 | | | | | |
|---|---|---|---|---|---|---|
| | ≤10 | ＞10～25 | ＞25～63 | ＞63～160 | ＞160～400 | ＞400～1000 |
| 1 | 0.06 | 0.10 | 0.15 | 0.25 | 0.40 | 0.60 |
| 2 | 0.12 | 0.20 | 0.30 | 0.50 | 0.80 | 1.20 |

注：表中 1 级适用于倒装复合模及有压料板（冲孔）、顶料板（落料）的级进模和单工序模冲裁；2 级适用于普通冲裁。

（7）为了提高材料利用率、节约成本，冲裁件的形状还应有利于合理排样。

总之，冲裁件的工艺性合理与否，将直接影响到冲裁件的质量、模具寿命、材料消耗和生产效率等。通过工艺性分析，改进冲裁件的设计，完善冲裁件的工艺性能，就能用一般普通冲裁方法，在模具寿命较高、生产效率较高、生产成本较低的前提条件下，获得质量稳定的冲裁件，这就是进行冲裁件工艺性分析的最终目的。另一方面，冲裁件的使用要求又促进冲裁工艺水平和相应的模具制造水平向更高、更精的水平发展。所以，上述衡量冲裁件工艺性合理与否的标准是就目前冲裁工艺和模具制造水平而提出的，它是不断变化和发展的，也是每一位从事冲压这项工作的人今后应密切关注的。

## 思考与练习

2-1　冷冲压工序及冷冲模的分类。
2-2　冷冲模常用的标准件有哪些？
2-3　冷冲模设计与制造的特点。
2-4　如何选择冲压设备？
2-5　冷冲压工艺对材料的基本要求。
2-6　冲裁件质量及其影响因素有哪些？
2-7　冲裁间隙的重要性？
2-8　如何确定合理间隙值？
2-9　冷冲模设计时，内部机构怎么确定？
2-10　条料排样方法有哪些？
2-11　什么是搭边？搭边的作用是什么？

## 阅读资料　模具加工先进技术

### 1. 并行加工

模具的型芯和型腔合并成一个零件，在多任务机床上被并行加工。这个观念由Mazak公司（Florence, Kentucky）的e系列Integrex加工中心在IMTS 2004展会上进行演示。使用具有柔性的倾斜铣削主轴（*B*轴）和反向的车削主轴（*C*轴），长方形工件的4个侧面和背面上的冷却孔由铣削完成。型芯和型腔零件在工件合并成一体时被加工。通过车削主轴的旋转和铣削主轴倾斜的协调，优化刀具的定向能获得表面粗糙度的改善和刀具寿命的提高。工件还可周期性地反转以利倾倒切屑。

模具的型芯和型腔在合并成一个零件时被加工。这些模具4个侧面上的冷却孔在一次装夹中被钻出。然后型芯和型腔被分离，每个部分仍被牢固地夹持在反向的车削主轴。对两个部分各自露出两个新的侧面进行平面铣削，而模具两个部分上的冷却孔在一次装夹中被全部钻出。

与传统加工相比，这个方法极大地减少了装夹次数和工序。由于模具的两个部分相互之间保持极好的定向直到被分离，所以精度也提高了。

使能技术：在这个应用里，旋转轴的位置精度是关键。多任务机床在铣削主轴上使用一个提供0.0001度分辨率的滚子凸轮。主、从车削主轴的分度增量也是0.0001度。据机床商介绍，转速12 000r/min的铣削主轴的振幅为1.5μm。极低的主轴振幅可保护高速铣削的小直径刀具。

### 2. 平行加工

大型模具零件被分割后在较小的加工中心加工。加工完后的部件再装配成一个完整的型芯或型腔。在某些情况下，部件被设计成镶嵌件以装配到模架上的型腔里。

在分割一个大型模具零件之后，每个部件可能在较小的加工中心上加工，而无须放到具有大工作台的大型立式机床上加工。虽然也可应用较小的立式机床，但较小的卧式加工中心更加理想，因为它具有排屑和生产能力方面的优势。

因为它们的工作范围相应地更小，较小的机床倾向于具有更高的形位精度。由于移动轴的质量小，较小的机床对于等高线切削能获得更高的加速度和减速度（acc/dec）。更高的acc/dec速率能显著地减少整个加工时间。因为更高的acc/dec，使通常需要20h的加工能在15h内完成。在较小的机床上，换刀问题能很容易处理。例如，一把精加工刀具不用换切削刃就能完成模具部件精加工。

最重要的是，两台或三台机床同时运转能在生产上超过一台大型机床。例如，在一台大型机床上的20h的加工能在两台小机床上于7.5h内完成。一组较小的机床还可安排得比一台大型机床更有柔性。当大型模具能设计成适合于分块加工，仅拥有较小机床的模具厂仍能承接那些原本超出其加工能力的任务。

此外，较小的机床代表了一种更低的资本投资。模具厂必须把两台或更多小机床的总成本同具备相同能力的大型加工中心的成本进行比较。

最后，设计用于平行加工的模具也易于维护和修复。例如，分割模具也许是可行的，所以易于磨损剧烈的区域可以被单独分割开来。通过移开这块需要被替换、维修或修补的部件，停机时间可降到最小。

使能技术：较小的机床必须具有极高的形位精度，以便组装的模具部件的接合面能真正做到无缝连接。

**3．五轴枪钻加工**

钻削具有复合角的水管线路的能力，使得提高大型模具的冷却性能成为可能。五轴枪钻加工机床通过消除多次复杂装夹，从而获得良好的经济性。

用于汽车保险杠、汽车仪表板和其他塑料件的那些模具依靠快速而有效的冷却来获得有竞争力的生产周期。

当只拥有固定工作台和固定主轴的枪钻加工机床时，模具设计者有两个途径来提高大型模具的冷却速率。方法之一是增加穿过模架的直线水管线路。另一种方法是钻削具有复合角的水管线路，以便管线更贴近型腔表面。第一种方法意味着显著增加花在枪钻加工上的时间。第二种方法未必意味着更长的钻削时间，但它大量增加装夹时间，因为模具部件必须对于每个要求的角度进行手动定位。每个加工的装夹时间通常要比钻削时间长得多。

当因显示的用途需要去除监护时，五轴枪钻加工机床加工具有复合角冷却孔的能力变得更为明显。这些方案都不是很有吸引力，而且它们甚至不能满足客户希望降低模具价格的需求。

五轴枪钻加工机床被证明是一个好的解决方案。这使得加工不平行于机床轴线的有夹角的深孔而且无须专用夹具变得可行。这个能力极大地缩减了完成一个模具所需的装夹次数。在固定工作台和固定主轴的枪钻加工机床上钻削具有复合角的水管线路时，对于汽车仪表板模具的阴模可能需要多达60次的装夹。在五轴枪钻加工机床上做同样的工作需要3或4次装夹。

使能技术：Ixion Auerbach IA TLF-1300.5 五轴枪钻加工机床在IMTS 2004展会上相当引人注目。该机床的特色是有一个可编程的旋转工作台和比正常旋转范围下限多25°、上限多15°的CNC主轴头。该机床能装备传统枪钻、STS（单管系统）形式的钻头，或两种钻头都装备。使用直径为2.54cm的后一种钻头在深孔钻削时，其速度高达每分钟22.86cm。据美国Ixion Auerbach Inc.公司（Monroe, New York）总裁讲，该机床的工艺控制系统能实时地以图形方式显示油压、流量、进给抗力和扭矩。这意味着在钻削时能监控最优的钻削速度、减少刀具破坏的风险。该机床的设计刚性好，还能进行高速铣削、钻削和攻丝加工，它须要装备一个换刀装置选件。

4．模具型腔的精加工

模具型腔的精加工工序是模具加工的最后一道工序，是直接影响模具质量好坏的最重要的一环，它占整个模具加工量的 30%～40%，因此倍受国内外专家的重视。在我国尽管模具加工的大部分工序（车、铣、刨、磨、电火花、线切割等）已经实现了高度自动化，但模具的精整加工大部分仍采用手工加工的方式，在一定程度上严重影响了我国模具的发展。

所谓精整加工就是在保证零件型面精度的前提下，降低零件表面粗糙度的加工方法。目前常用的方法有手工抛光、超声波抛光、化学与电化学抛光等。在这些方法中，手工抛光是最常用的精整方法，因为手工抛光运动灵活，可以加工任何复杂的型腔，但同时该方法的劳动强度大，生产效率低，产品的质量没有保障。而其他方法虽然效果也不错，从产品的质量、加工的效率和工人的强度都有很大的改善，但由于模具型腔的复杂性、多样性、不规则性，使得这些加工工具很难完全沿着工件的轮廓线加工、有时受到这些型腔空间的限制，所以很多精整加工方法只能在某些领域有自己的用武之地，却很难广泛地推广使用。

模具型腔表面精加工中存在的问题。国外大多数模具厂家都采用模具设计、加工甚至装配一体化，也就是模具 CAD/CAM/CAE 的一体化，利用模具 CAD 软件和反求工程进行设计；利用虚拟现实系统进行装配试模，发现问题及时调整，在没有问题的条件下，才进行加工；在加工过程中，利用加工中心和 CAD/CAM，把整个加工过程一体化，也就是工件一次安装就完成零件的加工，所以工件的精度可以保证。尽管如此，对于模具型腔表面的精加工问题仍是个世界难题，这主要是由于存在以下几方面的问题。

模具型腔的多样化和不规则性。在很多场合下，模具的型腔表面都是三维不规则的自由曲面，由于这些曲面的形状各异，这给光整加工时的刀具或磨具的运动轨迹及进给带来很大的麻烦。即使用现代的数控加工技术来控制刀具或磨具的运动，但给数控程序的编制也带来很大的困难，所以这是导致模具光整加工难以实现自动化的根本原因。

用于模具光整加工的刀具或磨具的自适应性和柔性差。由于模具型面的特殊性，要求加工它的刀具或磨具要有很好的自我调整的能力，也就是所谓的自适应性，要随着加工轮廓形状的改变而改变自己的运行轨迹，当然这里指的是微调。这就要求加工模具型腔的工具具有一定的可塑性，即柔性。

模具表面的精度和粗糙度要求较高。这也是模具自身的特点决定的，模具作为加工工件的模型，它的精度的高低直接决定了工件精度的好坏，也对自身的寿命、耐腐蚀性、耐磨性，以及加工后能否顺利把工件从模具中取出都起到至关重要的作用。即使有些加工方法本身加工精度很高，但用在模具加工上，却由于在提高模具表面粗糙度的同时，很难保证工件的原始形位公差，结果也很难胜任。

目前，我国对模具型腔精加工方法仍然是机械加工和电加工两大方面，并且有电加工越来越占优势的趋势；另外就是模具 CAD/CAM 技术的应用，但由于模具本身的特点，形状复杂难于规范化，所以型腔模 CAD/CAM 的开发不如冲模及塑料模具在 CAD/CAM 上开发的那样快，那么成熟。尽管如此，这仍是型腔模加工方法的一个发展方向。在这些加工方法中，发展较快的是机械加工中的铣削技术、磨削技术和电加工中的电火花成型加工技术，分别简介如下。

1）铣削加工技术的崛起—高速铣削加工

铣削加工是型腔模的重要加工手段，特别适用于中、大型锻模的加工。近年来铣削加工得到了迅速的发展，主要体现在以下几个方面。

高精度化：认为铣削加工是普通加工的时代已经过去。机床的定位精度从 20 世纪 80 年代的±12mm/800mm，已提高到 90 年代的±2～5mm/全行程。采用了精密机床的热平衡结构，以及主轴冷却等措施，以控制热变形，其控制分辨率已由原来的 1mm 提高到 0.2mm。这样使加工精度由原来的±10mm 提高到±2～5mm，精密级可达±1.5mm，使铣削加工机床进入了精密机床的领域。

加工效率高速化：随着刀具、电动机、轴承、数控系统的进步，高速铣削技术迅速崛起。目前主轴转速已从 4000～6000r/min 提高到 14200r/min。切削进给速度提高到 1～6m/min，快速进给速度由 8～12m/min 提高到 30～40m/min，换刀时间由 5～10s 降到 1～3s，这就大幅度提高了加工效率。高速铣削与普通的加工方式相比，加工效率可提高 5～10 倍。

铣削材料的高硬度化：高速铣削技术与新型刀具（金属陶瓷刀具、PCBN 刀具、特殊硬质合金刀具等）相结合，可对硬度为 36～52HRC 的工件进行加工，甚至可加工 60HRC 的工件。

高速铣削加工技术的发展，促进了模具加工技术的进步。特别是对汽车，家电行业等中、大型型腔模具制造方面注入了新的活力。

2）电火花成型加工面临新的挑战

高速铣削技术发展了，作为型腔模加工另一重要手段的电火花成型加工的发展也相当完美，但作为一个加工体系，确实面临着高速铣削加工的新挑战。

电火花成型加工的技术进步：由于微精加工脉冲电源、工作液、混硅粉加工工艺等相关技术的进步，使电火花成型加工表面粗糙度达到 0.6～0.8mm，而且可以进行大面积加工。并且由于电极损耗不断降低（最小达 0.1%）及对微加工余量的精确控制等，可以说电火花成型加工已进入了精密加工领域。

电火花成型加工面临的挑战：由于高速铣削能加工硬度为 36～52HRC，甚至 60HRC 的材料，几乎所有型腔模材料都能加工，改变了高硬度材料只有采用电加工的局面。高速铣削的加工效率与电火花加工的效率相比为 4:1，有的甚至是电火花成型加工的 7～8 倍，而且节省了电极的制造。高速铣削还具有一定加工精度和较好的表面粗糙度。国外认为，在型腔模的加工领域里，高速铣削可以替代电火花加工，这不是没有根据的。由于这样，在应用领域方面，特别是在汽车等行业，电火花成型加工有被高速铣削挤出来的危险。不过电火花成型加工在加工深槽、窄缝、筋肋、纹理等方面有其不可替代的优越性。但总的说来，电火花成型在加工的应用领域缩小了，一部分市场被别的加工设备占领了，特别是对大型电火花成型加工机床的发展会产生更大的影响。

电火花成型加工的发展战略：电火花成型加工是几十年形成的一个加工体系，本身也在不断地发展，针对铣削加工技术的发展，最近提出了“电火花铣削加工”技术与之相抗衡。总体来说，“电火花铣削加工”是以提高电火花成型加工效率为目标，采用石墨电极，以水作为工作液的电火花成型加工，与以油作为工作液相比，其加工效率提高 2～3 倍，国外称为“电火花铣削加工”，这代表了一个发展方向。但与高速铣削加工相比其整体加工效率还有较大差距。采用高速旋转的主轴，带动棒状（管状）电极旋转，配合工作台及主轴的数控轨迹运动和伺服进给，其加工成型方式类似于机械铣削加工。这种“电火花铣削加工”可以在电极库中存放不同直径的标准管电极，而在数控进给中成型，这大大简化了电极的设计、制造、管理等。这是一种新的发展策略，但同样存在加工效率低的问题。预计“电火花铣削加工”将有新的发展，会与高速铣削加工进行激烈的竞争。

随着电子、电器、通信、计算机等行业的迅速发展，精密、微细、复杂模具的加工越来越多，市场越来越大，这些模具的加工正是电火花成型加工的优势。因此，在竞争的同时，应充分发挥电火花成型加工的优势，即应重点向精密、复杂、微细模具加工方向转移，这是电火花成型加工发展的又一重要方向。

**3）磨削加工仍是精密模具加工的主要手段**

磨削加工是一种精密加工技术，到目前为止，磨削加工精度已经很高了，最高可达 1～2mm，加工的表面质量也非常好，其表面粗糙度一般在 $Ra$=0.04～0.32μm，并且利用磨削加工，加工出的表面没有软化层、变质层等缺陷，所以广泛用于精密模具的加工中。随着磨床种类的增多，如坐标磨床、成型磨床、光曲磨床及专用模加工磨床等，特别是数控程度的提高，使加工的范围越来越大，精度越来越高。不仅能加工冷冲模，而且也能加工各种型腔模，如锻模、塑料模具等。所以说，磨削加工仍是精密模具加工的主要手段。

**5．磁粒研磨技术**

*1）磁粒研磨技术的原理*

磁粒研磨就是在磁场中放入磁性磨料，磁性磨料在磁场力的作用下形成磁粒刷，当工件在磁场中相对磁极做相对运动时，磁粒刷将对工件表面进行研磨。由于形成的磁粒刷有很好的自适应性和柔性，因此非常有利于对复杂型面的加工。

*2）磁粒研磨的特点*

磁粒研磨与其他加工方法相比具有以下特点。

（1）工件不与磁极相接触，磁极的磨损量较小，磁极的形状误差对加工表面的形状精度影响较小。

（2）磁极的结构形状不同，会影响加工区域磁场的分布状况，因而影响加工表面的质量和加工效率。

（3）磁性磨料刷既有一定的刚性，同时又具有一定的柔性，可以随加工表面形状的变化而变形，因此它可以加工形状极为复杂的表面。

（4）研磨的压力可以通过改变励磁电流进行调节，研磨过程比较容易控制。

（5）受磁场力的作用，磨料不易飞散，磨料的耐用度高，可反复使用，磨料的损耗少，工作环境比较清洁。

（6）采用金刚石粉作为磨料时，可对陶瓷等超硬的非金属进行加工。

（7）加工设备简单，成本较低。

该技术在国外研究的人较多，在国内研究的人还很少，该技术的发展如能和数控技术相结合必将对模具型腔的加工带来新的革命。

**6．我国模具精加工的发展方向**

21 世纪模具制造业的基本特征是高度集成化、智能化、柔性化和网络化，追求的目标是提高产品质量及生产效率、缩短设计及制造周期，降低生产成本，最大限度地提高模具制造业的应变能力，满足用户需求。具体表现为以下 7 个特征。

（1）集成化技术。

（2）智能化技术。

（3）网络技术的应用。

（4）多学科多功能综合产品设计技术。

（5）虚拟现实与多媒体技术的应用。

（6）反求技术的应用。

（7）快速成型技术。

# 第 3 章

# 塑料模具工艺与结构

塑料产品的大量需求使塑料模具的应用越来越广。对塑料模具工艺与结构的认识有助于它的设计制造。塑料模具的标准零件在机械行业也得到广泛的应用。

## 3.1 塑料模具的分类

塑料模具大致分为热固性塑料成型模和热塑性塑料成型模。而在模具的结构形式上随塑料的类型、塑件结构、塑件产量、成型方法和使用设备不同而有所区别，如图 3-1 所示。

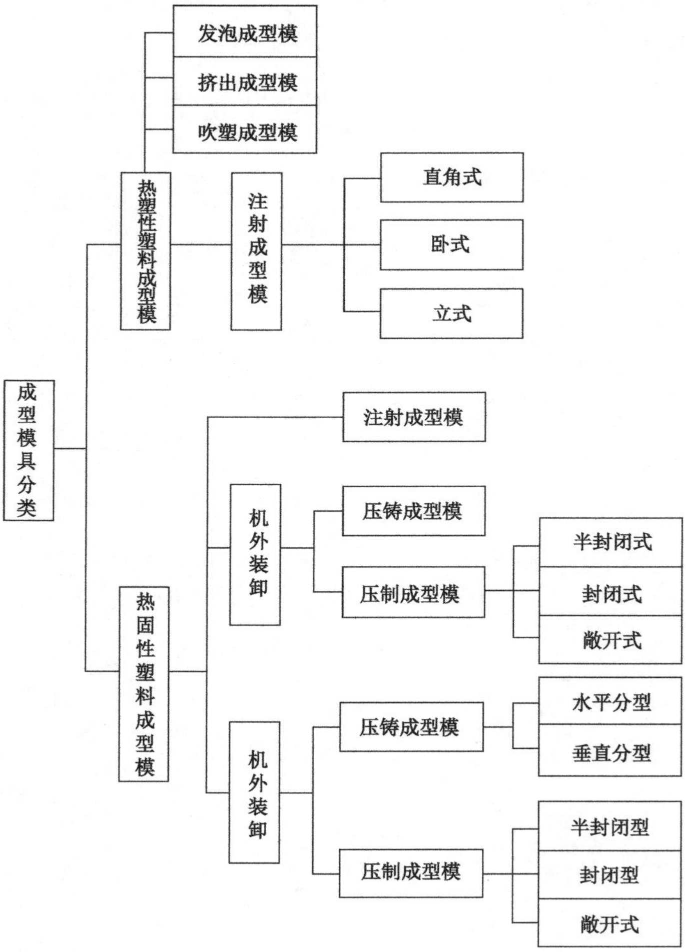


图 3-1　成型模具分类

# 3.2 注射成型模结构

模具是塑料制件成型的主要工具，塑料模具中以注射成型模应用较为广泛。图 3-2 所示即为最为常见的注射成型模。

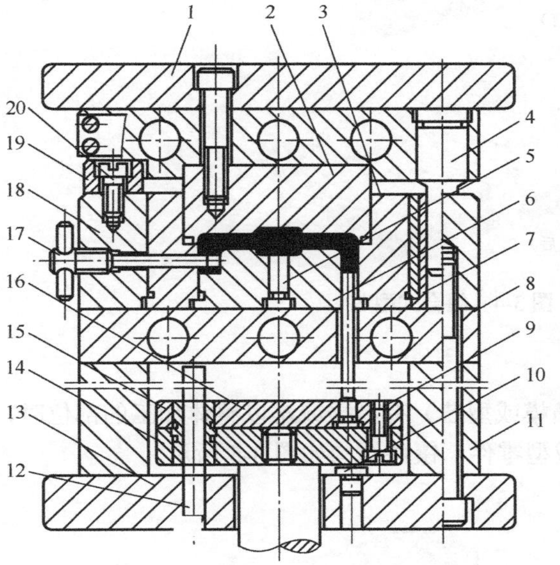


1—上模座；2—凹模；3—凹模镶件；4—导柱；5,9—推杆；6—型芯；7—导套；8—支撑板；10—限位钉；11—垫块；12—推板导柱；13—下模座板；14—推板；15—推板导套；16—推杆固定板；17—侧型芯；18—型芯固定板；19—凹模固定板；20—塑料制件

图 3-2　注射成型模

一套完整的模具，其组成零件包括两大类：成型零件和结构零件。成型零件是直接与塑料全部接触或部分接触的零件，可决定塑件的内外几何形状，如滑块、型腔、型芯、镶件、斜滑杆等。结构零件一般不与塑面料接触，在模具中起定位、导向、安装、装配等作用，如固定板、导柱、导套、底板、支撑板等。

## 1．型腔

型腔是成型塑件外表面的凹状零件（包括零件的内腔和实体两部分）。其结构形式有整体式、整体镶拼式、局部镶拼式和组合式，如图 3-3 所示是局部镶拼式型腔。

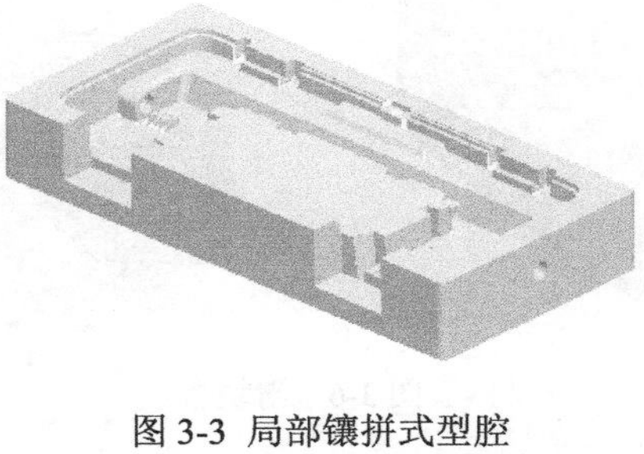

图 3-3 局部镶拼式型腔

## 2．型芯

型芯是成型塑件内部几何形状的零件。其结构形式也有整体式、整体镶拼式、局部镶拼式和组合式，如图 3-4 所示是组合式型芯。

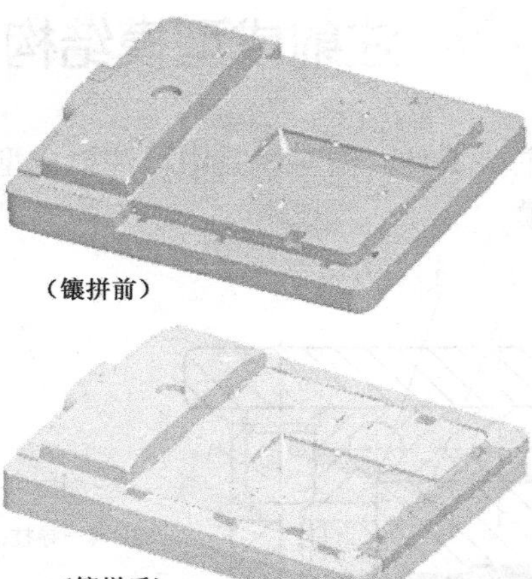


图 3-4　组合式型芯

### 3. 镶件

镶件就是当成型零件（凹模、凸模或型芯）有易损或难以整体加工的部位时，与主体件分离制造并嵌在主体件上的局部成型零件。镶件结构如图 3-5 所示。

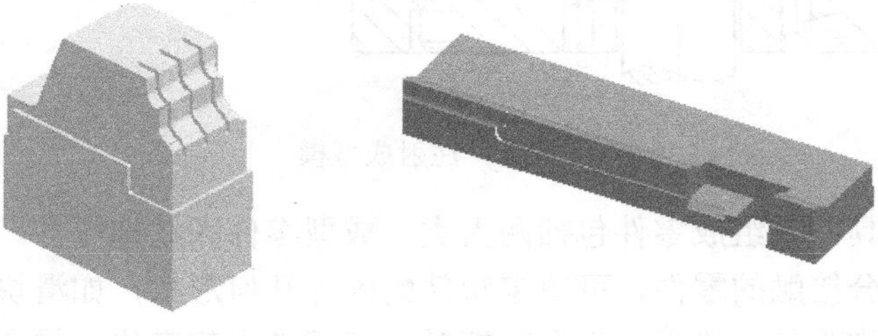

图 3-5 镶件

### 4. 滑块

滑块就是成型塑件的侧孔、侧凹或侧台，沿导向件滑动，带动侧型芯完成抽芯和往复动作的零件，如图 3-6 所示。

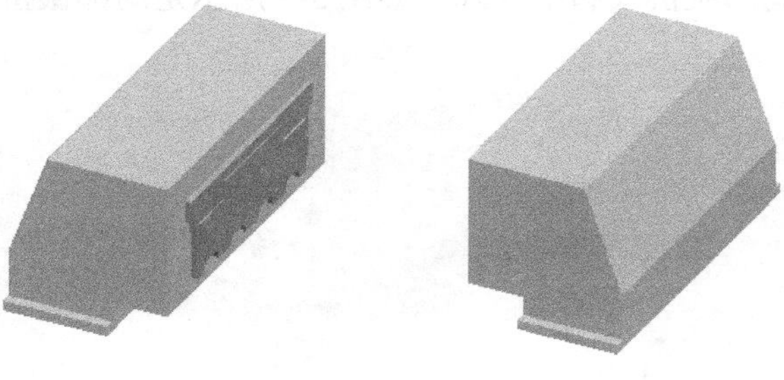

图 3-6　滑块

### 5. 斜滑杆

斜滑杆就是利用与斜面配合而产生滑动，兼有成型、推出和抽芯作用的拼块，如图 3-7 所示。

6．定位环

定位环就是使注射成型机喷嘴与模具浇口套对中，决定模具在注射成型机上安装位置的定位零件，如图 3-8 所示。

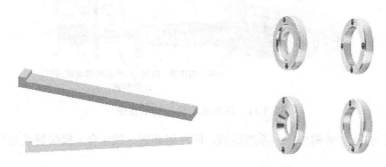

图 3-7　斜滑杆

图 3-8　定位环

7．浇口套

浇口套与注射成型机的喷嘴直接对接，是熔料进入模具型腔的入口。浇口套又称为唧嘴，其类型可分为二大类：普通唧嘴和热唧嘴，如图 3-9 所示。

（a）普通唧嘴

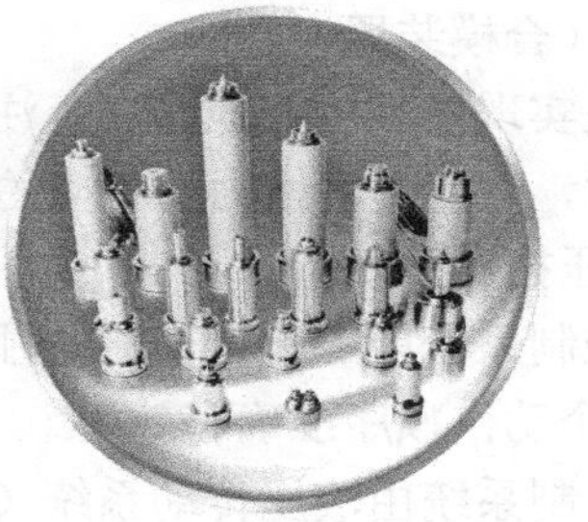

（b）热唧嘴

图 3-9　唧嘴

8．开闭器

开闭器的作用就是使模具完成闭合、拉断料头和打开模具。开闭器如图 3-10 所示。

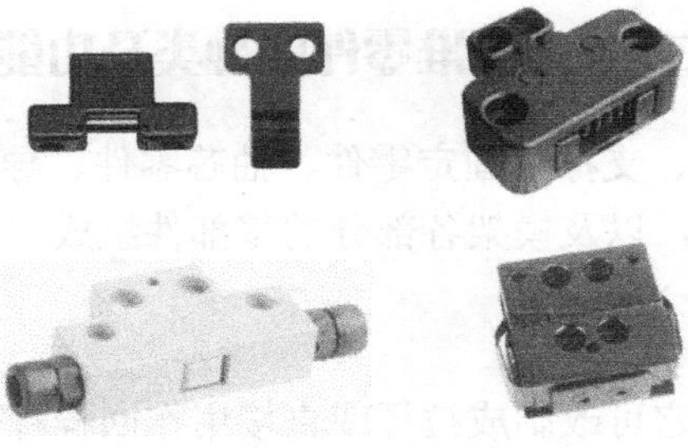

图 3-10　开闭器

以上模具零件都是塑料模具结构的组成部分。模具在设备中的位置及作用可以从注塑成型机结构示意图中体现出来，如图 3-11 所示。

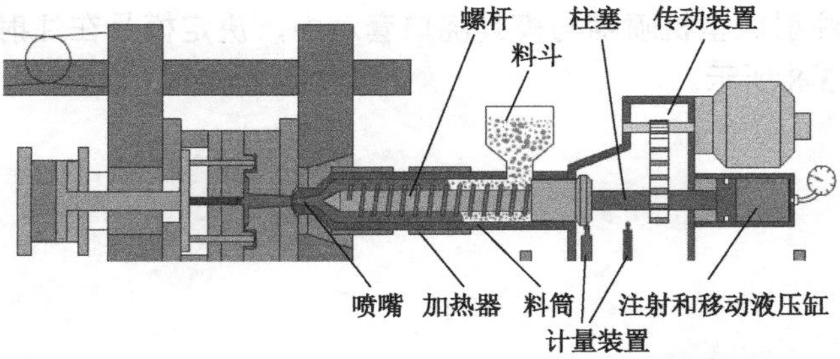


图 3-11　注塑成型机结构示意图

注射成型机的基本结构由三大系统组成，即注射装置、锁（合）模装置及电气—液压控制系统。

1）注射装置

注射装置是注射成型机的主体，将原料均匀塑化成熔体，以适当速度和压力将熔体定量注射进型腔，塑化部件。

注射装置由螺杆—柱塞、料筒、加热器、喷嘴、料斗、注射和移动液压缸、计量装置、传动装置等组成。

2）锁模装置（合模装置）

锁模装置它是实现模具可靠地开合。注射和保压时，它能提供足够的锁模力和相应的行程；塑件脱模时，它能提供推力和相应的行程。

3）电气—液压控制系统

电气—液压控制系统能够设定塑化、注射、固化成型等工艺参数（如温度/压力/速度/时间等），使得各个动作顺序准确有效。

电气—液压控制系统由液压传动系统（包括油缸、管道、阀件、油箱等）和电气控制系统（由各种电器元件组成）组成。

# 3.3 注射成型模标准零件

## 3.3.1　标准零件的种类及功能

注射成型模由成型零件、支撑与固定零件、抽芯零件、导向零件、定位与限位零件、推出零件、冷却与加热零件，以及模架各部分的零部件组成。

### 1．推杆

图 3-12 为直杆式推杆，它可改制成拉杆或直接用作回程杆，也可作为推管的芯杆使用。其尺寸系列等效采用了 ISO6751：1982（E）中的推杆直径系列，由于国际通用标准的直径与长度比很小，根据国情选用了部分尺寸。其直径 $d$=12～63mm，按优先数系列分级。

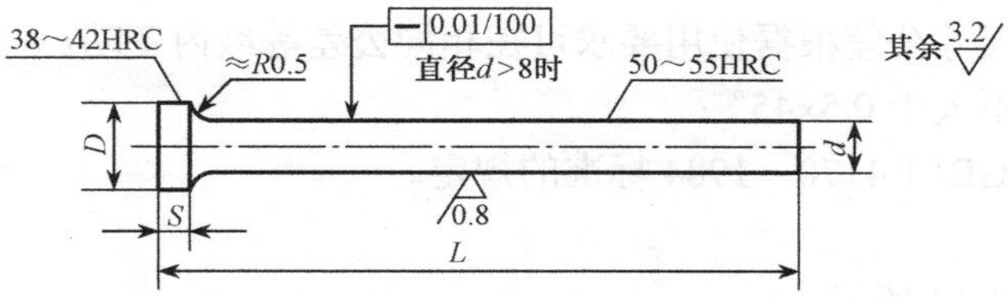


图 3-12 直杆式推杆

【标记示例】

d=6mm，L=160mm 的推杆：推杆$\phi$6×160 GB/T 4169.1—1984。材料：T8A GB/T 1298—1986（直径 d 在 6mm 以下允许用 65Mn GB/T 699—1999）。

技术条件如下。

（1）工作端棱边不允许倒钝。

（2）工作端面不允许有中心孔。

（3）其他遵照 GB/T 4170—1984 标准的规定。

### 2. 标准直导套

直导套主要使用于厚模板中，可缩短模板的镗孔深度，在浮动模板中使用较多带头导套Ⅰ型，这是国外常用型式，可用在各种场合；Ⅰ型的作用与有肩导柱相同，其定位肩可对安装在导套后面的模板进行定位。Ⅰ型还可用作推板导套与推板导柱的相互配合。

导套内孔的直径系列与导柱直径相同，标准中规定的直径范围 d=12～63mm。其长度的名义尺寸与模板厚度相同，实际尺寸比模板薄 1mm。

其中，直导套采用 H7/n6 配合，带肩导套采用 H7/k6 配合。

1）直导套

直导套如图 3-13 所示。

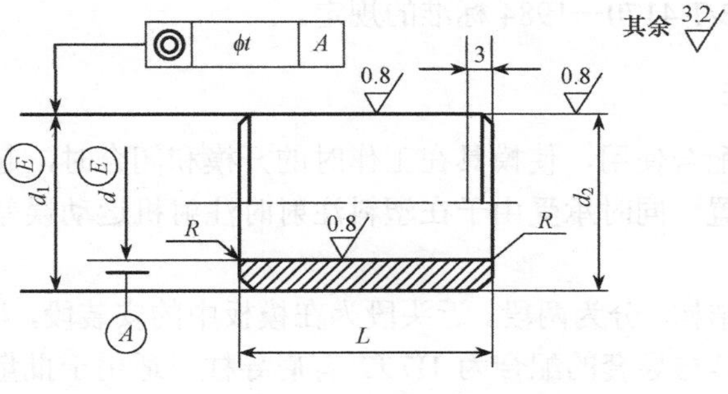


图 3-13 直导套

【标记示例】

d=12mm，L=32mm 的直导套：导套$\phi$12×32 GB/T 4169.2—1984。

当材料为 20 钢时：导套$\phi$12×32—20 钢 GB/ T 4169.2—1984。材料：T8A GB/T 1298—1986；20 钢 GB/T 699—1999。

技术条件如下。

（1）热处理 50～55HRC，钢渗碳 0.5～0.8，淬硬 56～60HRC。

（2）图中标注的形位公差值按 GB/T 1184—1996 的附录一选取，t 为 6 级。

（3）$d$ 和 $d_1$ 的尺寸公差根据使用要求可在相同公差等级内变动。

（4）图示倒角不大于 0.5×45°；

（5）其他遵照 GB/ T 4170—1984 标准的规定。

2）带头导套

带头导套如图 3-14 所示。

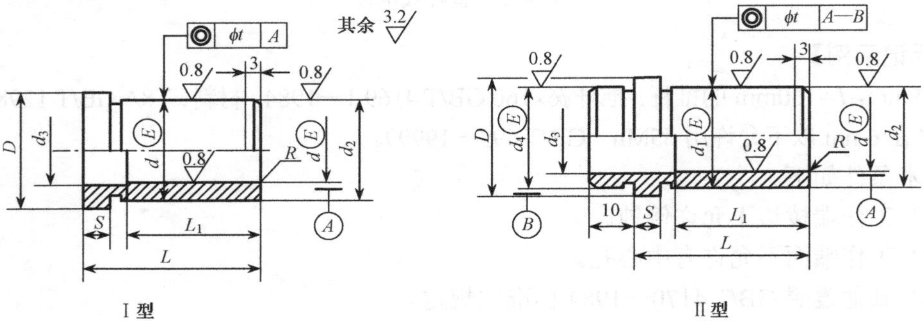


图 3-14　带头导套

【标记示例】

$d$=12mm，$L$=40mm 的带头导套Ⅰ型：导套$\phi$12×40（Ⅰ）GB/T 4169.3—1984。当材料为 20 钢时：导套$\phi$12×40（Ⅰ）—20 钢　GB/T 4169.3—1984。

材料：T8A　GB/T 1298—1986，20 钢　GB/T 699—1999。

技术条件如下。

（1）热处理 50～55HRC，20 钢渗碳 0.5～0.8mm，淬硬 56～60HRC。

（2）图中标注的形位公差值按 GB/T1184—1996 的附录一选取，$t$ 为 6 级。

（3）图示倒角不大于 0.5×45°。

（4）其他遵照 GB/T 4170—1984 标准的规定。

### 3．标准带头导柱

其功能为与导套配合使用，使模具在工作时的开模和闭合时，起导向作用，使定模和动模相对处于正确位置，同时承受由于在塑料注射时注射机运动误差所引起的侧压力，以保证塑件精度。

带头导柱是常用结构，分为两段。近头段为在模板中的安装段，标准采用 H7/k6 配合；另一段为滑动部分，其与导套的配合为 H7/f7 有肩导柱，适用于批量大的中、大型精密模具，导柱大端与导套的外经尺寸相同，固定导柱与导套的两孔可同时加工，同心度好，其与模板孔的配合为 H7/f7。Ⅱ型的后部定位肩可对下面的模板进行定位。标准中规定，导柱的直径 $d$ 为 12～63mm，选用时，按导柱直径 $d$ 和模板宽度 $B$ 的比，即 $d/B$≈0.6～0.1，圆整后取标准值使用。

在导柱标准中，其尺寸标有 $d^{E}$、$d_1^{E}$ 符号的，则表示该尺寸要素的形位公差和尺寸公差之间的关系遵循包容原则，即轴的作用尺寸不得超过最大实体尺寸，而轴的局部实际尺寸必须在尺寸公差范围内才为合格。例如，直径 $d=207(^{-0.020}_{-0.041})$mm 的带头导柱。设 $d$=20mm 导柱的最大实体尺寸是$\phi$19.980mm，也是导柱的最大极限尺寸。其中，作用尺寸≤最大极限尺寸（$\phi$19.980mm）。

局部实际尺寸≥最小极限尺寸（$\phi$19.959mm）为合格，否则将视为不合格，这主要是控制导柱的形状误差，以保证配合要求。

带头导柱如图 3-15 所示。导柱，导套的应用如图 3-16 所示。

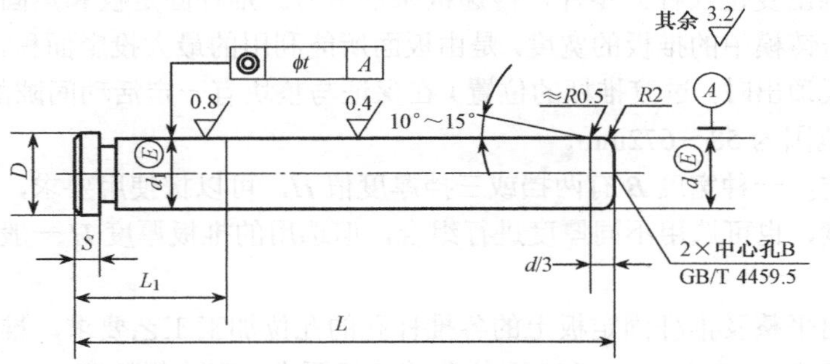


图 3-15 带头导柱

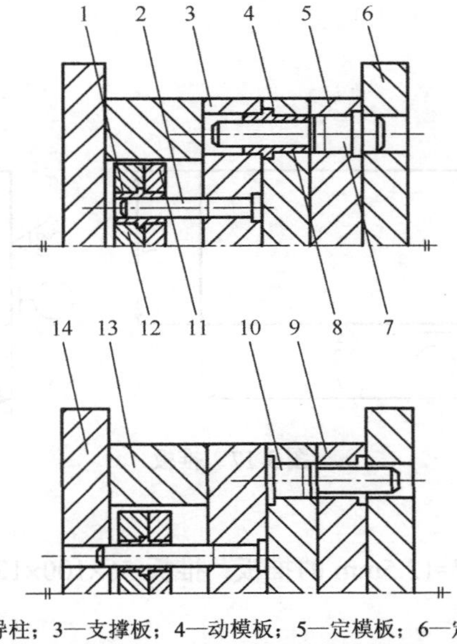


1—带头导套（Ⅱ型）；2—带头导柱；3—支撑板；4—动模板；5—定模板；6—定模固定板；7—有肩导柱（Ⅱ型）；8—带头导套（Ⅱ型）；9—带头导套（Ⅰ型）；10—有肩导柱（Ⅰ型）；11—推杆固定板；12—推板；13—垫块；14—动模固定板

图 3-16 导柱、导套的应用示例

【标记示例】

$d$=12mm，$L$=100mm，$L_1$=25mm 的带头导柱：导柱$\phi$12×100×25 GB/T 4169.4—1984。当材料为 20 钢时：导柱$\phi$12×100×25—20 钢 GB/T 4169.4—1984。材料：T8A GB/T 1298—1986，20 钢 GB/T 699—1999。

技术条件如下。

（1）热处理 50～55HRC；20 钢渗碳 0.5～0.8mm，淬硬 56～60HRC。

（2）图中标注的形位公差值按 GB/T1184—1996 的附录一选取，$t$ 为 6 级。

（3）$d$ 的尺寸公差根据使用要求可在相同公差等级内变动。

（4）图示倒角不大于 0.5×45°。

（5）在滑动部位须要设置油槽时，其要求由承制单位自行决定。

（6）其他遵照 GB/T 4170—1984 标准的规定。

**4．推板**

用于支撑推出复位（杆）零件，传递机床推出力。推杆固定板和热固性塑料压胶模、挤胶模和金属压铸模中的推板的宽度，是由板面所能利用的最大投影面积，推杆的位置（考虑到采用卸料板顶出时，过渡推杆的位置）在保证与垫块有一定活动间隙的情况下决定的，标准中宽度 *B* 范围为 58～672mm。

标准中规定，一种宽度 *B* 有两挡或三挡厚度值 *H*，可以按使用要求，选用推板和推杆固定板相同厚度，也可选用不同厚度进行组合，但选用的推板厚度 *H* 一般大于推杆固定板的厚度。

为确保推出平整及推杆固定板上的各推杆孔的孔位加工工艺要求，推板两平面要求磨削加工，平行度按 GB/T 1184—1996 形位公差 6 级要求，表面粗糙度 *Ra*=0.8μm。同时，推板两直角侧面为直角基准，其垂直度要求为 8 级。

推板如图 3-17 所示。

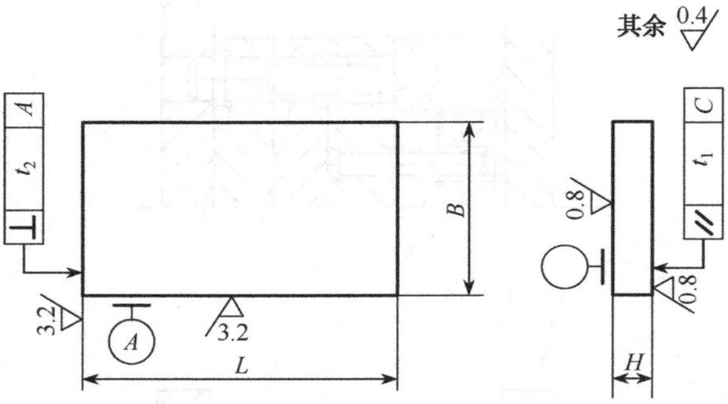


图 3-17　推板

**【标记示例】**

*B*=56mm，*L*=100mm，*H*=12.5mm 的推板：推板 56×100×12.5　GB/T 4169.7—1984；材料：45 钢　GB/T 699—1999。

技术条件如下。

（1）图中标注的形位公差值按 GB/T 1184—1996 的附录一选取，$t_1$ 为 6 级、$t_2$ 为 8 级。

（2）以%为基准的直角相邻两面，应做出明显标记，标记方法由承制单位自行决定。

（3）其他遵照 GB/T 4170—1984 标准的规定。

**5．标准模板**

主要用于注射成型模中的各种板类零件（不包括推板及垫块），可根据不同模具结构选用。当模板厚度要求和型腔厚度相同时，可取适当厚度模板改制或组合使用。另外，本标准也可用于热固性塑料压胶模、挤胶模、金属压铸模的模板，甚至可供改制成大的型芯、镶块使用。

其尺寸范围 *B*×*L*=100×100～1000×1250（$mm^2$），其中 315mm 以下尺寸段的长、宽，按优先数系的 $R_{10}$ 分级。355～1000mm 尺寸取为 $R_{20}$，厚度按 $B_{10}$ 分级。这样就满足了国产 10～

4000cm³ 注射机定、动模的长、宽尺寸，以及拉杆空间尺寸，并考虑到了注射机定、动模板的螺孔或形槽的分布，通用性强。其板面尺寸规格，以宽度 *B* 为准，其长度 *L* 尺寸取值主要取决于充分利用注射机的锁模力和注射容量。为提高各规格的利用率，在注射机最大成型面积 30～125cm² 范围内，规格的挡数较密，250～500cm² 规格挡数较疏，1000～4000cm² 规格挡数则较少。

模板如图 3-18 所示。

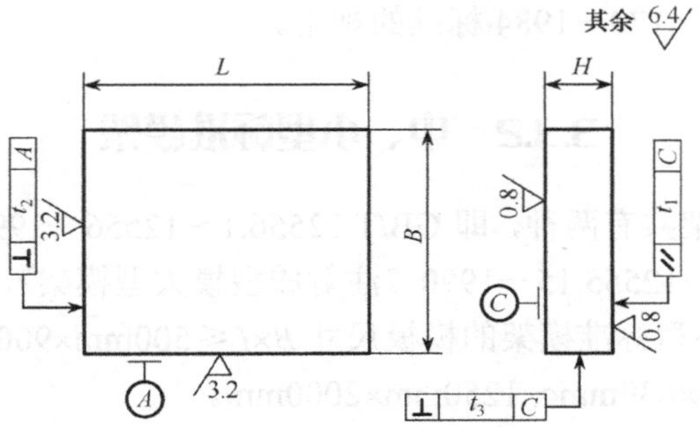

图 3-18 模板

**【标记示例】**

*B*=100mm，*L*=160mm，*H*=40mm 的模板：模板 100×160×40 GB/T 4169.8—1984。材料：45 钢 GB/T 699—1999。

注：当作为定模固定板、动模固定板时，允许用 Q235 钢 GB/T 700—1988。

技术条件如下。

（1）图中标注的形位公差值按 GB/T1184—1996 的附录一取值，$t_1$ 为 5 级，$t_2$ 为 6 级，$t_3$ 为 8 级。当用作定模固定板、动模固定板时，根据使用要求，$t_2$、$t_3$ 的等级由承制单位自行决定。

（2）以 *A* 为基准的直角相邻两面应做出明显标记，标记方法由承制单位自行决定。

（3）其他遵照 GB/T 4170—1984 标准的规定。

### 6. 标准支撑柱

标准支撑柱作用：在支撑板较薄的情况下，可增强支撑板的功能，在支撑板与动模固定板之间或注射机的动模板之间，合理布置支撑柱，以分担注射时支撑板所受的压力，改善其受力状况，增强模具刚性；同时，还可减小支撑板的厚度，减轻模具重量。支撑柱的装配方法采用螺钉定位，平行度易保证，也可将孔加工成螺孔，再用螺钉联接。

支撑柱如图 3-19 所示。

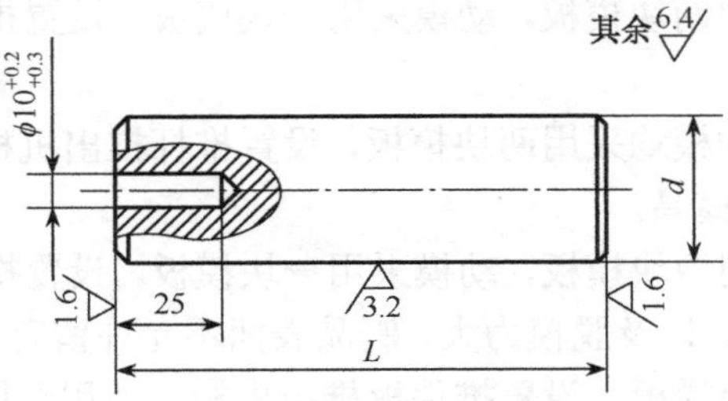

图 3-19 支撑柱

【标记示例】

$d$=32mm，$L$=63mm 的支撑柱：支撑柱$\phi$32×63　GB/T 4169.10—1984。材料：45/钢　GB/T 699—1999。

技术条件如下。

（1）图示倒角为 1×45°。

（2）$\phi$10 孔可改制成螺孔或通孔。

（3）其他遵照 GB/T 4170—1984 标准的规定。

## 3.3.2　中、小型标准模架

注射成型模标准模架共有两种，即 GB/T 12556.1～12556—1990《注射成型模中、小型模架》和 GB/T 12555.1～12555.15—1990《注射成型模大型模架》。两种标准模架的区别主要在于适用范围。中、小型标准模架的模板尺寸 $B×L$≤500mm×900mm，而大型标准模架的模板尺寸 $B×L$ 为 630mm×630mm～1250mm×2000mm。

### 1．中、小型标准模架结构型式

注射成型模中、小型模架的结构型式可按如下特征分类。

（1）按结构特征可分为基本型和派生型。如图 3-20 所示，基本型分为 A1～A4 共 4 个品种。

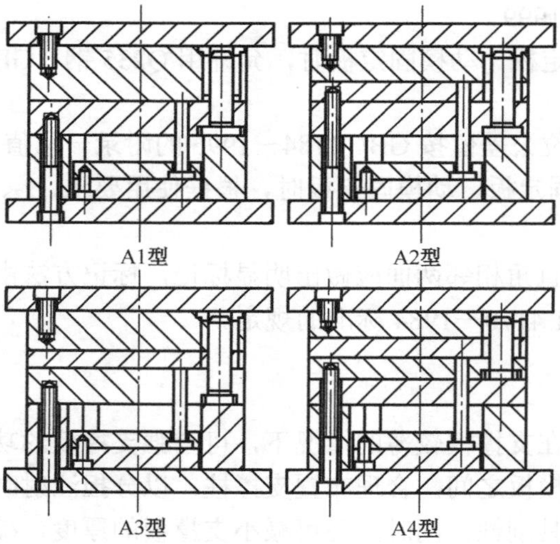


图 3-20　基本型模架结构 A1～A4

A1 型模架的定模采用两块模板，动模采用一块模板，设置推杆推出机构，适用于单分型面注射成型模具。

A2 型模架的定模和动模均采用两块模板，设置推杆推出机构，适用于直接浇口，采用斜导柱侧抽芯的注射成型模具。

A3 型模架的定模采用两块模板，动模采用一块模板，设置推件板推出机构，适用于薄壁壳体类塑料制品的成型，以及脱模力大、制品表面不允许留有推出痕迹的注射成型模具。

A4 型模架均采用两块模板，设置推件板推出机构，适用范围与 A3 型模架基本相同。

如图 3-23 所示，派生型分为 P1～P9 共 9 个品种。

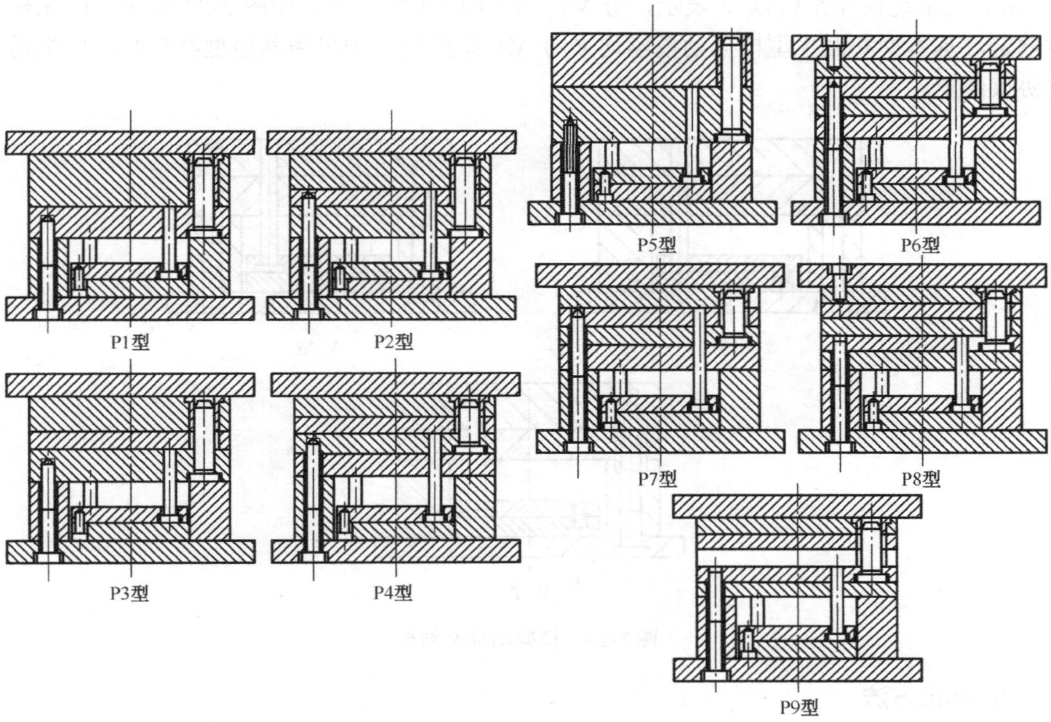


图 3-21 派生型模架结构

由图 3-21 可见，P1～P4 型模架由基本型模架 A1～A4 型对应派生而成，其结构形式的差别在于去掉了 A1～A4 型定模座板上的固定螺钉，使定模一侧增加了一分型面，成为双分型面成型模具，多用于点浇口。其他特点和用途同 A1～A4。

P5 型模架的动、定模各由一块模板组合而成。主要适用于直接浇口的简单整体型腔结构的注射成型模。

在 P6～P9 型模架中，P6 与 P7、P8 与 P9 是相互对应的结构。P7 和 P9 相对于 P6 和 P9 只是去掉了定模座板上的固定螺钉。P6～P9 型模架均适用于复杂结构的注射成型模，如定距分型自动脱落浇口的注射成型模等。

（2）按导柱和导套的安装形式可分正装（代号取 Z）和反装（代号取 F）两种。序号 1、2、3 表示分别采用带头导柱、有肩导柱和有肩定位导柱，如图 3-22 所示。

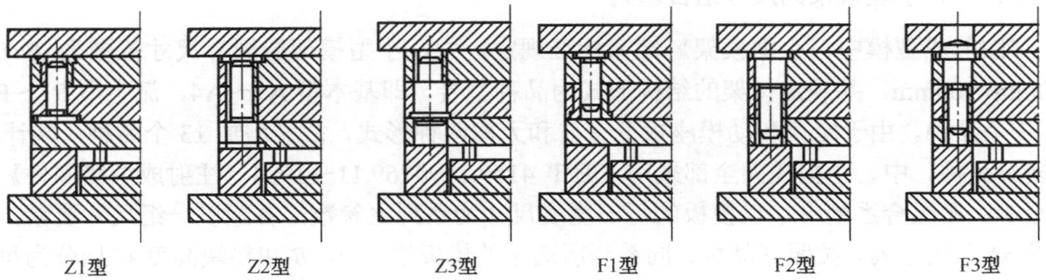


图 3-22 正装和反装导柱模架结构

（3）按动、定模座板的尺寸可分为有肩和无肩两种。

（4）模架动模座结构以 V 表示，分 V1、V2 和 V3 型三种，如图 3-23 所示。国家标准中规定，基本型和派生型模架动模座均采用 V1 型结构，须采用其他型结构时，由供需双方协议商定。

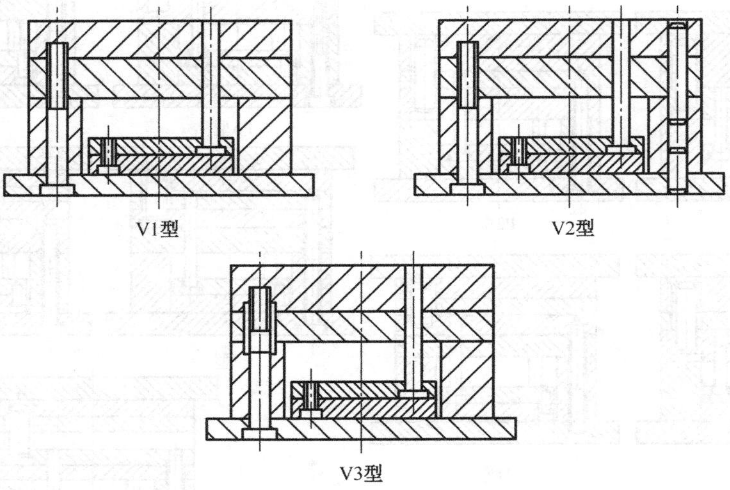


图 3-23　模架动模座结构

## 2．标记方法

注射成型模的中、小型模架规格的标记方法如图 3-24 所示。例如，A3—355450—16—F2 GB/T 12556—1990，即为基本型 A3 型模架，模板 $B \times L$ 为 355mm×450mm，规格编号为 16，有肩导柱反装。

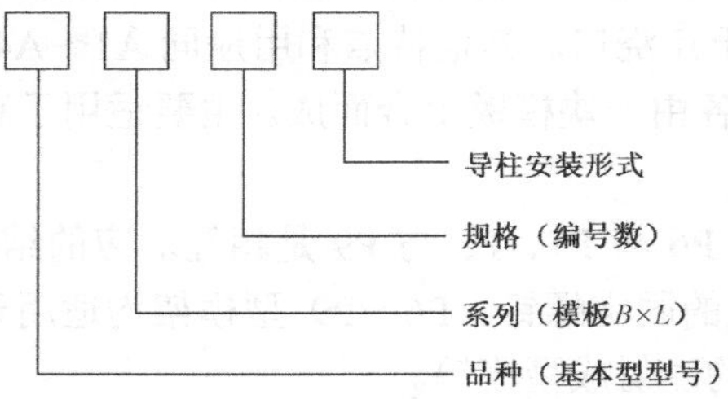


图 3-24　中、小型模架规格的标记方法

## 3．中、小型模架的尺寸组合系列

《注射成型模中、小型模架》国家标准规定，中、小型模架的周界尺寸范围为 $B \times L \leqslant$ 500mm×900mm，并规定模架的结构形式为品种型号，即基本型 A1～A4，派生型 P1～P9，共 13 个品种。由于定模和动模座板分有肩和无肩两种形式，故又增加 13 个品种，共计 26 个模架品种。中、小型模架全部采用 GB/T 4169.1～4169.11—1984《注射成型模零件》组合而成。在组合系列中，以模板的每一宽度尺寸为系列主参数，各配以一组尺寸要素，共组成 62 个尺寸列。按照同品种、同系列所选用的模板厚度 $A$、$B$ 和垫块高度 $C$ 划分为每一系列中的规格，供设计时任意组合采用。其规格数基本上覆盖了注射容量为 10～4000cm³

注射机用的各类中、小型热塑性和热固性注射成型模。表 3-1 包含了 GB/T 12556—1990 标准的所有 *A*、*B* 板尺寸组合（62 个尺寸系列），以供设计人员选择。

表 3-1 注射成型模中、小型标准模架的尺寸组合（mm）

| 序号 | 系列 *B*×*L* | *L* | 编号数 | 导柱 $\phi$ | 模板厚度 *A*、*B* 尺寸 | 垫块高度 *C* |
|---|---|---|---|---|---|---|
| 1 | 100×*L* | 100，125，160 | 01～64 | 12 | 12.5，16，20，25，32，40，50，63 | 40，50，63 |
| 2 | 125×*L* | 125，160，200 | 01～64 | 12 | 12.5，16，20，25，32，40，50，63 | 40，50，63 |
| 3 | 160×*L* | 160，200，250，315 | 01～64 | 16 | 16，20，25，32，40，50，63，80 | 50，63，80 |
| 4 | 180×*L* | 200，250，315 | 01～49 | 16 | 20，25，32，40，50，63，80 | 50，63，80 |
| 5 | 200×*L* | 200，250，315，355，400 | 01～49 | 20 | 20，25，32，40，50，63，80 | 50，63，80 |
| 6 | 250×*L*（1） | 250，315，355，400 | 01～64 | 25 | 20，25，32，40，50，63，80，100 | 50，63，80 |
| 7 | 250×*L*（2） | 450，500，560 | 01～49 | 25 | 25，32，40，50，63，80，100 | 63，80 |
| 8 | 315×*L*（1） | 315，355，400，450，500 | 01～49 | 32 | 25，32，40，50，63，80，100 | 63，80，100 |
| 9 | 315×*L*（2） | 560，630 | 01～36 | 32 | 32，40，50，63，80，100 | 80，100 |
| 10 | 355×*L*（1） | 355，400，450，500，560 | 01～64 | 32 | 25，32，40，50，63，80，100，125 | 80，100，125 |
| 11 | 355×*L*（2） | 630，710 | 01～49 | 32 | 32，40，50，63，80，100，125 | 80，100，125 |
| 12 | 400×*L*（1） | 400，450，500，560 | 01～64 | 32 | 32，40，50，63，80，100，125，160 | 80，100，125 |
| 13 | 400×*L*（2） | 630，700 | 01～49 | 32 | 40，50，63，80，100，125，160 | 80，100，125 |
| 14 | 450×*L*（1） | 450，500，560 | 01～64 | 40 | 32，40，50，63，80，100，125，160 | 80，100，125 |
| 15 | 450×*L*（2） | 630，710，800 | 01～49 | 40 | 40，50，63，80，100，125，160 | 100，125，160 |
| 16 | 500×*L*（1） | 500，560，630 | 01～64 | 40 | 32，40，50，63，80，100，125，160 | 100，125，160 |
| 17 | 500×*L*（2） | 710，800 | 01～49 | 40 | 40，50，63，80，100，125，160 | 100，125，160 |
| 18 | 560×*L* | 560，630，710，800，900 | 01～64 | 40 | 40，50，63，80，100，125，160，200 | 100，125，160，200 |

从表 3-1 中可见，在序号 1 中宽度 *B* 为 100mm 的模板，有 3 种长度 *L*（100mm、125mm、

160mm）与其相组合，因模板厚度 $A$、$B$ 和垫块高度 $C$ 的变化，共形成 64 种规格，以编号 01～64 表示，其组合情况如表 3-2 所示。

表 3-2　100×$L$ 模架（mm）

| $L$ | $l_1$ | $l_T$ | $l_M$ | $l_m$ |
|---|---|---|---|---|
| 100 | 70 | 74 | 36 | 87 |
| 125 | 95 | 99 | 61 | 112 |
| 160 | 130 | 134 | 96 | 147 |

| 编号 | 模板 A | 模板 D | 垫块 C | A1 H | A2 H | A3 H | A4 H |
|---|---|---|---|---|---|---|---|
| 01 | 12.5 | 12.5 | 40 | 32+A+B+C | 52+A+B−C | 44.5+A+B+C | 64.5+A+B+C |
| 02 | | 16 | | | | | |
| 03 | | 20 | 50 | | | | |
| 04 | | 25 | | | | | |
| 05 | | 32 | | | | | |
| 06 | | 40 | | | | | |
| 07 | | 50 | 63 | | | | |
| 08 | | 63 | | | | | |
| 09 | 16 | 12.5 | 40 | | | | |
| 10 | | 16 | | | | | |
| 11 | | 20 | 50 | | | | |
| 12 | | 25 | | | | | |
| 13 | | 32 | | | | | |
| 14 | | 40 | | | | | |
| 15 | | 50 | 63 | | | | |
| 16 | | 63 | | | | | |
| 17 | 20 | 12.5 | 40 | 32+A+B+C | 52+A+B−C | 44.5+A+B+C | 64.5+A+B+C |
| 18 | | 16 | | | | | |
| 19 | | 20 | 50 | | | | |
| 20 | | 25 | | | | | |
| 21 | | 32 | | | | | |
| 22 | | 40 | | | | | |
| 23 | | 50 | 63 | | | | |
| 24 | | 63 | | | | | |
| 25 | 25 | 12.5 | 40 | | | | |
| 26 | | 16 | | | | | |
| 27 | | 20 | 50 | | | | |
| 28 | | 25 | | | | | |
| 29 | | 32 | | | | | |
| 30 | | 40 | | | | | |
| 31 | | 50 | 64 | | | | |
| 32 | | 63 | | | | | |

| 编号 | 模板 A | 模板 D | 垫块 C | A1 H | A2 H | A3 H | A4 H |
|---|---|---|---|---|---|---|---|
| 33 | 32 | 12.5 | 40 | 32+A+B+C | 52+A+B−C | 44.5+A+B+C | 64.5+A+B+C |
| 34 | | 16 | | | | | |
| 35 | | 20 | 50 | | | | |
| 36 | | 25 | | | | | |
| 37 | | 32 | | | | | |
| 38 | | 40 | | | | | |
| 39 | | 50 | 63 | | | | |
| 40 | | 63 | | | | | |
| 41 | 40 | 12.5 | 50 | 32+A+B+C | 52+A+B−C | 44.5+A+B+C | 4.5+A+B+C |
| 42 | | 16 | | | | | |
| 43 | | 20 | | | | | |
| 44 | | 25 | | | | | |
| 45 | | 32 | 63 | | | | |
| 46 | | 40 | | | | | |
| 47 | | 50 | | | | | |
| 48 | | 63 | | | | | |
| 49 | 50 | 12.5 | 50 | | | | |
| 50 | | 16 | | | | | |
| 51 | | 20 | | | | | |
| 52 | | 25 | | | | | |
| 53 | | 32 | 63 | | | | |
| 54 | | 40 | | | | | |
| 55 | | 50 | | | | | |
| 56 | | 63 | | | | | |
| 57 | 63 | 12.5 | 50 | | | | |
| 58 | | 16 | | | | | |
| 59 | | 20 | | | | | |
| 60 | | 25 | | | | | |
| 61 | | 32 | 63 | | | | |
| 62 | | 40 | | | | | |
| 63 | | 50 | | | | | |
| 64 | | 63 | | | | | |

### 3.3.3 大型标准模架

大型标准模架的尺寸范围界定在 630mm×630mm～1250mm×1000mm 的范围内。

**1．大型模架的结构形式**

1）结构形式

按结构特征来划分，大型模架也分为基本型和派生型两类。如图 3-25 所示，基本型分为 A 型和 B 型两个品种。A 型由定模二模板、动模一模板组成，设置推杆推出机构。B 型由定模二模板、动模二模板组成，设置推杆推出机构。

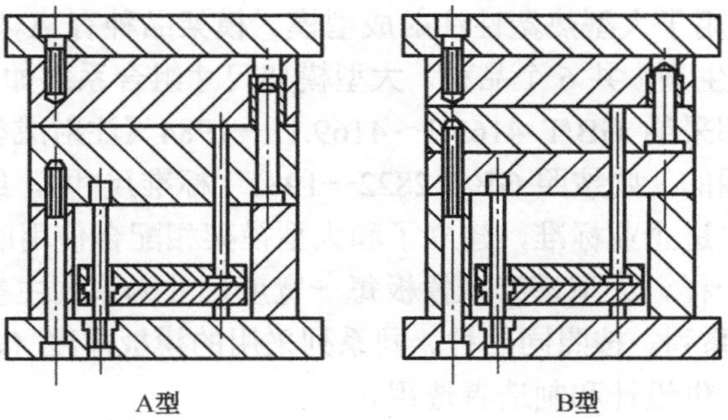


图 3-25　大型模架的基本型结构

如图 3-26 所示，派生型模架有 P1、P2、P3 和 P4 共 4 个品种。

P1 型由定模二模板、动模二模板组成，设置推件板推出机构。

P2 型由定模二模板、动模三模板组成，设置推件板推出机构。

P3 型由定模二模板、动模一模板组成，用于点浇口的双分型面结构。

P4 型由定模二模板、动模二模板组成，用于点浇口的双分型面结构。

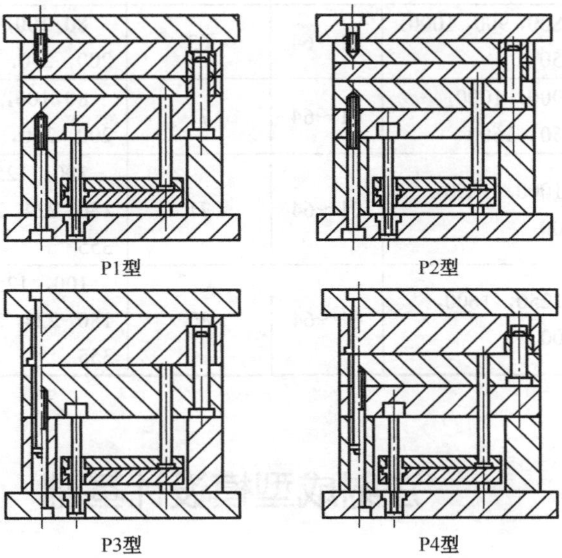


图 3-26　大型模架的派生型结构

2）标记方法

注射成型模大型模架规格的标记方法和中、小型模架标记方法相同，标记中不表示导柱的安装方式。

例如，A—80125 GB/T 12555—1990，是指基本型 A 型结构，模板 $B \times L$ 为 800mm×1250mm，规格编号为 26。查 $800 \times L$ 模架尺寸组合系列中可知，定模板厚度 $A$=160mm、动模板厚度 $B$=100mm、垫板厚度 $C$=200mm，模架总高为 $H=113+A+B+C$=573mm。

## 2. 大型模架的尺寸组合系列

《注射成型模大型模架》国家标准规定，大型模架的周界尺寸范围为 630mm×630mm～1250mm×2000mm，适用于大型热塑性注射成型模。模架品种有 A 型、B 型组成的基本型和由 P1～P4 组成的派生型，共 6 个品种。大型模架尺寸组合系列如表 3-3 所示。大型模架组合用的零件，除全部采纳 GB/T 4169.1～4169.11—1984《注射成型模零件》外，超出该标准零件尺寸系列范围的，则按照 GB/T 2822—1981（标准尺寸），结合我国模具设计采用的尺寸，并参照国外先进企业标准，建立了和大型模架相配合使用的专用零件标准。

与中、小型模架一样，大型模架以模板每一宽度尺寸为系列主参数，各配有一组尺寸要素，组成 24 个尺寸系列。按照同品种、同系列采用的模板厚度 $A$、$B$ 和垫板高度 $C$ 划分为每一系列的规格数，供设计和制造者选用。

表 3-3 大型模架尺寸组合系列

| 序号 | 系列 $B \times L$ | $L$/mm | 编号数 | 导柱 $\phi$/mm | 模板 $A$、$B$ 尺寸/mm | 垫块高度 $C$/min |
|---|---|---|---|---|---|---|
| 1 | $630 \times L$ | 630，710，800，900，1000 | 01～64 | 50 | 63，80，100，125，140，160，200，250 | 125，160，200，250 |
| 2 | $710 \times L$ | 710，800，900，1000，1250 | 01～64 | 63 | 63，80，100，125，140，160，200，250 | 125，160，200，250 |
| 3 | $800 \times L$ | 800，900，1000，1250 | 01～64 | 63 | 80，100，125，160，200，250，315，355 | 160，200，250，315 |
| 4 | $900 \times L$ | 900，1000，1250，1600 | 01～64 | 71 | 80，100，125，160，200，250，315，355 | 160，200，250，315 |
| 5 | $1\,000 \times L$ | 1000，1250，1600 | 01～64 | 71 | 100，125，140，180，224，250，315，355 | 160，200，250，315 |
| 6 | $1\,250 \times L$ | 1250，1600，2000 | 01～64 | 80 | 100，125，140，180，224，250，315，355 | 160，200，250，315 |

# 3.4 注射成型模设计基础

注射成型模由七大部分组成：成型部分、浇注系统、导向机构、脱模机构、侧向分型抽芯机构、温度调节系统及排气系统。各部分的功能与设计方法是注射成型模设计的主要内容。

### 3.4.1 成型部分设计

成型部分一般由型腔、型芯、镶件组成，用来成型塑料制品的内外表面。一般情况下，型腔成型塑料制件的外表面，型芯成型塑料制件的内表面。

#### 1. 型腔结构设计

型腔用于成型塑件的外表面，型腔按不同结构可分为整体式、整体嵌入式及局部镶嵌式（组合式）。

一般情况下，采用镶嵌式结构，能使复杂的型腔简化加工，模板避免同一材料，节省优质材料，利用拼接间隙排气，但塑件表面有镶嵌块接痕。

#### 2. 型芯结构设计

型芯成型塑料制件的内表面，一般分为两类：小型模具凸模采用的整体式和大、中型模具采用的组合式。

设计时应首先根据塑料的性能、制件的使用要求确定型腔的总体结构、浇口、分型面、排气部位、脱模方式等，然后根据制件尺寸，计算成型零件的工作尺寸，从机加工工艺角度决定型腔各尺寸；塑件熔体有很高的压力，因此，应通过强度和刚度计算来确定型腔壁厚，尤其对于重要的精度要求高的型腔，更不能单纯凭经验来确定型腔壁厚和底板厚度。

#### 3. 成型零件钢材的选用

对于塑料模具钢的选用，必须符合以下几点要求。

（1）机械加工性能良好。要选用易于切削，且在加工以后能得到高精度零件的钢种。

（2）抛光性能优良。注射成型模成型零件工作表面大多要抛光达到镜面，$Ra \leqslant 0.05\mu m$。要求钢材硬度在 HRC35～40 为宜。过硬表面会使抛光困难。钢材的显微组织应均匀致密，极少杂质，无疵斑和针点。

（3）耐磨性和抗疲劳性能好。注射成型模型腔不仅受高压塑料熔体冲刷，而且还受冷热温度交变应力作用。一般的高碳合金钢可经热处理获得高硬度，但韧性差易形成表面裂纹，不宜采用。所选钢种应使注塑模能减少抛光修模次数，能长期保持型腔的尺寸精度，达到所计划批量生产的使用寿命期限。

（4）具有耐腐蚀性。对有些塑料品种，如聚氯乙稀和阻燃性的塑料，必须考虑选用有耐腐蚀性能的钢种。

我国钢铁冶金行业标准 YB/T094—1997 推荐的塑料模具钢的用途如表 3-4 所示。

表 3-4　塑料模具钢主要性能

| 钢　号 | 特性和用途 |
|---|---|
| SM45 | 价格低廉、机械加工性能好，用于日用杂品、玩具等塑料制品的模具 |
| SM50 | 硬度比 SM45 高，用于性能要求一般的塑料模具<br>淬透性好、强度比 SM50 好，用于较大型的、性能要求一般的塑料模具 |
| SM1CrNi3 | 塑性好，用于须冷挤压反印法压出型腔的塑料模具制作 |

SM45 钢属碳素塑料模具钢，其化学成分与高强中碳优质结构钢——45 钢相近，但钢的洁净度更高，碳含量的波动范围更窄，力学性能更稳定。SM45 钢经正火或调质处理后，具有一定的硬度、强度和耐磨性，而且价格便宜，切削加工性能好，适宜制造形状简单的小型塑料模具或精度要求不高、使用寿命不需很长的模具等。综上所述，本塑件——手机外壳为日常用品，其生产批量中等，本设计的成型零件的材料取 SM45 钢。

#### 4．成型零件工作尺寸的计算

所谓工作尺寸是指成型零件上直接用以成型塑件部分的尺寸，主要有型腔和型芯的径向尺寸，型腔的深度或型芯的高度尺寸、中心距尺寸等。任何塑件都有一定的尺寸要求，在安装和使用中有配合要求的塑件，其尺寸公差常要求较小。

在设计模具时，必须根据塑件的尺寸和公差要求来确定相应的成型零件的尺寸和公差。

1）影响塑件尺寸公差的因素

影响塑件尺寸公差的因素很多，而且相当复杂，主要因素如下。

（1）成型零件的制造误差。成型零件的公差等级越低，其制造公差也越大，因而成型的塑件公差等级也就越低。实验表明，成型零件的制造公差 $\delta z$ 一般可取塑件总公差 $\Delta$ 的 1/3～1/4，即

$$\delta z = \Delta/3 \sim \Delta/4。$$

（2）成型零件的磨损量。由于在成型过程中的磨损，型腔尺寸将变得越来越大，型芯或凸模尺寸越来越小，中心距尺寸基本保持不变。塑件脱模过程的摩擦磨损是最主要的，因此为了简化计算，凡与脱模方向相垂直的成型零件表面可不考虑磨损；而与脱模方向相平行的表面应考虑磨损。

对于中小型塑件，最大磨损量 $\delta z$ 可取塑件总公差 $\Delta$ 的 1/6，即 $\delta z = \Delta/6$；对于大型塑件则取 $\Delta/6$ 以下。

（3）成型收缩率的偏差和波动。收缩率是在一定范围内变化的，这样必然会造成塑件尺寸误差。因收缩率波动所引起的塑件尺寸误差可按下式计算

$$\delta z = (S_{max} - S_{min}) L$$

式中　$\delta z$——收缩率波动所引起的塑件尺寸误差；

$S_{max}$——塑料的最大收缩率（%）；

$S_{min}$——塑料的最小收缩率（%）；

$L$——塑件尺寸。

据有关资料介绍，一般可取 $\delta z = \Delta/3$。

设计模具时，可以参照试验数据，根据实际情况，分析影响收缩的因素，选择适当的平均收缩率。

塑件的公差值应大于或等于上述各种因素所引起的积累误差即

$$\Delta \geq \delta$$

因此，在设计塑件时应慎重决定其公差值，以免给模具制造和成型工艺条件的控制带来困难。一般情况下，以上影响塑件公差的因素中，模具制造误差 $\delta_Z$，成型零件的磨损量 $\delta$ 和收缩率的波动 $R$ 是主要的，而且并不是塑件的所有尺寸都受上述各因素的影响。

2）成型零件工作尺寸的计算方法

成型零件工作尺寸的计算方法一般按平均收缩率、平均制造公差和平均磨损量进行计

算；为计算简便起见，塑件和成型零件均按单向极限将公差带置于零线的一边，以型腔内径成型塑件外径时，规定型腔基本尺寸 $L_M$ 为型腔最小尺寸，偏差为正，表示为 $L_M+\delta z$；塑件基本尺寸 $L_S$ 为塑件最大尺寸，偏差为负，表示为 $L_S-\Delta$。以型芯外径成型塑件内径时，规定型芯最大尺寸为基本尺寸，表示为 $L_M-\delta_Z$；塑件内径最小尺寸为基本尺寸，表示为 $L_S+\Delta$。凡是孔都是以它的最小尺寸作为基本尺寸，凡是轴都是以它的最大尺寸作为基本尺寸。计算型腔深度时，以 $H+\delta_Z$ 表示型腔深度尺寸，以 $H_S-\Delta$ 表示对应的塑件高度尺寸。计算型芯高度尺寸时，以 $H_M-\delta_Z$ 表示型芯高度尺寸，以 $H_S+\Delta$ 表示对应的塑件上的孔深。

3）型腔和型芯工作尺寸计算

（1）型腔径向尺寸：已知在规定条件下的平均收缩率 $S_{CP}$，塑件尺寸 $L_S-\Delta$，磨损量 $\delta_C$，则塑件的平均尺寸为 $L_M-\Delta/2$，则型腔的平均尺寸为 $L_M+\delta_Z/2$，型腔磨损量 $\delta_C/2$ 时的平均尺寸为 $L_M+\delta_Z+\delta_C/2$，而

$$L_M+\frac{\delta_Z}{2}+\frac{\delta_C}{2}=\left(L_S-\frac{\Delta}{2}\right)+\left(L_S-\frac{\Delta}{2}\right)S_{CP}$$

对于中小型塑件，令 $\delta_z=\Delta/3$，并将比其他各项小得多的（$\Delta/2$）$S_{CP}$ 略去，则为

$$L_M=L_S+L_SS_{CP}-\frac{3}{4}\Delta$$

标注制造公差后，则为

$$L_M=\left(L_S+L_SS_{CP}-\frac{3}{4}\Delta\right)^{+\delta_Z}$$

（2）型芯径向尺寸：已知在规定条件下的平均收缩率 $S_{CP}$ 塑件尺寸 $L_S+\Delta$、磨损量 $\delta_C$，如以 $L_M-\delta_Z$ 表示型芯尺寸，经过和上面型腔径向尺寸计算类似的推导，可得

$$L_M=\left(L_S+L_SS_{CP}+\frac{3}{4}\Delta\right)-\delta_Z$$

上列式中，$\Delta$的系数取 1/2～3/4，塑件尺寸及公差大的取 1/2，相反则取 3/4。

（3）型腔深度尺寸：已知规定条件下的平均收缩率 $\delta_{CP}$，塑件尺寸 $H_S-\Delta$，如以 $H_M^{+\delta_Z}$ 表示型腔深度尺寸，则

$$H_M+\frac{\delta_Z}{2}=\left(H_S-\frac{\Delta}{2}\right)+\left(H_S-\frac{\Delta}{2}\right)S_{CP}$$

令 $\delta z$，并略去（$\Delta/2$）$S_{CP}$ 项后，则为

$$H_M=H_S+H_SS_{CP}-\frac{2}{3}\Delta$$

标注制造公差，则为

$$H_M=\left(H_S+H_SS_{CP}+\frac{2}{3}\Delta\right)+\delta_Z$$

（4）型芯高度尺寸：已知在规定条件下的平均收缩率 $\delta_{CP}$，塑件孔深尺寸 $H_S+\Delta$，如以 $H_M-\delta z$ 表示型芯高度尺寸，经过类似推导可得

$$H_M=\left(H_S+H_SS_{CP}+\frac{2}{3}\Delta\right)-\delta_Z$$

### 3.4.2 浇注系统设计

浇注系统的功能是使熔体平稳有序地注入型腔，在填充和凝固过程中，把注射压力充分传递到型腔各个部位，以获得组织致密、外形清晰的塑件，如图3-27所示。

普通浇注系统一般由主流道、分流道、浇口、冷料井组成。

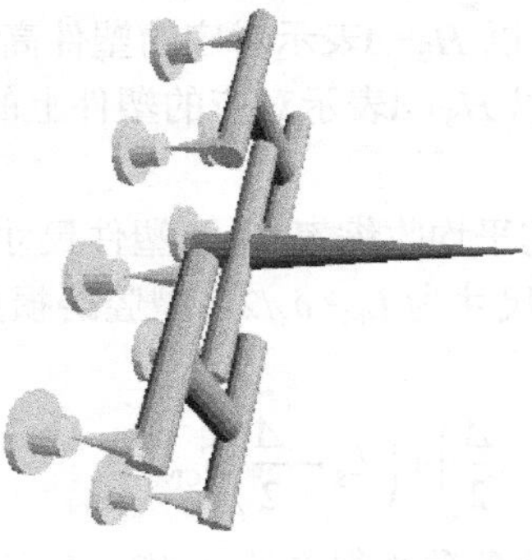

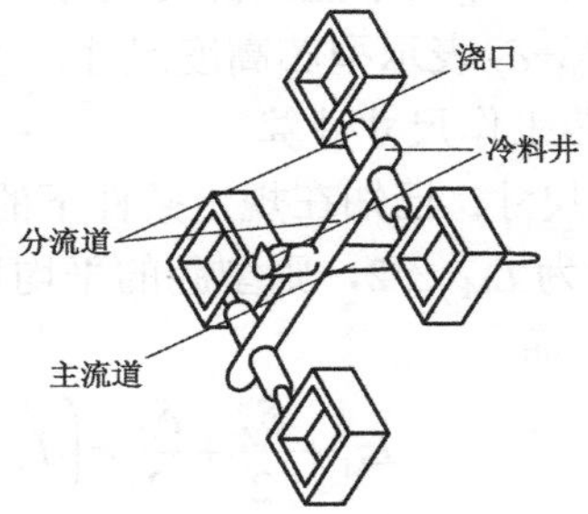


图3-27　浇注系统

**1．浇注系统的设计原则**

浇注系统设计是否合理不仅对塑件性能、结构、尺寸、内外在质量等影响很大，而且还与塑件所用塑料的利用率、成型生产效率等相关，因此浇注系统设计是模具设计的重要环节。对浇注系统进行总体设计时一般遵循以下原则。

（1）重点考虑型腔布局。尽可能采用平衡布置，以便设置平衡式分流道，型腔布置和浇口开设部位力求对称，防止模具承受偏载而产生溢料现象，尽量使型腔排列得紧凑，以便减小模具的外形尺寸。

（2）热量及压力损失要小，为此浇注系统流程应尽量短，截面尺寸应尽可能大，弯折尽量少，表面粗糙度要低。

（3）均衡进料，尽可能使塑料熔体在同一时间内进入各个型腔的深处及角落，即分流道尽可能采用平衡式布置。

（4）塑料耗量要少，在满足各型腔充满的前提下，浇注系统容积尽量小，以减少塑料的耗量。

（5）消除冷料，浇注系统应能收集温度较低的“冷料”，防止其进入型腔，影响塑件质量。

（6）排气良好，浇注系统应能顺利地引导塑料熔体充满型腔各个角落，使型腔的气体能顺利排出。

（7）防止塑件出现缺陷，避免熔体出现充填不足或塑件出现气孔、缩孔、残余应力、翘曲变形或尺寸偏差过大，以及塑料流将嵌件冲压位移或变形等各种成型不良现象。

（8）注意塑件外观质量。根据塑件大小、形状及技术要求，做到去除、修整浇口方便，浇口痕迹无损塑件的美观和使用。

（9）提高生产效率。尽可能使塑件不进行或少进行后加工，成型周期短，效率高。

普通流道浇注系统一般由主流道、分流道、浇口和冷料穴等四部分组成。

浇注系统的作用是将来自注射机喷嘴的塑料熔体均匀而平稳的输送到型腔，同时使型腔内的气体能及时顺利排出。在塑料熔体填充及凝固的过程中，将注射压力有效地传递到型腔的各个部位，以获得形状完整、内外质量优良的塑料制件。

**2．浇注系统各部件的设计**

1）主流道的设计

主流道通常位于模具的入口处，其作用是将注塑机喷嘴注出的塑料熔体导入分流道或型腔。其形状为圆锥形，便于塑料熔体的流动及流道凝料的拔出。热塑性塑料注塑成型用的主流道，由于要与高温塑料及喷嘴反复接触，所以主流道常设计成可拆卸的主流道衬套，以便有效地选用优质钢材，单独进行加工和热处理。

主流道的设计要点如下。

（1）主流道圆锥角$\alpha$=2°～6°，对流动性差的塑料可取3°～6°，内壁粗糙度为$Ra$=0.63μm。

（2）主流道大端成圆角，半径$r$=1～3mm，以减小料流转向过度时的阻力。

（3）在模具结构允许的情况下，主流道应尽可能短，一般小于60mm，过长则会影响熔体的顺利充型。

（4）主流道衬套与定模座板采用H7/m6过渡配合，与定位圈的配合采用H9/f9间隙配合。

（5）主流道衬套一般选用T8、T10制造，热处理强度为52～56HRC。

主流道具体尺寸如表3-5所示。

**表3-5 主流道具体尺寸**

| 符　号 | 名　称 | 尺　寸 |
|---|---|---|
| $d$ | 主流道小端直径 | 注射成型机喷嘴直径（0.5～1） |
| SR | 主流道球面半径 | 喷嘴球面半径（1～2） |
| $h$ | 球面配合高度 | — |
| $\alpha$ | 主流道锥角 | 2°～6° |
| $L$ | 主流道长度 | 尽量小于或等于60 |
| $D$ | 主流道大端直径 | $D+2L\text{tg}(\alpha/2)$ |
| $r$ | 主流道大端倒圆角 | $D/8$ |

2）冷料穴的设计

主流道一般位于主流道对面的动模板上。其作用就是存放料流前锋的“冷料”，防止“冷料”进入型腔而形成冷接缝；此外，在开模时又能将主流道凝料从定模板中拉出。冷料穴的尺寸宜稍大于主流道大端直径，长度约为主流道大端直径，如图3-28所示。

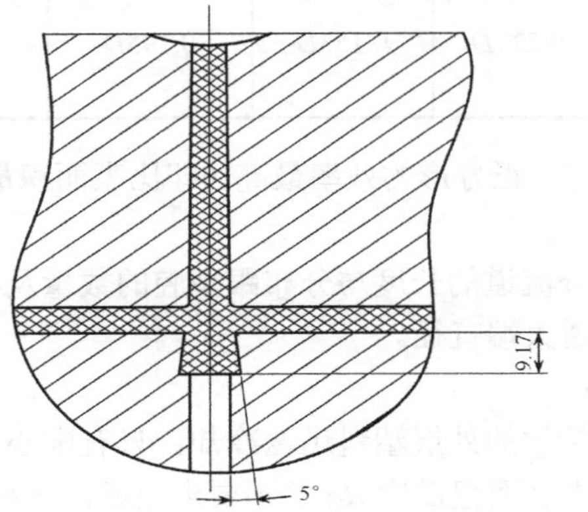


图3-28 冷料穴

冷料穴的形式如下。

（1）与推杆匹配的冷料穴。

（2）与拉料杆匹配的冷料穴。

（3）无拉料杆的冷料穴。

采用“与推杆匹配的冷料穴”中的倒锥形将主流道凝料拉出，当其被推出时，塑件和流道凝料能自动坠落。

3）分流道的设计

分流道是主流道与浇口之间的通道，一般开设在分型面上， 起分流和转向的作用。多型腔模具一般要设置分流道，单型腔大型塑件在使用多个点浇口时也要设置分流道。

分流道的设计要点如下。

（1）分流道要求熔体的流动阻力尽可能的小。在保证足够的注塑压力使塑料熔体顺利充满型腔的前提下，分流道的截面积与长度尽量取小值，尤其对于小型模具更为重要。

（2）分流道转折处应以圆弧过渡，与浇口的连接处应加工成斜面，并用圆弧过渡，利于塑料熔体的流动及填充。

（3）各型腔要保持均衡进料。

（4）表面粗糙度要求以 $Ra0.8$ 为佳。

（5）分流道较长时，在分流道的末端应开设冷料井。

分流道的截面形状设计要点如下。

（1）分流道的截面形状选取，从减少流道内的压力损失考虑，要求流道的截面积大。

（2）从热传导角度考虑，为减少热损失，要求流道的比表面积（截面积与外周长之比）最小。

（3）在生产实践中还应考虑分流道的加工难度。

分流道截面的形状及其效率如表 3-6 所示。

**表 3-6　分流道截面的形状及其效率**

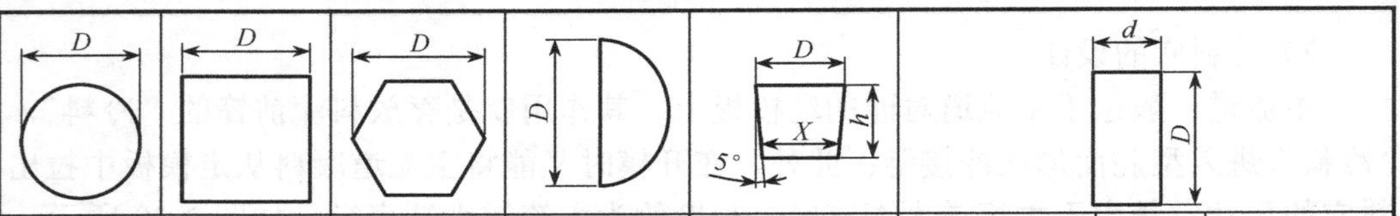


| | | | | | | | | |
|---|---|---|---|---|---|---|---|---|
| 效率 | $0.25D$ | $0.25D$ | $0.217D$ | $0.153D$ | $0.195D$ | $d=$ | $D/4$ | $0.166D$ |
| | | | | | | | $D/4$ | $0.100D$ |
| | | | | | | | $D/6$ | $0.071D$ |

各种分流道当中，圆形、正方形的效率最高（即比表面积最小），所以本设计采用圆形截面的分流道。

分流道的分布：由于分流道的长度与分布跟型腔的数量及其排布有密切关系，并且分流道的直径要稍大于主流道大端直径。

分流道的表面粗糙度：

由于分流道中与模具接触的外层塑料迅速冷却，只有中心部位的塑料熔体的流动状态较为理想，因而分流道的内表面粗糙度 $Ra$ 并不要求很低，一般取 1.60μm 左右就可以，这样表面稍不光滑，有助于增大塑料熔体的外层冷却皮层固定，从而与中心部位的熔体之间产生一定的速度差，以保证熔体流动时具有适宜的剪切速度和剪切热。

4）浇口的设计

浇口也称进料口，是连接分流道与型腔的通道，除直接浇口外，它是浇注系统中截面最小的部分，但却是浇注系统的关键部分，浇口的位置、形状及尺寸对塑件性能和质量的影响很大。

浇口截面积通常为分流道截面积的7%～9%，浇口截面积形状为矩形和圆形两种，浇口长度为0.5～2.0mm。浇口具体尺寸一般根据经验确定，取下限值，然后在试模时逐步修正。

浇口的设计通常要求考虑下面的原则。

（1）尽量缩短流动距离。

（2）浇口应开设在塑件壁厚最大处。

（3）必须尽量减少熔接痕。

（4）应有利于型腔中气体排出。

（5）要考虑分子定向影响。

（6）避免产生喷射和蠕动。

（7）浇口处避免弯曲和受冲击载荷。

（8）注意对外观质量的影响。

侧浇口又称边缘浇口，一般开在分型面上，从塑件的外侧进料。侧浇口是典型的矩形截面浇口，能方便地调整充模时的剪切速率和封闭时间，故也称标准浇口。它截面形状简单，加工方便；浇口位置选择灵活，去除浇口方便，痕迹小。但塑件容易形成熔接纹、缩孔、凹陷等缺陷，注射压力损失较大，对壳体件排气不良。

浇口结构尺寸如表3-7所示。

**表3-7　浇口结构尺寸**

| 塑件壁厚/mm | 侧浇口尺寸/mm | | 浇口长度/mm |
|---|---|---|---|
| | 深度 $h$ | 宽度 $w$ | |
| ＜0.8 | 0～0.5 | 0～1.0 | 1.0 |
| 0.8～2.4 | 0.5～1.5 | 0.8～2.4 | |
| 2.4～3.2 | 1.5～2.2 | 2.4～3.3 | |
| 3.2～6.4 | 2.2～2.4 | 3.3～6.4 | |

### 3．浇注系统的平衡

对于中、小型塑件的注射成型模具已广泛使用一模多腔的形式，设计应尽量保证所有的型腔同时得到均一的充填和成型。一般在塑件形状及模具结构允许的情况下，应将从主流道到各个型腔的分流道设计成长度相等、形状及截面尺寸相同（型腔布局为平衡式）的形式，否则就要通过调节浇口尺寸使各浇口的流量及成型工艺条件达到一致，这就是浇注系统的平衡。从主流道到各个型腔的分流道的长度相等，形状及截面尺寸对应相同，各个浇口也相同，显然浇注系统是平衡的。

### 3.4.3 导向机构设计

导向机构如图3-29所示，主要由导柱、导套等零件组成。合模导向零件机构的作用有以下几个方面。

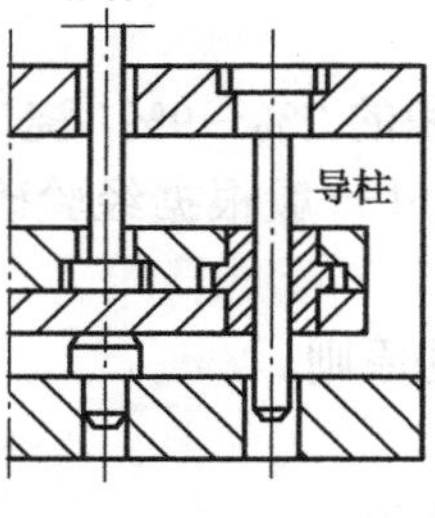


图3-29　导向机构

（1）定位作用。模具闭合后，保证动定模位置正确，保证型腔的形状和尺寸正确；导向机构在模具装配过程中也起了定位作用，便于装配和调整。

（2）导向作用。合模时，首先是导向零件接触，引导动定模或上下模准确闭合，避免型芯先进入型腔造成成型零件损坏。

（3）承受一定的侧向压力。塑料熔体在充型过程中可能产生单向侧压力，或者由于成型设备精度低的影响，使导柱承受了一定的侧压力，以保证模具的正常工作。若侧压力很大，不能单靠导柱来承担，须增设锥面定位机构。

（4）保持机构运动平稳。对于大、中型模具的脱模机构，导向机构有使机构运动灵活平稳的作用。

（5）承载作用。当采用脱模板脱模或双分型面模具时，导柱有承受脱模板和型腔板的作用。

设计导柱、导套时，还应注意以下几点。

（1）导柱应合理地均布在模具分型面的四周，导柱中心至模具外缘应有足够的距离，以保证模具的强度。

（2）导柱的长度应比型芯端面的高度高出 6～8mm，以免型芯进入凹模时与凹模相碰而损坏。

（3）导柱和导套应有足够的强度和耐磨度，常采用 20#低碳钢经渗碳 0.5～0.8 ㎜，淬火 48～55HRC，也可采用 T8A 碳素工具钢，经淬火处理。

（4）为了使导柱能顺利地进入导套，导柱端部应做成锥形或半球形，导套的前端也应倒角。

（5）导柱设在动模一侧可以保护型芯不受损伤，而设在定模一侧则便于顺利脱模取出塑件，因此，根据需要而决定装配方式。

（6）一般导柱滑动部分的配合形式按 H8/f8，导柱和导套固定部分配合按 H7/k6，导套的外径的配合按 H7/k6。

### 3.4.4 脱模机构设计

图3-30为脱模机构，主要零件有推管、推板、推杆等。

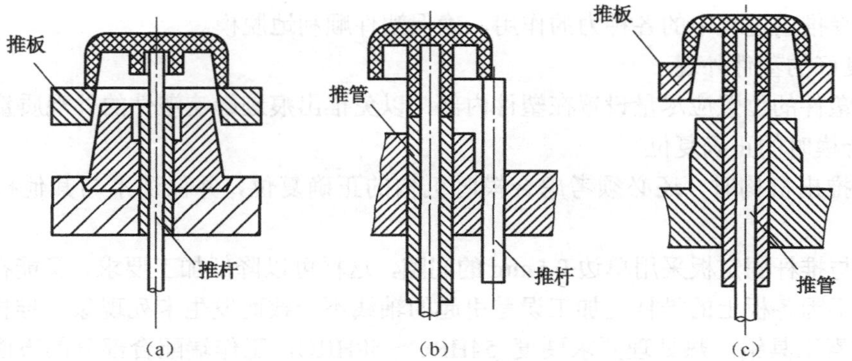


图 3-30 脱模机构

塑件在从模具上取下以前，还有一个从模具的成型零件上脱出的过程，使塑件从成型零件上脱出的机构称为推出机构。推出机构的动作是通过装在注射机合模机构上的顶杆或液压缸来完成的。

### 1. 推出机构的组成

推出机构主要由推出零件、推出零件固定板和推板、推出机构的导向与复位部件等组成。推出机构中，凡直接与塑件相接触、并将塑件推出型腔的零件称为推出零件。常用的推出零件有推杆、推管、推件板、成型推杆等。

### 2. 推出机构的分类

推出机构可按其推出动作的动力来源分为手动推出机构、机动推出机构、液压和气动推出机构。手动推出机构是模具开模后，由人工操纵的推出机构塑件，一般多用于塑件滞留在定模一侧的情况；机动推出机构利用注射机开模动作驱动模具上的推出机构，实现塑件的自动脱模；液压和气动推出机构是依靠设置在注射机上的专用液压和气动装置，将塑件推出或从模具中吹出。推出机构还可以根据推出零件的类别分类，可分为推杆推出机构、推管推出机构、推件板推出机构、成型推杆（块）推出机构、综合推出机构等。另外，也可根据模具的结构来分类。

### 3. 推出机构的设计原则

1）推出机构应在动模一侧

由于推出机构的动作是通过装在注射机合模机构上的顶杆来驱动的，所以一般情况下，推出机构设在动模一侧。正因如此，在分型面设计时应尽量注意，开模后使塑件能留在动模一侧。

2）保证塑件不因推出而变形损坏

为了保证塑件在推出过程中不变形、不损坏，设计时应仔细分析塑件对模具的包紧力和黏附力的大小，合理的选择推出方式及推出位置，从而使塑件受力均匀、不变形、不损坏。

3）机构简单动作可靠

推出机构应使推出动作可靠、灵活，制造方便，机构本身要有足够的强度、刚度和硬度，以承受推出过程中的各种力的作用，确保塑件顺利地脱模。

4）良好的塑件外观

推出塑件的位置应尽量设置在塑件内部，以免推出痕迹影响塑件的外观质量。

5）合模时的正确复位

设计推出机构时，还必须考虑合模时机构的正确复位，并保证不与其他模具零件相干涉。

推杆与推杆固定板采用单边0.5mm的间隙，这样可以降低加工要求，又能在多推杆的情况下，不因各板上的推杆孔加工误差引起的轴线不一致而发生卡死现象。推杆的材料采用T8碳素工具钢，热处理要求硬度54HRC～58HRC，工作端配合部分的表面粗糙度为$Ra$=0.8μm。

**4．脱模力的计算**

脱模力是从动模一侧的主型芯上脱出塑件所需施加的外力，须克服塑件对型芯包紧力、真空吸力、黏附力和脱模机构本身的运动阻力。本设计主要计算由型芯包紧力形成的脱模阻力。

当开始脱模时，模具所受的阻力最大，推杆刚度及强度应按此时计算，即无视脱模斜度（$a$=0）。

由于制品是薄壁矩形件，则

$$Q=\frac{8tESlf}{(1-m)(1+f)} \quad (\text{kN})$$

式中　$Q$——脱模最大阻力（kN）；

$t$——塑件的平均壁厚（cm）；

$E$——塑料的弹性模量（N/cm$^2$）；

$S$——塑料毛坯成型收缩率（mm/mm）；

$l$——包容凸模长度（cm）；

$f$——塑料与钢之间的摩擦系数；

$m$——泊松比，一般取0.38~0.49。

## 3.4.5　侧向分型抽芯机构设计

图3-31为侧向分型抽芯机构，主要由锁紧块、斜导柱、滑块等组成。

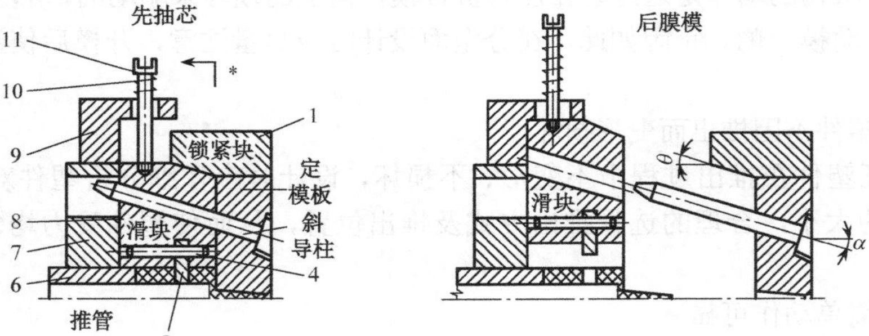


图3-31　侧向分型抽芯机构

完成侧向型芯的抽出和复位的机构称为侧向抽芯机构，当塑件上具有与开模方向不一致的孔或侧壁有凸凹形状时，除极少数情况可以强制脱模外，一般都必须将成型侧孔或侧凹的零件做成可活动的结构，在塑件脱模前，先将其抽出，然后才能将整个塑件从模具中脱出。这种模具脱出塑件的运动有两种情况：一是开模时优先完成侧向分型和抽芯，然后推出塑件；二是侧向抽芯分型与塑件的推出同步进行。

侧向抽芯机构的分类及特点如下。

侧向抽芯机构按其动力来源可分为手动、机动、气动或液压三大类。

手动侧抽芯：该种模具结构简单、生产效率低、劳动强度大、抽拔力有一定限制，故只在特殊场合下应用，如试制新产品或小批量生产等。

机动侧抽芯：开模时，依靠注射机的开模动力，通过侧向抽芯机构改变运动方向，将活动零件抽出。机动侧抽芯操作方便，生产效率高，便于实现生产自动化，但模具结构复杂。

机动侧抽芯结构形式主要有斜导柱侧抽芯、斜弯销侧抽芯、斜滑块侧抽芯、齿轮齿条侧抽芯及弹簧侧抽芯等。

液压或气动侧抽芯：在模具上配置专门的油缸或汽缸，通过活塞的往复运动来进行侧向抽芯。这类机构的特点是抽拔力大、抽芯距离长、动作灵活且不受开模过程限制，常在大型注射成型模中使用。

根据塑件的特点、分型面的选择，塑料模具属中、小型模具，采用机动侧抽芯比较适合，而且本塑件须要有两个方向的侧抽芯，分别为斜导柱侧抽芯、斜滑块侧抽芯，下面将分别介绍。

**1. 斜导柱侧抽芯**

斜导柱侧抽芯机构是最常用的一种侧抽芯机构，它具有结构简单、制造方便、安全可靠等特点。其工作过程：开模时斜导柱作用于滑块，迫使滑块（带侧型芯）在动模板的导滑槽内向上移动，完成侧抽芯动作，塑件由推杆推出型腔。斜导柱如图 3-32 所示。

图 3-32　斜导柱

1）斜导柱抽芯机构的几种常见形式

（1）斜导柱在定模，滑块在动模。

（2）斜导柱在动模，滑块在定模。

（3）斜导柱和滑块同在定模。

（4）斜导柱和滑块同在动模。

采用“斜导柱在定模，滑块在动模”的斜导柱侧抽芯形式，该侧抽芯机构的具体工作过程：开模时，动、定模沿分型面分开，滑块与型芯一起带塑件脱离定模，同时滑块在斜导柱的作用下，沿导滑板向外运动抽出型芯；合模时，在机床合模装置的推动下，滑块在斜导柱的作用下，完成合模，并靠楔紧块压紧。

2）斜导柱抽拔力与抽芯距的计算

抽拔力：

$$F_{阻} = fF_{正} = fPA = 0.5 \times 10 \times 10^{6} \times 1354.913 \times 10^{-6} = 6774.56\ (\mathrm{N})$$

式中　$F_{阻}$——摩擦阻力（N）

$f$——摩擦系数，一般取 0.15～1.0，本设计取 0.5。

$F_{正}$——因塑件收缩对型芯产生的正压力（N）。

$P$——塑件对型芯产生的单位正压力，一般取 8～12MPa，本设计取 10Mpa。

$A$——塑件包紧型芯的侧面积（$mm^2$）。

抽芯距：塑件的侧抽芯距离大于 42.89mm，所以本设计采用 45mm 的抽芯距。

**2．斜滑块侧抽芯**

1）斜滑块的设计要点

（1）斜滑块的导向斜角 $\alpha$ 可比斜导柱的大些，但也不大于 30°，一般取 10°～25°，斜块的推出长度 $l$ 必须小于导滑总长的 2/3。

（2）斜滑块与导滑槽应有一定的双面间隙。

（3）为保证斜滑块的分型面密合，而且在斜滑块与动模套的配合面磨损后仍能紧密拼合，成型时不致发生溢料，斜滑块底部与模套之间应留有 0.2～0.5 ㎜的间隙，同时斜滑块的顶面应高出模套 0.2～0.5mm。

本设计的模具由于已经有一个斜导柱侧抽芯机构，另一方向的抽芯距离很短，只有 3.48mm，采用斜滑块更能使模架结构紧凑。

2）斜滑块侧抽芯机构的抽芯距与抽芯力的计算

斜导柱角度$a$与开模所需的力、斜导柱所受的弯曲力、实际能得到的抽拔力及开模行程有关。斜角$a$越大时，所需抽拔力应增大，因而斜导柱所受的弯曲力也应增大，故希望斜角$a$小些为好。但当脱模距一定时，斜角$a$越小则使斜导柱工作部分及开模行程加大，降低斜导柱的刚性。所以斜角$a$的确定要适当兼顾脱模距及斜导柱所受的弯曲力。根据实际生产经验证明，斜角$a$值一般不得大于25°，通常采用15°～20°。当脱模距较长而适当增大斜角$a$即可满足脱模距时，也可略增大斜角$a$，但也要相应增加斜导柱直径和固定部分长度，以便能承受较大的弯曲力。另外，为了满足滑块锁紧楔先开模，斜导柱后抽芯的动作要求，斜滑块锁紧角的角度也应比斜导柱的角度大2°～3°。本设计中，取$a$=20°，楔紧块的角度为21°。

$$F=lhp(f\cos a-\sin a)\ (\mathrm{N})$$

式中 $l$——活动侧芯被塑料包紧的断面周长（m）；

$h$——成型芯部分的深度；

$p$——制品对侧芯的压力，一般取 8～12MPa;

$f$——塑料对钢的摩擦系数，常用 $f$=0.1～0.2;

侧芯的脱模斜度，常取 10～20。

$F=8\times10^{-3}\times1\times10^{-3}\times10\times(0.15\cos1-\sin1)=10.6$（N）

平行分型面方向抽出，计算斜导柱角度 a 跟脱模距的关系，按下式计算：

$$L_4=\frac{S}{\sin\alpha}=\frac{H}{\cot\alpha/\sin\alpha}$$

式中 $L_4$——脱模距为 $S$ 时斜导柱工作部分长度（mm）

$S$——最大脱模距离（mm）

$\alpha$——斜导柱斜角（°）

$H$——最大脱模距为 $S$ 时所需的开模行程（mm）

$L_4$= 6/sin20° =17.5mm

$$H = S\cot\alpha = 6 \times \cot 20^\circ = 16.5\text{mm}$$

3）活动形式和滑块的锁紧

为了防止侧型芯在塑件成型时受力移动，对活动型芯和滑块应锁楔紧锁住，开模时又需要使楔块首先脱开（一般不允许用斜导柱起锁紧侧型芯的作用）。楔块锁紧的角度一般取 $\beta = \alpha + (2^\circ \sim 3^\circ)$。

### 3.4.6 温度调节系统

注射成型模的温度调节系统如图 3-33 所示。

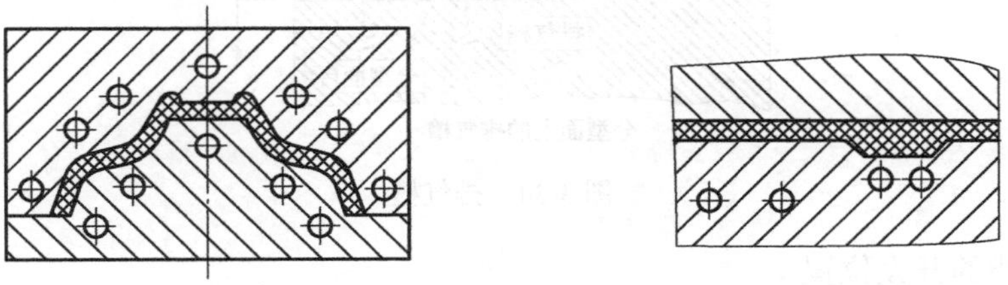

（a）　　（b）

图 3-33　注射成型模的温度调节系统

塑料在成型过程中，模具温度会直接影响到塑料的充模、定向、成型周期和塑件质量。模具温度过高，成型收缩大，脱模后塑件变形率大，而且还容易造成溢料和黏模；模具温度过低，则熔体流动性差，塑件轮廓不清晰，表面会产生明显的银丝或流纹等缺陷；当模具温度不均匀时，型芯和型腔温度差过大，塑件收缩不均匀，导致塑件翘曲变形，会影响塑件的形状和尺寸精度。

一般注射成型模具内的塑料熔体温度为 200℃左右，而塑件从模具型腔中取出时其温度在 60℃以下。所以热塑性塑料在注射成型后，必须对模具进行有效的冷却，以便使塑件可靠冷却定型并迅速脱模，提高塑件定型质量和生产效率。对于熔融黏度低、流动性较好的塑料，如聚乙烯、聚丙烯、尼龙、聚苯乙烯、聚氯乙烯、有机玻璃等，当塑件是小型薄壁时，则模具可利用自然冷却而不设冷却系统。

（1）冷却管道孔至型腔表面的距离应尽可能相等。

（2）模具结构允许为前提，冷却通道孔径尽量大，冷却回路数量尽量多，以保证冷却均匀。

（3）注意水管的密封，以免漏水。

（4）浇口处应加强冷却。

（5）降低入水与出水的温度差。

（6）冷却通道要避免接近塑件熔接痕产生位置及塑料最后充填的部位。

（7）冷却通道内不应有存水和产生回流的部位，以避免过大的压力降。

（8）冷却管道最好布置在包含模具型腔/型芯的零件上，否则会导致模具冷却不充分。

### 3.4.7 排气系统

排气系统的作用是排出熔体充模过程中产生的气体。熔体充模时，若不排气，则后果严重。因为注射压力过大导致熔体充模困难，气体在压力作用下渗进塑料，将产生气泡、组织疏松、熔合不良、强度下降，气体压缩→温度上升→熔体烧灼、碳化、烧焦，使塑件表面产生焦斑成为废品。

排气系统主要包括排气槽、导向沟等。如图3-34所示，排气槽的开设位置及形式是很重要的问题。

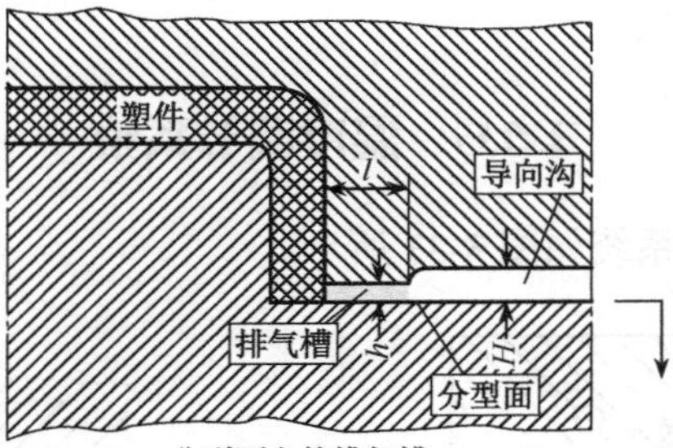


图3-34　排气槽

1）排气槽的开设位置

排气槽的开设位置有以下原则。

（1）排气槽排气口不能正对操作工人

（2）排气槽最好开设在分型面上，这是因为分型面上的飞边易随塑件脱出。

（3）排气槽应开设在型腔最后被充满处。

（4）排气槽应开设在靠近嵌件和塑件壁最薄处，或熔体汇合处。

（5）若型腔最后成型部位不在分型面上，附近又无可供排气的间隙，则可用烧结多孔金属块镶嵌于型芯上进行排气。

（6）薄壁型制品高速注射成型时，排气槽应设在浇口附近，可使气体连续排出，而不产生明显升压。

2）排气槽的形状

（1）分型面上开的排气槽。

分型面上开的排气槽最好加工成弯曲状，截面由细到粗逐渐增大，可降低塑料熔体从排气槽溢出时的动能和流速，以防发生工伤事故。

（2）圆周排气槽。

圆周排气槽适用于平底环状塑件模具中。

（3）排气销。

排气平底杯采用侧浇口底部镶嵌圆柱形排气销，圆柱面上带有沟槽，烧结多孔金属，排气销外连接排气槽，将气体导向模外。

3）排气槽的尺寸

排气槽宽度取为1.5～6mm，排气槽深度以塑料不产生溢料为限，其大小与塑料、熔体黏度有关，一般为0.02～0.05mm

间隙排气一般是利用模具分型面或模具零件配合间隙。

## 思考与练习

3-1　成型模具分为几类？

3-2　什么是成型零件？什么是结构零件？并举例说明。

3-3　型腔的结构形式有哪些？型芯的结构形式有哪些？

3-4　注射成型模具标准零件的种类有哪些？

3-5　中、小型标准模架结构的形式有哪些？

3-6　试说明注射成型模中、小型模架规格的标记方法。

3-7　注射成型模大型标准模架结构型式有哪些？

3-8　什么是浇注系统？试说明浇注系统的分类。

3-9　型腔的配置形式有哪些？

3-10　常用浇口有哪些？

3-11　塑料制件设计时要考虑哪些问题？

# 第4章 模具的机械运动

模具是机械零件和机构的组合。其运动和压力是由成型加工机床和设备的动力和传动机构来驱动和提供。模具的各种工艺的实现都有它的基本运动原理，这种基本的运动原理与模具是密切相关的，模具的机械运动合理与否直接影响到模具生产的工件质量。

## 4.1 模具运动的概念

模具在生产过程中，产生两种运动形式：一种是外力作用在模具上的零件或结构产生的运动，这种运动称为驱动；还有一种是模具作用在加工模坯上的运动，称为模具的运动。

### 4.1.1 模具的运动

模具运动与模坯材料状态及成型工艺方法有关，一般情况下根据运动的形式不同可分为五种运动：模具的单向平移运动、模具的单向和多向冲击运动、单向或多向直线运动、旋转运动、模坯相对模具进行的运动。通过这五种定向的运动形式和作用于模具的驱动力，使材料在模具中加工成合格的产品。

模具运动与应用如表 4-1 所示。

表 4-1 模具运动与应用

| 模具的运动 | 应　　用 |
| --- | --- |
| 模具的单向平移运动 | 板材成型加工；塑料压制和注射型压缩；金属压铸成型；陶瓷、橡胶与玻璃制品模成型 |
| 模具的单向及多向冲击运动 | 冲孔、落料、弯曲、精冲、多向侧冲压、落锤锻造 |
| 旋转运动 | 辊锻成型；滚塑成型；板材螺孔冲制；塑件旋转卸件 |
| 单向或多向直线运动 | 抽芯机构；送料与推料机构 |
| 模坯相对模具进行的运动 | 吸塑、吹塑挤出成型 |

模具中各运动构件较多，各种运动关系也较为复杂，把这些运动关系分为主运动、副运动。所谓主运动就是指在模具生产过程中，对模坯加工起主要作用的力的运动关系，像冲压过程中的上下运动等。副运动是模具生产过程中处于次要地位的一些运动关系，如斜楔结构的运动关系、转销结构运动关系等。

在模具生产过程中，机械运动贯穿始终，这种运动与模具生产密切相关，各种模具的结构设计和力学设计最终都是为了满足其能够实现特定运动的要求。设计的模具能否严格完成实现模具生产工艺所需的运动，直接影响到生产产品的质量，所以对模具机械运动的认识非常重要。同时为了达到产品的形状尺寸的要求，在模具设计中不断创新模具的机械运动不失为一条有效的途径。

### 4.1.2 模具的驱动

模具运动的驱动和驱动力（冲压力、锁模力、落锤重力、挤压力等）是由成型加工机床和设备的动力经传动机构提供的。

驱动模具运动和传递力作用模具的方式有三种：机—电驱动、电—液驱动、气压成型。

#### 1. 机—电驱动

由电动机提供动力，旋转运动以驱动传动机构，并通过滑块和模具运动部分相连接以驱动模具的定向运动，并传递驱动力作用于模具，使模具对模坯进行成型加工。

例如，冲压机、摩擦压力机、辊锻机械等，都是由电动机提供动力驱动。

#### 2. 电—液驱动

通过电动机驱动液压泵或水泵产生液压或水压，并经液压转送和控制系统产生额定压力以驱动模具运动部（如动模）相连接的液压缸或活塞，驱使动模相对定模做定向平移运动，对材料进行压缩，使材料成型加工为制件。

#### 3. 气压成型

气压成型主要是指吸塑和吹塑的成型加工。吸塑是指模具处于固定状态，经气泵产生气压，将塑料板吸附于模具型面，形成制件；吹塑是指经气泵产生气压，吹入热熔态塑件或热熔态玻璃制件毛坯空腔，使其扩展、变形并吸附在模具型腔表面上，形成制件。

### 4.1.3 模具运动的方向

一般采用导向零件控制模具的运动方向。如用导柱、导套、滑槽等进行导向，使其做定向运动。

为保证模具定向运动的导向精度，一般都是采用定位导向，冲模的定位导向是采用双套柱导套或四导柱导套，安装在冲床上后，其运动部分又与在冲床导轨上定向运动的滑块相连进行运动，所以通过定位导向保证模具运动精度是模具结构设计的一个重要环节。

## 4.2 冷冲模的机械运动

冷冲模的生产是通过压力机等冲压设备实现的。对板料或坯料施加压力，使之产生变形或分离，获得一定形状、尺寸和性能。它的主运动是由压力机产生的上下运动。次要运动是模具与板料之间的运动，以及模具中各零构件之间的相对运动。这些运动关系体现为直线运动及旋转运动。冲裁模、弯曲模、拉深模、级进模的运动又各有其特点。

### 4.2.1 冲裁模的机械运动

冲裁模生产时，工艺过程首先是卸料板与板料或坯料接触并压牢。凸模下降与板料下降并继续下降压入凹模，凸、凹模及板料产生相对运动，导致板料分离，然后凸、凹模分开，卸料板把工件或废料从凸模上推落，完成冲裁运动。

卸料板上板料接触凸模压入凹模。卸料板卸料的运动均是由主运动压力机提供，压力机设备上的滑块上下运动，通过模具上的模柄把动力带入模具内。凸模压入凹模的运动是副运动中最关键的，它直接影响产品的质量，但卸料板与板料接触的这种运动关系也很重要，为保证冲裁质量，必须控制卸料板的运动，一定要让它先于凸模接触板料，并且压料力要足够，否则冲裁件的切断面易出现毛边、毛刺等尺寸精度低、平面度不良、模具寿命减少的问题。

设计落料冲孔模具时，冲压后工件与废料边难以分开是要注意的问题。在不影响工件质量的前提下，采用在凸、凹模卸料板上增加一些凸出的限位块，使落料冲孔运动完成后，凹模卸料板先把工件从凹模中推出，凸模卸料板再把废料从凸、凹模上推落，这样工件与废料自然分开了。落料冲孔复合模如图 4-1 所示。

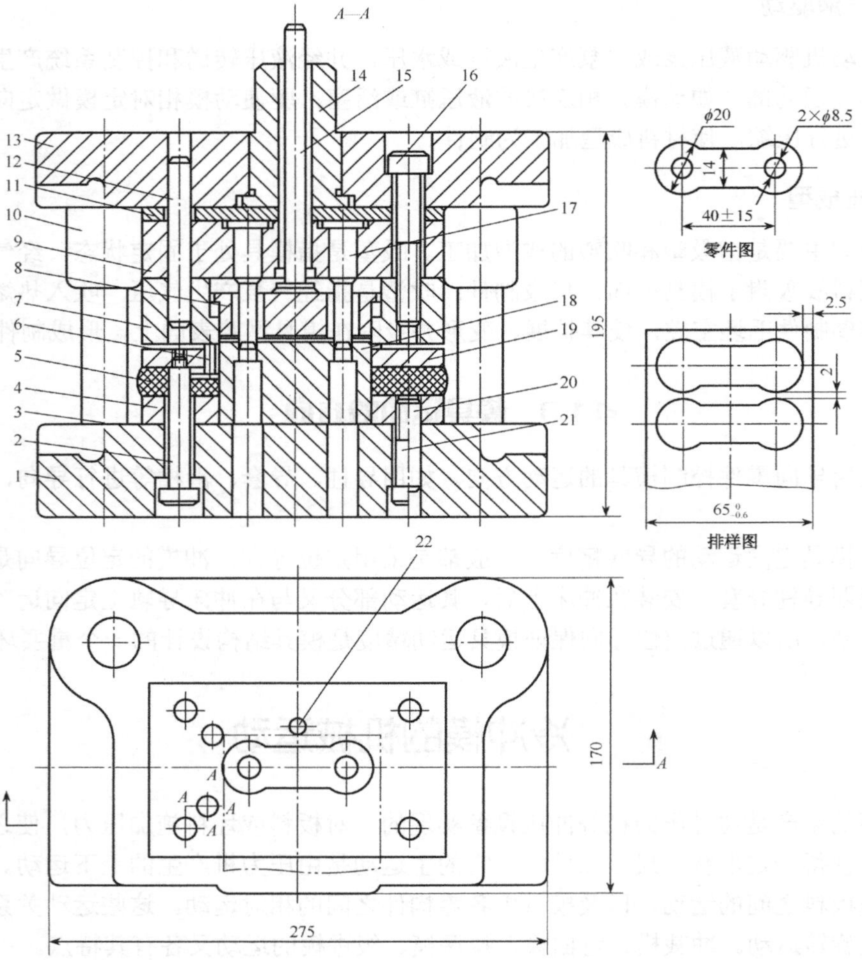


1—下模板；2—卸料螺钉；3—导柱；4—固定板；5—橡胶；6—导料销；7—落料凹模；8—推件块；9—固定板；10—导套；11—垫板；12、20—销钉；13—上模板；14—模柄；15—打杆；16、21—螺钉；17—冲孔凸模；18—凸、凹模；19—卸料板；22—挡料销

图 4-1　落料冲孔复合模

对于一些有局部凸起的较大的冲压件，可以在落料冲孔模的凹模卸料板上增加压型凸模，同时施加足够的弹簧力，以保证卸料板上压型凸模与板料接触时先使材料变形达到压型目的，再继续落料冲孔运动，往往可以减少一个工步的模具，降低成本。

有些冲孔模具的冲孔数量很多，需要很大冲压力，对冲压生产不利，甚至无足够吨位的冲床，有一个简单的方法，是采用不同长度的2～4批冲头，在冲压时让冲孔运动分时进行，可以有效地减小冲裁力。

弯曲面上有位置精度要求高的孔（如对侧弯曲上两孔的同心度有一定要求等）的冲压件，如果先冲孔再弯曲是很难达到孔位要求的，必须设计斜楔结构，弯曲后再冲孔，利用水平方向的冲孔运动可以达到目的。对那些翻边、拉深高度要求较严、要做修边工序的，也可以采用类似的结构设计。

## 4.2.2 弯曲模的机械运动

弯曲工艺的基本运动是卸料板先与板料接触并压死，凸模下降到与板料接触，并继续下降进入凹模，凸、凹模及板料产生相对运动，导致板料变形折弯，然后凸、凹模分开，弯曲凹模上的顶杆（或滑块）把弯曲边推出，完成弯曲运动。卸料板及顶杆的运动是非常关键的，为了保证弯曲的质量或生产效率，必须首先控制卸料板的运动，让它先于凸模与板料接触，并且压料力一定要足够，否则弯曲件尺寸精度差，平面不良；其次，应确保顶杆力足够，以使它顺利地把弯曲件推出，否则弯曲件变形，生产效率低。对于精度要求较高的弯曲件，应特别注意一点，最好在弯曲运动中，要有一个运动死点，即所有相关结构件能够碰死。V形件弯曲模如图4-2所示。

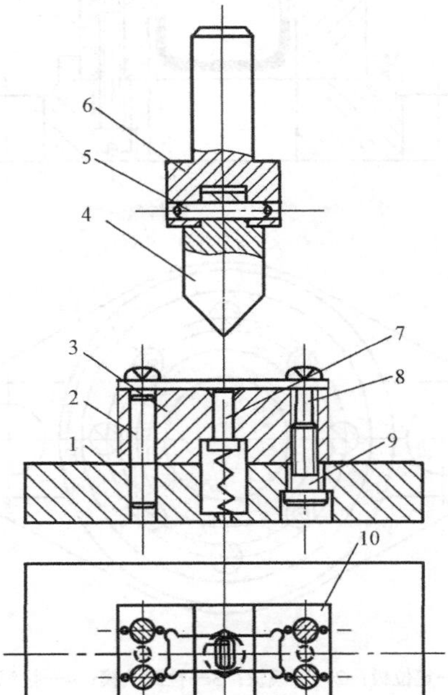


1—下模板；2、5—圆柱销；3—弯曲凹模；4—弯曲凸模；6—模柄；7—顶杆；8、9—螺钉；10—定位板

图4-2 V形件弯曲模

有些工件弯曲形状较奇特，或弯曲后不能按正常方式从凹模上脱落，这时，往往需要用到斜楔结构或转销结构。例如，采用斜楔结构，可以完成小于 90° 或回钩式弯曲，采用转销结构可以实现圆筒件一次成型。

值得一提的是，对于有些外壳件，如计算机软驱外壳，因其弯曲边较长，弯头与板料间的滑动很容易擦出毛屑，材料镀锌层脱落，频繁抛光弯曲冲头效果也不理想。通常的做法是把弯曲冲头镀钛，提高其粗糙度和耐磨性；或者在弯曲冲头 *R* 角处嵌入滚轴，把弯头与板料的弯曲滑动转化为滚动，由于滚动比滑动的摩擦力小得多，所以不容易擦伤工件。

### 4.2.3 拉深模的机械运动

拉深工艺的基本运动：卸料板先与板料接触并压牢，凸模下降到与板料接触，并继续下降，进入凹模，凸、凹模及板料产生相对运动，导致板料体积成型，然后凸、凹模分开，凹模滑块把工件推出，完成拉深运动。拉深模如图 4-3 所示。

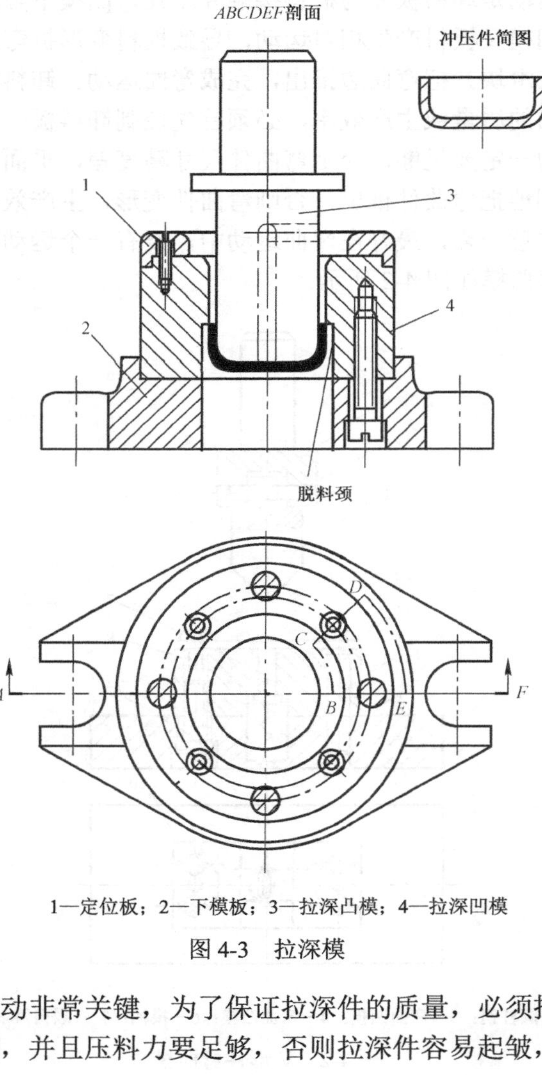


1—定位板；2—下模板；3—拉深凸模；4—拉深凹模

图 4-3　拉深模

卸料板和滑块的运动非常关键，为了保证拉深件的质量，必须控制卸料板的运动，让它先于凸模与板料接触，并且压料力要足够，否则拉深件容易起皱，甚至裂开；其次应确保凹模滑块压力足够，以保证拉深件底面的平面度。

拉深复合模具设计合理，可以很好地控制结构件的运动过程，达到多工序组合的目的，如典型的落料拉深切边冲孔复合模具的设计。

### 4.2.4 连续模的机械运动

连续模中常常同时包括了冲裁、弯曲和拉深等冲压工艺，因而其冲压过程中的机械运动也包括了这 3 种工艺的基本运动模式，对连续模中运动的控制，应分成各个基本工艺分别进行控制。

通常连续模要求不断加快冲压速度，提高生产效率，有些形状复杂、较特别的冲压件，其冲压运动较费时，在连续模设计中可以分解成效率较高的冲压运动。例如，工程膨胀螺钉圆筒件在连续模具设计中，即可将其圆筒成型运动分解为两侧 90° 圆弧弯曲～中间 60° 、圆弧弯曲、整体抱圆、圆度校正 4 个工序，不仅提高效率，还能保证冲压件圆度。

连续模因为在实际生产中还牵涉到送料机、吹风装置等，在设计中应充分考虑到这些因素，让冲床、模具、送料机和吹风装置的运动在时间上配合好，连续模才能真正顺利生产。

## 4.3 塑料模具的机械运动

塑料模具的机械运动主要有四大类：开模、合模运动，导向机构的运动，轴芯机构的运动，脱模机构的运动。只有保证了这些机构的有效运动，塑料模具才能生产出高质量的产品。因此，有必要加深对塑料模具机械运动的认识。

### 4.3.1 开模、合模运动

模腔压力是模腔内熔料的压力。

（1）合模力定义：在注射时，要使模具不被模腔压力所形成的胀模力顶开，就必须对模具施以足够的夹紧力，该夹紧力就是合模力。

$$P \geqslant \mathrm{MZ} \times \mathrm{pz}$$

式中 $P$——锁模力（kg）；

MZ——制品在模具分型面上的投影面积（$\mathrm{cm}^2$）；

pz——模腔内的压力（$\mathrm{kg/cm}^2$）。

（2）液压合模的特点。

① 合模力仅同工作油的压力有关。

② 移模速度仅取决于油泵的流量。

③ 对不同厚度的模具适应性好。

### 4.3.2 导向机构的运动

塑料模具的导向机构通常采用开、合模导向机构。对导向机构设计、制造的要求是导向准确，运动灵活、平稳，具有足够的强度、刚度和耐磨性。

开、合模导向机构的主要作用是使动模和定模及模内其他零件之间准确对合，以确保塑件的开头和尺寸精度，并避免模内各零件发生碰撞和干涉。

开、合模导向机构的导向形式主要是导柱、导套式。它的导向副由导柱与导套组成，动模与定模通过导柱、导套实现相对直线运动。由于要求运动灵活、平隐，所以对导柱侧面、导套内侧面的设计和制造要求均非常高，表面粗糙度 *Ra* 均要达到 0.4。

### 4.3.3 抽芯机构的运动

塑料模具成型带有侧凹或侧孔的制件时，模具必须带有侧向分型或侧向抽芯机构。根据动力源不同侧向分型与抽芯机构一般分为机动抽芯机构、液动（或气动）抽芯机构及手动抽芯机构三大类型。

机动抽芯机构的应用最为广泛，它的形式也比较多，主要有斜导柱抽芯机构、斜滑块抽芯机构及齿轮条抽芯机构。

#### 1. 斜导柱抽芯机构

斜导柱固定在定模（或动模）上，开模时，滑块在斜导柱的作用下，沿导滑槽侧向移动而完成抽芯动作，滑块在斜导柱上的运动是直线运动，一般是借助注塑机上的开模力与开模行程带动滑块上的芯模完成抽芯过程，这个过程移动的距离要适当，一般为成型侧孔（或侧凹）的深度，加上 2～3mm。抽芯的力也有一定的要求，太小或太大都会影响到制件侧孔（或侧凹）的成型。

#### 2. 斜滑块抽芯机构

斜滑块抽芯机构一般是安装在动模与定模之间。开模时，推杆推动斜滑块进行抽芯和推出塑件。在运动过程中，推杆做直线运动，滑块在导滑构件的导向下，做复合直线运动。导滑形式有 4 种：锥面导滑、斜滑杆导滑、矩形斜导杆导滑、斜杆导滑。

#### 3. 齿轮抽芯机构的运动

齿轮抽芯机构最常见的是手动齿轮条抽芯机构。开模后，手柄带动齿轮一转动，就带动齿条做抽芯动作，销钉限位，手柄反转，齿条即复位。运动过程中，齿轮旋转运动，齿条做直线运动。通过齿条的直线运动完成在制件上的成型。

齿轮抽芯机构的其他类型还有弹簧抽芯机构、滚轮抽芯机构、齿轮/齿条抽芯机构与三角摆块组合抽芯机构等。

### 4.3.4 脱模机构的运动

在注射成型的第一个循环过程中，使塑件从模腔中脱出的机构称为脱模机构，一般情况下，塑料模具在开模时，让制件留在动模边，利用注射机的开模动作，通过脱模机构使制件脱模。

## 思考与练习

4-1 什么叫模具运动？
4-2 模具运动的应用有哪些？
4-3 冲裁模的机械运动有哪些？
4-4 弯曲模的机械运动有哪些？
4-5 连续模的机械运动有哪些形式？
4-6 塑料模具的机械运动有哪些类型？
4-7 导向机构运动的设计制造要求是什么？
4-8 模具的抽芯机构的运动主要有哪些？

# 第 5 章

# 模具材料与热处理

模具作为现代工业应用广泛的一种工具，它直接关系到产品的质量、性能、生产率和成本，而且是提高劳动生产率、降低消耗、创造更大效益、尽快占领市场的重要条件。模具的质量、使用寿命和制造精度及合格率在很大程度上取决于制造模具的材料及热处理工艺。

## 5.1 模具材料

### 5.1.1 模具材料的类别

模具材料的品种繁多，按工作条件和材料使用范围，主要介绍下列几种材料。

（1）冷作模具材料：适于制作冲模、冷镦模、冷挤压模、拉深模、拉丝模、滚丝模等。

（2）热作模具材料：适于制作锤锻模、热挤压模、热冲裁模、压铸模。

（3）塑料模具材料。

### 5.1.2 冷作模具钢

冷作模具钢包括冲模、冷镦模、冷挤压模、拉深模、拉丝模、滚丝模、剪切模等模具钢。因受力条件相差很大，所以模具钢材范围很大。按化学成分含量分为碳素工具钢、低合金工具钢、高合金工具钢、高速钢、钢结硬质合金。按工艺性能、承载能力、应用场合又可分为低淬透性冷作模具钢、低变形冷作模具钢、高耐磨微变形冷作模具钢、高强度高耐磨冷作模具钢、抗冲击冷作模具钢、高韧性冷作模具钢、高耐磨高韧性冷作模具钢、特殊用途冷作模具钢。

#### 1．低淬透性冷作模具钢

低淬透性冷作模具钢有 T7A、T8A、T12A、8MnSi、Cr2、9Cr2、Cr06、CrW5、GCr15 等。使用最多的是碳素工具钢和 GCr15。

碳素工具钢价格便宜，来源方便，经热处理后有较高的硬度和一定的耐磨性。它与其他冷作模具钢相比，锻造工艺性能较好，易退火软化，便于机械加工。它适宜于制作尺寸较小、形状简单、受载较轻、生产批量不大的冷作模具。其中，T7A 适合于制作易脆断的小型模具或承受冲击载荷较大的模具；T10A 适合制作要求耐磨性能较高，而又受冲击载荷较小的模具；T8A 适宜制作小型拉拔、拉深、挤压模具；T12A 适宜于制作要求硬度高、耐磨性高、韧性要求不高的切边模等模具。

GCr15 的化学成分 Wc=0.8%～0.95%，Wcr=1.3%～1.7%。它属于低合金工具钢，综合性能优于碳素工具钢，淬火变形倾向性较小，适于制作小尺寸冲裁模、冷压模、雕刻模、落料模等模具。

### 2. 低变形冷作模具钢

低变形冷作模具钢有 CrWMn、9Mn2V、9CrWMn、9Mn2、MnCrWV、SiMnMo、CrWMn。低变形冷作模具钢是在碳素工具钢的基础上加入少量合金元素 Cr、W、Mn、Si、V 而发展起来的一种低合金钢。这类钢的的韧性、耐磨性、热硬性、热处理工艺性都比碳素工具钢好，使用寿命也较碳素工具钢长。其中，CrWMn 和 9Mn2V 是常用的钢种。

CrWMn 适用于制作要求变形小、形状复杂的轻载冲裁模、轻载拉深模、弯曲模、翻边模等模具，也可以用 MnCrWV、9CrWMn 替代。

9Mn2V 钢广泛用于制作冲件厚度小于 4mm 的冲裁模及尺寸较小的弯曲模、落料模等模具。用它代替 T10A 可以减少热处理变形，大大提高模具寿命。对于中、小型模具，还可以替代 CrWMn。

### 3. 高耐磨微变形冷作模具钢

碳素工具钢、低合金钢只适用于小尺寸、轻载荷的模具要求。对于形状复杂的重载冷作模具，必须采用性能更好的高合金模具钢。高耐磨微变形冷作模具钢能适应这个要求，如表 5-1 所示。其中，Cr12、Cr12MoV、Cr12Mo1V1 和 Cr4W2MoV 最常用。

表 5-1 高耐磨微变形冷作模具钢的成分及特点

| 牌 号 | 化学成分 w/% | | | | | | | 主 要 特 点 |
|---|---|---|---|---|---|---|---|---|
| | C | Mn | Si | Cr | W | Mo | V | |
| Cr12MoV | 1.5 | | | 12 | | 0.5 | 0.2 | 综合性能好，适应性广泛 |
| Cr12 | 2.2 | | | 12 | | | | 高耐磨性，高抗压性 |
| Cr6WV | 1.0 | | | 6.0 | 1.3 | | 0.6 | 高强度，变形均匀 |
| Cr4W2MoV | 1.2 | | 0.5 | 3.8 | 2.2 | 1.0 | 1.0 | 高耐磨，高热稳定性 |
| Cr2Mn2SiWMoV | 1.0 | 2.0 | 0.8 | 2.5 | 1.0 | 0.6 | 0.2 | 低温淬火，变形均匀 |
| Cr12Mo1V1 | 1.57 | 0.31 | 0.23 | 11.71 | | 1.02 | 0.96 | 高耐磨，高韧性 |

Cr12、Cr12MoV、Cr12Mo1V1 属于高碳高铬莱氏体钢。这类钢经热处理后，组织中含有大量弥散分布的高硬度的铬碳化合物颗粒，使钢具有高硬度、高耐磨性、高抗压强度、高承载能力，其淬透性也高。截面尺寸为 300～400mm 的模具在油中均可淬透，淬火变形小，通过控制淬火温度，可以达到微变形程度。

目前，Cr12 是应用最广的冷作模具钢。相对而言，由于 Cr12 脆性大、易断裂，只适用于制作冲击负荷小、耐磨性要求高的冲切薄硬钢板的冲裁模。而 Cr12MoV 和 Cr12Mo1V1 加入了 Mo 和 V 使碳化物分布均匀，增加了淬透性，提高了韧性，减小了材料的脆性断裂可能性，综合性能优于 Cr12。所以广泛应用于制造大截面、形状复杂、工作条件繁重的冷冲模。

### 4．高强度高耐磨冷作模具钢

高强度高耐磨冷作模具钢有W18Cr4V、W6Mo5Cr4V2，即传统的高速钢。它的化学成分：Wc=0.7%～0.9%，合金元素总量大于17%。它的主要性能特点是具有高强度、高抗压性、高耐磨性，同时具有很高的回火稳定性和热硬性。但是高速钢存在莱氏体组织，在轧材中存在大量的合金碳化物，呈带状、网状、块状分布。这些粗大而不均匀的碳化物用热处理的方法不能消除，只能采用锻造方法使之细化并分布均匀。其次，高速钢的价格昂贵、导热性差、韧性不足。

W18Cr4V适用于制作小截面重载冲孔、冲头、冷挤压模、冷镦模等模具。

W6Mo5Cr4V2属于钨、钼高速钢。韧性、热塑性、耐磨性均优于W18Cr4V，所以应用更广泛，如用于制作高强度材料的压印模、重载冷挤压模、冷镦冲头、精密冲裁模等模具。

### 5．抗冲击冷作模具钢

抗冲击冷作模具钢有低合金工具钢4CrW2Si、5CrW2Si、6CrW2Si、9SiCr、弹簧钢60Si2Mn，以及高韧性热作模具钢5CrMnMo、5CrNiMo、5SiMnMoV。

4CrW2Si是在铬、硅钢的基础上加入一定量的钨，因而淬透性好、强度高，淬火后晶粒较细，回火后韧性高，适于制作高冲击载荷的模具，如冲裁复合切边模、冷精压模、小型冷挤压模。6CrW2Si增加了碳含量，淬火回火后具有一定的韧性和较高的淬火硬度，适于制作有冲击载荷而又要求耐磨性高的冲击模具，如冲裁切边用的凹模。

5CrNiMo淬透性好、强韧性高、缺口热敏感性低，适宜于制作重载下的切料刀、复杂型精压模、冷镦凹套、冷挤压模套。

9SiCr价廉易得、淬硬性高、组织均匀，但韧性稍低，适于制作顶料杆、小型的冷挤压凸模、冷镦模。

### 6．高韧性冷作模具钢

传统的高碳高铬钢、高速钢等，由于韧性不足，模具常常发生脆断。为了提高模具的寿命，出现了各种高韧性冷作模具钢，如降碳高速钢、基体钢、低合金高强度钢、马氏体时效钢等。

1）6W6Mo5Cr4V（6W6）

6W6Mo5Cr4V（6W6）也称降碳高速钢，是在传统的高速成钢W6Mo5Cr4V2的基础上降低了碳和钒的含量，因而碳化物总量减少，碳化物不均匀性得到改善，使钢的抗弯强度、塑性和韧性提高，用以取代高速钢或Cr12来制作易于脆断或开裂的冷挤压凸模或冷镦模。

2）基体钢

基体钢一般指其成分相当于高速钢正常淬火组织中基体成分相同的钢，与高速钢相比，基体钢的过剩碳化物少、颗粒细小、分布均匀、强韧性好，同时还保持较高的耐磨性和热硬性，不仅适于制作冷作模具，也可以用于制作热作模具，如65Cr4W3Mo2VNb（65Nb）、7Cr7Mo2V2Si（LD）、5Cr4Mo3SiMnVAl（012Al）等，括号内为该钢的代号。

65Cr4W3Mo2VNb碳的平均值为0.65%，故称65Nb。与高速钢W6Mo5Cr4V2相比，淬火后基体成分碳钨含量稍高，钼含量稍低。铌与碳形成稳定性高的NbC，其尺寸小、分布均匀，能强烈阻止奥氏体晶粒长大。因此，该钢热处理后具有高速钢的强度、硬度和耐磨性，也有较好的韧性和加工工艺性能，适于制作压力小于2500MPa的重载冲裁模、冷挤压模、冷镦模，寿命超过Cr12MoV、60Si2Mn、高速钢。

7Cr7Mo2V2Si（LD）是近年来研制成功的一种不含钨的基体钢。其含碳量和含钒量比65Nb高，并含有1%的硅，钢的淬透性、二次硬化能力和回火稳定性有了提高，淬火变形小，碳化物的分布和形态进一步改善，比高速钢有更高的韧性、疲劳强度和耐磨性。在韧性相同的情况下，其抗压、抗弯强度及耐磨性比65Nb钢高。

LD钢有更好的综合性能，适用于制作重载冲压和弯曲冷作模，如轴承滚子冷镦模、标准件冷镦凸模等。

5Cr4Mo3SiMnVAl（012Al）属于冷热兼用的新型模具钢。它的碳含量为0.47%～0.57%，在3种基体钢中最低。该钢的强韧性高，抗热疲劳性好，抗弯强度和挠度均高于W18Cr4V。它作为冷作模具钢代替高速钢，很少发生脆断现象，代替Cr12MoV钢制作冷镦模、中厚钢板凸模、搓丝板、内六角凸模、切边模，使用寿命比Cr12MoV大幅度提高。

3）6CrNiSiMnMoV（GD）

基体钢属于高合金钢，合金元素总量大10%，成本较高，淬火温度区间较窄，热处理工艺难度大，从而限制了该类钢的推广使用。GD钢属于低合金钢，合金元素总量在4%左右，但综合了多种元素的作用，使钢的碳化物偏析小，分布均匀，主要力学性能如冲击韧度、断裂韧性和抗压屈服点显著优于CrWMn和Cr12MoV，而耐磨性略低于Cr12MoV，但优于CrWMn。

GD可以代替CrWMn、Cr12、GCr15、9Mn2V、6CrW2Si、9SiCr等来制作各种类型的易断裂的冷作模具，如冲模、冷剪切模、挤压模、冷镦模等。

4）7CrSiMnMoV（CH-1）

CH-1是一种火焰淬火冷作模具钢，所以又称火焰淬火钢。CH-1碳的含量为0.65%～0.75%，采用多元素低合金化原则，具有较广的淬火温度范围、过热敏感性小、淬透性好、淬火变形小、强韧性的特点。可以取代T10A、9Mn2V、Cr12MoV、CrWMn等来制作各类冷作模具，如薄板冲孔模、切边模、整形模、弯曲模、拉深模、冷镦模等，模具不易发生开裂、崩刃，模具寿命可以提高3～4倍。由于该钢可以采用火焰淬火，适于大型覆盖件冲模及形状复杂的大型冷作模，采用火焰淬火，简化了工艺，降低了成本。

### 7. 高耐磨高韧性冷作模具钢

高铬钢、高速钢耐磨性好，但韧性差，模具易脆断。高强韧性钢虽然韧性好，但因减少了碳含量，降低了耐磨性，使模具主要以磨损方式失效。高耐磨、高韧性冷作模具钢克服了上述两类模具钢的缺点。较典型的钢种有9Cr6W3Mo2V2（GM）和Cr8MoWV3Si（ER5）。

1）9Cr6W3Mo2V2（GM）

GM钢与高铬钢相比，铬含量减少了一半，添加了碳化物形成元素，碳含量取0.86%～0.96%的中等水平，钒的加入使碳化物分布细小、弥散，加工性能也得到改善。GM钢热处理后有较高的强度、韧性、硬度和耐磨性。

GM钢用在高速冲床多工位级进模、滚丝模、切边模、拉深模等方面，其寿命比65Nb和Cr12MoV提高2～6倍。

2）Cr8MoWV3Si（ER5）

ER5是新型冷作模具钢，碳含量为0.95%～1.10%，碳化物数量少，颗粒细小，分布均匀，强度、韧性、耐磨性等力学性能指标优于Cr12MoV。它适宜制作大型、重载冷镦模、精密冲模等模具。例如，ER5用于制作电机硅钢片冲模，模具总寿命可达360万次。

8．特殊用途冷作模具材料

主要举例硬质合金模具材料，目前通常用陶瓷硬质合金和钢结硬质合金。

1）金属陶瓷硬质合金

金属陶瓷硬质合金是将一些高熔点、高硬度的金属化合物粉末（WC、TiC等）和黏结剂（Co、Ni等）混合后，加压成型，再经烧结而成的一种粉末冶金材料。冷冲模具主要采用钨钴类硬质合金：YG8、YG15、YG20、YG25。

硬质合金具有高的硬度、抗压强度、耐磨性，但脆性大，不能进行锻造和热处理，主要用来制作多工位级进模、大直径拉深凹模的镶块。

2）钢结硬质合金

钢结硬质合金是以 WC、TiC 等为硬质点相，以合金钢为黏结剂，用粉末冶金方法生产的一种模具用材料。第一代钢结硬质合金有GT35、TLMW50。第二代钢结硬质合金有DT合金。

DT合金制作模具时，一般都采用组合连接的方法，如镶套、焊接、粘接、机械连接。它主要用于制作生产批量比较大的冷镦模、冷挤压模、冲裁模、拉深模。

## 5.1.3 热作模具钢

热作模具材料通常按化学成分、用途、材料性能三种方法来分类。下面按照用途分类法介绍几种热作模具钢。

1．锤锻用模具钢

锤锻用模具钢一般为中碳钢，含碳量为0.3%～0.6%，同时加入一定量的合金元素铬、镍、硅、锰等元素，以提高钢的淬透性、强度和韧性。为了细化晶粒，提高钢的回火稳定性及减小回火脆性，还加入钼、钒等元素。属于这类钢的有传统钢种5CrMnMo、5CrNiMo等钢；近年来研究的新钢种有4CrMnSiMoV、5Cr2NiMoV、45Cr2NiMoVSi、3Cr2MoWVNi及从国外进口的锻模钢55CrNiMoV6等。

2．热挤压模钢

常用热挤压模钢主要有铬系模具钢、钨系模具钢，以及铬钨系、铬钨钼系热作模具钢、基体钢。

1）钨系热作模具钢

钨系热作模具钢的代表钢种为传统的3Cr2W8V。钨系热作模具钢由于耐热疲劳性能较差，在热挤压模具中应用逐渐减少，但在压铸模中应用较多。

2）铬系热作模具钢

铬系热作模具钢有4Cr5MoSiV（H11）、4Cr5MoSiV1（H13）、4Cr5W2SiV（H12）。从碳和铬的质量分数来看，属于中碳中铬钢。

这类钢有一个共同特点：淬透性好，高强韧性，并且具有良好的耐热疲劳抗力和抗氧化性，能适应急冷急热的工作条件。与5CrNiMo钢相比，在500～600℃温度下，具有更高的硬度、热强度和耐磨性；与钨系热作模具钢相比，冲击韧度高，但高温强度低，耐热性稍差。因此，这类钢的工作温度一般不超过600℃。

3）铬钼钢及铬钼钨钢

铬钼钢及铬钼钨钢包括4Cr3Mo3SiV（H10）、4Cr3Mo2NiVNbB（HD）、3Cr3Mo3W2V（HM1）、25Cr3Mo3VNb（HM3）、4Cr3Mo3W4VNb（GR）等。它们具有高耐磨、高耐热性。

（1）25Cr3Mo3VNb（HM3）含碳量较低，加入少量的铌后，综合力学性能好，故具有较高的耐热疲劳性能、热强度和回火稳定性。它用于制作热挤压、机锻模时，其工作寿命比5CrNiMo、4Cr5MoSiV、3Cr2W8V钢高。

（2）4Cr3Mo2NiVNbB（HD）综合了3Cr2W8V和H13的优点，它的高温强度、回火稳定性、断裂韧性、耐热疲劳性和耐磨性均优于3Cr2W8V，而耐热性优于H13，可在700℃下工作。

HD主要用来替代3Cr2W8V来制作热挤压凸模与凹模，其工作寿命可以提高一倍。

（3）3Cr3Mo3W2V的冲击韧度及断裂韧度与3Cr2W8V相近，但回火抗力比3Cr2W8V高。尤其是在保持高强度和热稳定性的同时，它还具有比3Cr2W8V钢高得多的冷热疲劳寿命。

HM是目前国内研制的高强韧性热作模具钢，适于制作高温、高负荷、急冷急热条件下工作的压力机锻模、轴承环热锻凹模、热挤压模，模具使用寿命较采用3Cr2W8V、5CrNiMo高。

（4）4Cr3Mo3W4VNb（GR）是一种新型热作模具钢，它的钨、钼含量比其他热作模具钢多一些，同时还加了适量的铌、钒。具有较高的淬透性、高温强度、回火稳定性、耐磨性、耐冷热疲劳性。

GR成功地用于制作高速锤锻齿轮用模具、螺母镦锻用凹模、柱塞热挤冲头等，模具的使用寿命均较3Cr2W8V有明显提高。

4）基体钢

基体钢中有多个钢种，是冷作模具、热作模具兼用的。如5Cr4Mo3SiMnVAl（012Al）、5Cr4W5Mo2V（RM2）、6Cr4Mo3Ni2WV（CG-2）、5Cr4Mo2W2VSi等钢较多用于热作模。

（1）5Cr4Mo3SiMnVAl（012Al）作为热作模具钢使用，其耐热疲劳性和热稳定性比3Cr2W8V优越得多，用于制作的热挤压模、机锻模寿命均高于3Cr2W8V。

（2）6Cr4Mo3Ni2WV（CG-2）钢的室温、高温强度、热稳定性高于3Cr2W8V，耐热疲劳性能也好，但高温冲击韧性低于3Cr2W8V。它可用于制作热挤、热镦、热锻、热冲模、冷镦模具。

（3）5Cr4W5Mo2V（RM2）钢有较高的热硬性、高温强度和较高的耐磨性，可以代替3Cr2W8V钢制作某些热挤压模，也可用于制作精锻模、热冲模、冲头等。

### 3. 压铸模钢

压铸模钢主要以铬系、钨系、铬钼系热作模具钢为主，也有一些其他的合金工具钢或合金结构钢。热作模具钢有5CrNiMo、5CrMnMo、4Cr5MoSiV、4Cr5MoSiV1、4Cr5W2VSi、4Cr5Mo2MnVSi（Y10）、4Cr3Mo2MnVNbB（Y4）、3Cr3Mo3W2V（HM1）、3Cr2W8V等。调质钢有40Cr、30CrMnSi、45。冷作模具钢有：4CrSi、4CrW2Si、5CrW2Si。

其中，4Cr5MoSiV1、3Cr2W8V、4Cr5Mo2MnVSi、4Cr3Mo2MnVNbB 是压铸模的常用钢。

（1）3Cr2W8V 是我国产量较大的模具钢之一，因在高温下有较高的强度和硬度，至今仍广泛使用，尤其在压铸模具中应用最多。

（2）4Cr5Mo2MnVSi（Y10）和 4Cr3Mo2MnVNbB（Y4）是分别作为铝合金及铜合金压铸模而研制的新型热作模具钢。与 3Cr2W8V 相比，冷热疲劳抗力、抗冲蚀能力、冲击韧度、断裂韧性都要高，只是耐热性稍差点。Y10 可在 610℃以下长期工作，Y4 的工作温度可更高些。

### 5.1.4 塑料模具钢

我国塑料模具钢的研究和应用较其他模具钢起步晚些，目前采用的塑料模具钢大部分是传统的常用钢种。近年来在此基础上又研究了一些新型塑料模具钢，并引进了一些在国外已通用的钢种。塑料模具钢的分类尚未统一，大多数学者按钢的特性和使用时的热处理状态来分类，如表 5-2 所示。

表 5-2　塑料模具钢分类

| 类　别 | 牌　　号 | 类　别 | 牌　　号 |
|---|---|---|---|
| 渗碳型 | 20 钢、20Cr、20Mn、20CrNiMo、DT1，DT2、0Cr4NiMoV（LJ）、12CrNi3A、12CrNi4A | 预硬型 | 3Cr2Mo（P20）、4Cr5MoSiV Y55CrNiMnMoV（SM1）、Y20CrNi3AlMnMo（SM2）、8Cr2MnWMoVS（8Cr2S）、5CrNiMnMoVSCa（5NiSCa） |
| 调质型 | 45 钢、50 钢、55 钢、40Cr、40Mn、50Mn、S48C、4Cr5MoSiV、38CrMoAlA、4Cr5MoSiV | 耐蚀型 | 3Cr13、2Cr13、0Cr16Ni4Cu3Nb（PCR）、1Cr18Ni9、3Cr17Mo、0Cr17Ni4Cu4Nb（17—4PH） |
| 淬硬型 | T7A、T8A、T10A、5CrNiMo、9SiCr、9CrWMn、GCr15、3Cr2W8V、Cr12MoV、45Cr2NiMoVSi、6CrNiSiMnMoV（GD）、5CrMnMo、9Mn2V | 时效硬化型 | 18Ni140、18Ni170、18Ni210、06Ni16MoVTiAl、10Ni3MnCuAl（PMS）、18Ni9Co、25CrNi3MoAl |

**1．渗碳型塑料模具钢**

渗碳型塑料模具钢主要用于冷挤压成型的塑料模具，模具挤压成型后一般都进行渗碳和淬火回火处理，表面硬度可达到 58～60HRC。

国内常采用工业纯铁（如 DT1、DT2）、20 钢、20Cr、12CrNi3A、12CrNi4A 及新研制的冷成型专用钢 0Cr4NiMoV（LJ）。

（1）0Cr4NiMoV（LJ）钢的碳含量小于 0.08%，主要合金化元素铬为 3.6%～4.2%，以及少量的 Ni、Mo 等元素，其作用是提高淬透性和渗碳能力，增加渗碳层的硬度和耐磨性。它的挤压成型性与纯铁相近，用冷挤压法成型的模具型腔轮廓清析、光洁、精度高，一般用来代替 10 钢、20 钢及工业纯铁等冷挤压成型的精密塑料模具。

（2）12CrNi3A 是传统的中淬透性合金渗碳钢，碳含量为 0.09%～0.16%。由于碳含量低，镍含量较高，使该钢的塑性、韧性较高，适于冷挤压成型。它主要用于制作冷挤压成型复杂的浅型腔塑料模具和大、中型切削加工成型的塑料模具。

### 2. 调质型塑料模具钢

调质是钢的淬火加高温回火工艺，目的是为获得硬度为180～320HBC的细珠光体和超细碳化物，消除网状碳化物，改善组织，消除加工后的残余应力。调质型钢如表5-2所示，其中45钢和40Cr是塑料模具的主要钢种之一。调质钢可以在调质状态下使用，或在调质状态下渗碳处理、渗硼处理、渗氮处理（38CrMoAlA）。

### 3. 淬硬型塑料模具钢

对于塑料模具，除了型腔表面应有较高的耐磨性外，还要求模具型腔部分具有较高强度、韧性和硬度，以避免或减少模具在使用中产生变形、开裂、擦伤、塌陷现象。这类模具可以选用淬硬型塑料模具钢来制造。常用淬硬型塑料模具钢有以下几种。

（1）碳素工具钢：T7A、T8A、T10A。

（2）低合金冷作模具钢：9SiCr、9Mn2V、CrWMn、GCr15、7CrSiMnMoV、5CrNiMo。

（3）Cr12型钢、3Cr2W8V、W6Mo5Cr4V2、6CrNiSiMnMoV（GD），以及基体钢和某些热作模具钢。

这些钢的最终热处理一般是淬火和低温回火，热处理后的硬度通常在45～50HRC以上。

其中GD钢是近年推广使用的一种淬硬型塑料模具钢，尚未纳入国标。该钢强韧性高，淬透性和耐磨性好，淬火变形小，成本低，用来取代3Cr2W8V钢或基体钢来制作大型、高耐磨、高精度的塑料模具。

### 4. 预硬型塑料模具钢

所谓预硬钢就是供应时已经预先进行了热处理，并使之达到模具使用态硬度，硬度变化范围较大，较低硬度为25～35HRC，较高硬度为40～50HRC。在这样的硬度条件下，把模具加工成型，不再进行热处理，从而保证了模具的制造精度。

由于预硬型塑料模具钢使用的优越性，我国自行研制了一些预硬化型塑料模具钢，是以中碳钢为基础，加入适量的铬、锰、镍、钼、钒等元素制成。为了解决预硬化后加工难度大的问题，通过向钢中加入硫、钙、铅、硒等元素，以改善切削加工性能，从而制得易切削预硬化钢。

1）3Cr2Mo（P20）系列钢

3Cr2Mo（P20）由美国AISI的P20转化而来，是广泛使用的一种预硬型塑料模具钢。通常采用调质处理，预硬硬度为30～35HRC。为增加型腔表面耐磨性，在加工成型后要进行表面处理，如镀铬、渗氮处理等。

3Cr2NiMo（P4410）是P20的改进型。因为增加了0.8%～1.2%的镍，提高了该钢的淬透性、韧性和抗蚀性。调质处理预硬化硬度为32～36HRC，具有良好的加工性能、焊接性能及调质处理后综合的力学性能，镀层与基体金属结合良好。

4Cr2MnNiMo（718）是瑞典的通用型塑料模具钢，同属P20的改进型，钢的化学成分、性能与P4410相近。

2）5CrNiMnMoVSCa（5NiSCa）

5NiSCa采用了S-Ca复合易切削原理，有效地提高了钢的加工性能。该钢预硬化处理后综合力学性能较高，硬度达到 35～45HRC，可以用于制作型腔复杂且精密的大、中、小型注射成型模、橡胶模等，模具使用寿命较采用 P20 高。

3）8Cr2MnWMoVS（8Cr2S）钢

8Cr2S 具有高碳、多元合金化，加入硫获得易切削的特点。由于淬透性较好，空淬硬度高达 61.5～62HRC，热处理变形小，可以制作精密冷冲模。

8Cr2S 经预硬处理后，硬度为 40～42HRC，其切削性能相当于 T10A 退火态（200HB）的加工性能，综合力学性能好，耐磨性好，镜面抛光性能好。

4）Y55CrNiMnMoV（SM1）及 Y20CrNi3AlMnMo（SM2）

SM1 和 SM2 是在 P20 基础上改进而发展起来的一种加 S 易切削塑料模具钢，均为预硬态供货，预硬硬度为 35～40HRC，其中 SM2 钢淬火回火后硬度略低于 SM1。这两种钢在预硬态下有较好的切削加工性能、抛光性能，可用于制作多功能收音机、单放机、电话机等塑料模具，并且模具的使用寿命提高 4 倍以上。

## 5．时效硬化型塑料模具钢

时效硬化型塑料模具钢的共同特点是含碳量低，合金元素含量较高。加工前必须进行固溶处理，加工后进行时效处理，从而提高钢的强度和硬度，并且，时效处理过程中引起的尺寸、形状变化极小，能保证模具的制造精度。属于此类塑料模具钢的有马氏体型时效硬化钢 18Ni（250）、18Ni（300）、18Ni（350）和我国新研制的时效硬化钢 25CrNi3MoAl、06NiCrMoV、10Ni3CuAlMoS（PMS），06Ni6CrMoVTiAl（06Ni）等。此类钢还可以通过表面处理来提高耐磨性和耐蚀性。

（1）18Ni 类钢。该类钢属低碳马氏体时效钢，经固溶及时效处理后，具有很高的强度和韧性，又有良好的耐蚀性，而且时效变形小。但因价格昂贵，应用受到限制。

（2）25CrNi3MoAl 是一种新型低镍时效钢，相当于日本的 N3M，时效后硬度可以提高到 39～42HRC，时效变形率小，抛光性能好，可以适用于制作各种塑料模具。

（3）06Ni6CrMoVTiAl（06Ni）属低镍马氏体时效钢，价格比 18Ni 类钢低得多。固溶处理后硬度仅为 25～28HRC，时效处理后的硬度为 43～48HRC，时效变形率小于 0.05%，并且具有良好的综合力学性能和一定的耐蚀性能，以及良好的渗氮、镀铬、焊接工艺性。适宜制作精度比较高又必须淬硬大于 40HRC 的精密塑料模具。

（4）10Ni3CuAlMoS（PMS）是一种以 Ni-Cu-Al 析出硬化型塑料模具钢，因其镜面加工抛光性能好，也被称为镜面塑料模具钢。固溶处理和高温回火后硬度可降至 25HRC，此时有良好的加工性能，时效处理之后硬度升到 40～43HRC。适用于制作有镜面要求、精细花纹图案的透明塑料和其他各种热塑性塑料的成型模具。

## 6．耐蚀型塑料模具钢

常用的耐蚀型塑料模具钢采用马氏体型不锈钢 2Cr13、3Cr13、1Cr17Ni2、3Cr17Mo、奥氏体型不锈钢 1Cr18Ni9，以及马氏体沉淀硬化钢 0Cr16Ni4Cu3Nb（PCR）、0Cr17Ni4CuNB（17-4PH）。

PCR 又是一种时效硬化型塑料模具钢，该钢热处理工艺简单，固溶处理后可获得单一的板条状马氏体组织，硬度为 32～35HRC，具有良好的切削加工性能。经时效处理后硬度可达到 42～44HRC，工件变形小，抛光性能好。因此，PCR 钢适于制造高耐磨、高精度和耐蚀性要求的含氯、氟等塑料成型模。

#### 7. 有色金属合金

（1）铜合金，常用的有铍青铜合，如 ZCuBe2、ZCuBe2.4。

（2）铝合金，铸造铝合金 ZL101 等。

（3）锌合金，铸造锌合金 Zn-4Al-3Cu。

（4）超塑性合金，常用的超塑性合金有 ZnAl22、ZnAl14-1、HPb59-1 等。

有色金属合金主要用于生产批量不大，艺术品、玩具、试制样品表面有皮革和木纹的，或者有良好导热性的模具。超塑性合金适于制作形状复杂、负荷不大的注塑模、吹塑模，乳胶发泡成型模具等。

## 5.2 选材原则

### 5.2.1 冷作模具选材

#### 1. 冷作模具材料应具有的性能

冷作模具在工作中承受拉深、压缩、弯曲、冲击、疲劳摩擦等机械力的作用，模具常常发生脆断、堆塌、磨损、啃伤和软化等形式的失效。因此冷作模具钢应具有以下性能。

（1）较高的变形抗力，即较高的抗压强度、抗弯强度和硬度等力学性能，以保证模具在高应力作用下保持尺寸精度不发生变化或避免其他形式的失效。

（2）较高的断裂抗力，主要指冲击韧度、抗压强度、抗弯强度、疲劳断裂抗力和断裂韧性。

（3）较高的耐磨性、抗咬合性和疲劳性能。

（4）应具有较好的切削加工性、热处理工艺性、热处理脱碳倾向和变形倾向较小等。

#### 2. 冷作模具选材原则

1）根据模具工作条件要求的综合性能选材

冷作模具种类很多，工作条件千差万别，对模具材料要求也是多种多样的。一般模具材料的综合性能包括强度、硬度、韧性、耐磨性、疲劳性能、断裂性能、热处理性能、加工工艺性能等。

2）针对模具的失效形式选材

模具的失效是因材料的某些性能不足引起的，应分析原因，选取相适用的材料。如果模具是早期断裂，应选用韧性较好的材料；如果模具是由于磨损失效的，则应选用合金元素较高的强度、耐磨性好的模具钢。对于工作应力较大的模具，则选用高强度、强韧性等综合力学性能比较好的模具材料。对于大型模具应选用淬透性好、热处理变形小的模具钢。因此，选材时应根据模具工作条件下失效原因综合考虑，有针对性地选材。

3）最低成本的选材原则

模具的直接制造费用包括模具材料费用、加工费用等。选材时应当以节约费用为原则，选择能用、够用、加工费用低的模具材料。同时还应根据加工产品的批量大小和生产方式来选材。采用不同模具材料的模具使用寿命不同，也直接影响总体成本和效率。

3．冲裁模的选材

1）薄板冲裁模（厚度＜1.5mm）

（1）小批量（＜100件）、尺寸小、形状简单的薄板冲模，选用T8A、T10A碳素工具钢。

（2）对于中小批量（103～105 件）、形状较复杂、尺寸较大的冲裁模，选用低合金工具钢9Mn2V、9CrWMn、CrWMn、GCr15、9SiCr。

（3）对于大批量（＞106 件）、尺寸较大、形状复杂的模具，选用高合金化钢，如Cr12MoV、Cr12Mo1V1、Cr4W2MoV、9Cr6W3Mo2V2（GM）、Cr8MoWV3Si（ER5）等材料。

（4）对于负荷较大的易损小冲头，选用 W18Cr4V、W6Mo5Cr4V2、GD、GM、LD、65Nb等材料。

（5）对于特大生产批量的模具可以选取用GM、ER5、YG15、YG20、DT等材料。

2）厚板冲裁模

（1）对于小批量生产，选用T8A、9SiCr、5CrW2Si、Cr12等材料。

（2）对于大批量生产，凸模主要选用高速钢 W18Cr4V、W6Mo5Cr4V2。凹模选用Cr12MoV、Cr12Mo1V1、Cr4W2MoV。为了提高模具使用寿命可选用新型模具钢、GD、GM、LD、65Nb、012Al、CH-1等钢种。

4．冷镦模的选材

根据受载荷的情况，冷镦模分为轻载冷镦模和重载冷镦模，要求模具有较高的强度和耐冲击性，表面有较高的硬度和耐磨性。

1）轻载冷镦模

轻载冷镦模主要用于生产形状简单、变形量小、变形速度低的低碳钢类的冷镦件。主要选用T10A、GCr15、60Si2Mn、9CrSi、Cr12MoV等钢。

2）重载冷镦模

重载冷镦模用于变形量较大，形状复杂，中碳钢、合金结构钢的冷镦件。

（1）对于中小批量（＜10万件）生产的模具选用Cr12MoV、W18Cr4V、W6Mo5Cr4V2及新型冷作模具钢6W6Mo5Cr4V（6W6）、65Cr4W3Mo2VNb（65Nb）、7CrSiMnMoV（CH-1）、5Cr4Mo3SiMnVAl（012Al）、7Cr7Mo2V2Si（LD）等。

（2）对于大批量生产的模具，宜选用YG15、YG20和DT等硬质合金。硬质合金一般制成镶块，镶嵌在模套上。

（3）对于凹模套，硬质合金镶块模套选用合金结构钢或合金工具钢 40Cr、60Si2Mn、5CrMnMo、5CrNiMo。

在实际应用中，传统的冷镦模Cr12MoV钢表面易剥落、崩刃、断裂、寿命低；高速钢承载能力很高，但因其韧性较差，不宜制作形状复杂受冲击大的凸模。采用新型模具钢6W6、65Nb、LD、012Al、CH-1和硬质合金制作冷镦模具使寿命成倍提高。

5．弯曲模的选材

（1）一般简单的轻载荷的凸模、凹模采用钢 T8A、T10A、45、9Mn2V、Cr2、

6CrNiMnSiMoV。

（2）对于复杂的重载模具宜采用高合金钢 CrWMn、Cr12、Cr12MoV、W6Mo6Cr4V2。

### 6. 拉深模的选材

（1）一般工作条件的模具凸、凹模采用钢 T8A、T10A、9CrwMn、Cr12、7CrSiMnMoV（CH-1）。

（2）重载、长寿的拉深模的凸、凹模采用钢 Cr12MoV、Cr4W2MoV、W18Cr4V、Cr12Mo1V1、W6Mo5Cr4V2 或硬质合金。

### 7. 冷挤压模的选材

根据挤压工艺、挤压件材质和挤压模寿命要求，冷挤压模的材料可选用碳素工具钢、低合金工具钢、Cr12 型钢、高速钢和新型冷作模具钢等。冷挤压模的常用材料如表 5-3 所示。

表 5-3 冷挤压模的常用材料

| 模具种类 | 加工对象 | 材料 | | 要求硬度/HRC |
|---|---|---|---|---|
| 轻载冷挤压模 | 铝合金 | 凸模 | 60Si2Mn、CrWMn、Cr5Mo1V、Cr12MoV、W18Cr4V、7Cr7Mo2V2Si（LD）、Cr6WV | 60～62 |
| | | 凹模 | T10A、MnCrWV、Cr4W2MoV、Cr12Mo1V1、65Nb、W6Mo5Cr4V2 | 58～60 |
| | | | YG15、YG20C | |
| | 铜合金 | 凸模 | Cr12MoV、W18Cr4V、LD | 60～62 |
| | | 凹模 | CrWMn、Cr4W2MoV、Cr12Mo1V1、65Nb | 58～60 |
| 重载冷挤压模 | 钢（挤压力）1500～2000MPa | 凸模 | Cr12MoV、W6Mo5Cr4V2、6W6、65Nb、LD、CH-1 | 60～62 |
| | | 凹模 | CrWMn、Cr4W2MoV、Cr12Mo1V1、65Nb、LD | 58～60 |
| | | | YG15、YG20C | |
| | 钢（挤压力）2000～2500MPa | W6Mo5Cr4V2、W18Cr4V、65Nb、LD | | 61～63 |
| | | GT35、TLMW50（66～72HRC）、YG15、YG20C、DT | | |
| 模具型腔挤压凸模 | 一般中小件 | T10A、9SiCr、GCr15 | | 59～61 |
| | 大型复杂件 | 5CrW2Si | | 59～61（渗碳） |
| | 复杂精密件 | Cr12MoV、Cr12Mo1V1 | | 59～61 |
| | 批量压制件 | 65Nb、LD、6W6、W6Mo5Cr4V2 | | 59～61 |
| | 高强度件（挤压力＞2500MPa） | Cr12、W6Mo5Cr4V2、W18Cr4V | | 61～63 |

## 5.2.2 热作模具选材

### 1. 热作模具应有的性能

热作模具工作时与被加热到 950～1200℃的金属毛坯直接接触，有一定深度的模具表面被加热到 300～400℃，有的可达 500～600℃，在模具型腔周围形成较大的温度梯度和热应力；锤锻时还要承受高达 2000MPa 的挤压力、摩擦力作用。因此，热作模具常发生工作部位的堆塌、热磨损、热疲劳和断裂形式的失效。一般情况下热作模具钢应具有以下性能要求。

（1）应具有较高的室温强度、硬度、韧性。

（2）具有较高的高温抗拉强度、高温抗压强度、高温冲击韧性、高温硬度。

（3）良好的回火稳定性，使模具在工作温度下不发生软化现象。

（4）较好的冷热疲劳性，使模具在急冷急热条件下有较高寿命。

（5）良好的抗氧化性和热熔性，以保证模具工作部分尺寸精度和表粗糙度。

（6）较高的淬透性，保证大截面模块能淬透。

（7）具有良好的加工工艺性能，以及低廉的材料成本。

**2．热作模具选材原则**

（1）应按各类模具对材料性能的基本要求选材。实践证明，不同热作模具失效形式不同，对材料使用要求不同，如表 5-4 所示。选材时应根据模具的使用要求正确选材。

**表 5-4　各种锻模对材料主要性能要求**

| 锻模类型 | 主要性能指标 | 锻模类型 | 主要性能指标 |
|---|---|---|---|
| 热锻模 | 硬度，耐热疲劳性，耐冲击性 | 高速锤热锻模 | 耐冲击性，硬度，耐热疲劳性 |
| 热镦模 | 耐冲击性，耐热疲劳性 | 精密模锻模 | 高温强度，回火稳定性，耐磨耐热疲劳 |
| 热挤压模 | 耐磨性，红硬性，耐热疲劳性 | 热辊轧模具 | 耐热疲劳性 |

（2）根据锻模常用钢的性能选材。不同的钢种，其性能不同，只有充分利用钢的性能优势，才能提高模具的使用寿命。当模具表现为磨损时，则选用耐磨性好的钢；当表现为回火稳定性和热疲劳性能时，则选用红硬性好、耐热疲劳性能好的材料。对大型锻模钢应选取淬透性好、淬火变形小、易加工的钢种。

（3）根据锻压设备特点来选用材料。因为不同设备，工作方式有区别，对模具材料性能要求也不同。实践证明，同一种材料在不同设备上使用，模具的使用寿命不一样，所以选择的模具材料尽量与设备工作条件相适应。

（4）根据锻造工艺特性选材。

① 根据变形工序不同来选择模具材料，如各种热锻模、温热挤压模。

② 根据锻造的材料不同选材，如锻造铝、铜、钢等。

③ 按加工工序不同选材，如下料剪片、切边模、冲孔模、校正和精压用模等。

④ 按模具特点选材，如热挤压模具、挤压筒、凸模、凹模、胎模。

**3．热锻模选材**

（1）锤锻模是高韧性热作模具，工作温度≤350～370℃，宜采用低耐热模具钢。锤锻模材料选用及其硬度如表 5-5 所示。

表 5-5 锤锻模材料选用及其硬度

| 锻模种类 | 工作条件 | | 推荐选用的材料 | | 热处理后的硬度要求 | | | |
| --- | --- | --- | --- | --- | --- | --- | --- | --- |
| | | | | | 模腔表面 | | 燕尾部分 | |
| | | | 简单模腔 | 复杂模腔 | HBS | HRC | HBS | HRC |
| 整体锻模 | 小型锻模（模高＜275mm） | | 5CrMnMo<br>5SiMnMoV | 4Cr5MoSiV<br>4Cr5MoSiV1<br>4Cr5W2VSi | 387～444①<br>364～415② | 42～47①<br>39～44② | 321～364 | 35～39 |
| | 中型锻模（模高275～325mm） | | | | 364～415①<br>340～387② | 39～44①<br>37～42② | 302～340 | 32～37 |
| | 大型锻模（模高325～375mm） | | 4CrMnSiMoV<br>5CrNiMo<br>5Cr2NiMoVSi | | 321～340 | 35～39 | 286～321 | 30～35 |
| | 特大型锻模（模高375～500mm） | | | | 302～340 | 32～37 | 269～321 | 28～35 |
| 镶块锻模 | 镶块 | 同上 | 同整体模 | | | | | |
| | 模体 | 同上 | ZG50Cr 或 ZG40Cr | | | | 269～321 | 28～35 |
| 堆焊锻模 | 模体 | 同上 | ZG45Mn2 | | | | 269～321 | 28～35 |
| | 堆焊材料 | 同上 | 5Cr4Mo、5Cr2MnMo | | 302～340 | 32～37 | | |

① 用于模腔浅而形状简单的锻模。

② 用于模腔深而形状复杂的锻模。

（2）各种机械压力机用热锻模具钢有 5Cr4W5Mo2V、4Cr5MoSiV、4Cr5MoSiV1、4Cr5W2VSi、3Cr3Mo3W2V 等，以及应用较好的钢种 4Cr3Mo3W4VNb（GR）、3Cr3Mo3VNb（25Nb）、2Cr3Mo2NiVSi。

（3）其他类型选材。

① 下料剪片用钢：5CrNiMo、3Cr2W8V。代用材料：8Cr3、6Cr3VSi、5CrMnMo。

② 切边、冲孔模钢：8Cr3、Cr12MoV、9CrV、Cr12、T10A。代用材料：5CrNiMo、5CrNiSi、3Cr2W8V、6CrW2Si。

③ 胎模材料：45、40Cr、T8A、5CrMnMo、5CrNiMo、4SiMnMoV。

### 4．热挤压模选材

热挤压模具钢应根据被挤压金属种类及挤压温度来决定，其次也应考虑到挤压比、挤压速度和润滑条件对模具使用寿命的影响。热挤压模材料选择及硬度要求如表 5-6 所示。

### 5．压铸模选材

用于压铸的金属材料有铅合金、锌合金、铝合金、镁合金、铜合金和钢铁材料等，压铸模的型腔零件用材主要应根据压铸的合金种类及其压铸温度的高低来决定，其次是压铸件的大小、形状、重量和生产批量大小要求。

表5-6 热挤压模材料选择及硬度要求

| 工具名称 \ 被挤金属 | 钢、钛及镍合金（挤压温度1100～1200℃） | 铜及铜合金（挤压温度650～1000℃） | 铝、镁及其合金（挤压温度350～510℃） | 铅、锌及其合金（挤压温度＜100℃） |
| --- | --- | --- | --- | --- |
| 挤压模 凹模（整体模块或镶嵌模块） | 4Cr5MoSiV<br>4Cr5W2VSi<br>3Cr2W8V<br>4Cr4Mo2WVSi<br>5Cr4W5Mo2V<br>4Cr3W4Mo2VTiNb<br>高温合金<br>43～51HRC | 4Cr5MoSiV<br>4Cr5W2VSi<br>3Cr2W8V<br>4Cr4Mo2WVSi<br>5Cr4W5Mo2V<br>4Cr3W4Mo2VTiNb<br>高温合金<br>40～48HRC | 4Cr5MoSiV1<br>4Cr5W2VSi<br>46～50HRC | 45<br>16～20HRC |
| 挤压模 模垫 | 4Cr5MoSiV1<br>4Cr5W2VSi<br>42～46HRC | 5CrMnMo<br>4Cr5MoSiV1<br>4Cr5W2VSi<br>45～48HRC | 5CrMnMo<br>4Cr5MoSiV1<br>4Cr5W2VSi<br>48～52HRC | 不用 |
| 挤压模 模座 | 4Cr5MoSiV1<br>4Cr5W2VSi<br>42～46HRC | 5CrMnMo<br>4Cr5MoSiV<br>42～46HRC | 5CrMnMo<br>4Cr5MoSiV<br>44～50HRC | 不用 |
| 压筒 内衬套 | 4Cr5MoSiV1<br>4Cr5W2VSi<br>3Cr2W8V<br>4Cr4Mo2WVSi<br>5Cr4W5Mo2V<br>4Cr3W4Mo2VTiNb<br>高温合金<br>400～475HBS | 4Cr5MoSiV1<br>4Cr5W2VSi<br>3Cr2W8V<br>4Cr4Mo2WVSi<br>5Cr4W5Mo2V<br>4Cr3W4Mo2VTiNb<br>高温合金<br>400～475HBS | 4Cr5MoSiV1<br>4Cr5W2VSi<br>400～475HBS | 不用 |
| 压筒 外衬套 | 5CrMnMo<br>Cr5MoSiV<br>300～350HBS | 5CrMnMo，4Cr5MoSiV<br>300～350HBS | | T10A（退火） |
| 挤压垫 | 4Cr5MoSiV1、4Cr5W2VSi、3Cr2W8V、高温合金<br>4Cr4Mo2WVSi、5Cr4W5Mo2V、4Cr3W4Mo2VTiNb<br>40～44HRC | | 4Cr5MoSiV1<br>4Cr5W2VSi<br>44～48HRC | 不用 |
| 挤压杆 | 5CrMnMo、4Cr5MoSiV1、4Cr5MoSiV1<br>450～500HBS | | | 5CrMnMo<br>450～500HBS |
| 挤压芯棒（挤压管材用） | 4Cr5MoSiV1<br>4Cr5W2VSi<br>3Cr2W8V<br>42～50HRC | 4Cr5MoSiV1<br>4Cr5W2VSi<br>3Cr2W8V<br>40～48HRC | 4Cr5MoSiV1<br>4Cr5W2VSi<br>48～52HRC | 45<br>16～20HRC |

压铸模材料这里主要指成型部分零件，包括型腔、型芯、分流锥、浇口套等零件材料。

（1）锌合金压铸模常用材料有合金结构钢类，如 40Cr、30CrMnSi、40CrMo；模具钢类，如 5CrNiMo、5CrMnMo、4Cr5MoSiV（H11）、4Cr5MoSiV1（H13）、3Cr2W8V、CrWMn等钢。合金结构钢压铸模具寿命为 20～30 万次，模具钢可达到 100 万次。

（2）铝合金压铸模常用钢有 3Cr2W8V、5CrW2Si、4Cr5MoSiV（H11）、4Cr5MoSiV1（H13）、4Cr5W2VSi（H12）、4CrW2Si、6CrW2Si 和新型模具钢种 4Cr5Mo2MnSiV1（Y10）、3Cr3Mo3VNb（HM3）等。其中 H11、H12、H13、Y10、HM3 使用效果良好，较 3Cr2W8V 可提高模具使用寿命。

（3）铜合金压铸模具钢有 3Cr2W8V、4Cr5MoSiV（HM1）、4Cr5MoSiV1（H13）、3Cr3Mo3W2VHM1 及新钢种 4Cr3Mo2MnVNbB（Y4）。除此之外，还采用硬质合金 YG30、TZM 钼合金、钨基粉末冶金材料。

（4）钢、铁材料压铸模常用钢为 3Cr2W8V，型腔表面要渗铝处理。尽管如此，钢的热疲劳抗力差，使用寿命低。目前，国内外研究使用高熔点钼基合金、TZM 及钨基合金制作此类模具。另有，利用铜合金的优异导热性，用铜合金制造黑色金属压铸模，也收到了良好的效果。研究用铜合金主要有铍青铜合金、铬锆钒铜和铬锆镁铜合金等。

### 5.2.3 塑料模具选材

**1. 根据塑件的塑料种类和质量要求选材**

塑料制品的原材料可以分为热固性塑料和热塑性塑料两类，它们决定了模具的工作方式、工作条件和模具材料性能的差别。

1）热固性塑料压缩模

因为热固性塑料一般含有大量的固体填充剂，多以粉末状直接加入热压成型。压缩模工作时温度为 160～250℃，工作型腔承受的压力在 160～200MPa 或更高，并且呈周期性的变化，所以热负荷和机械负荷都较大，型腔易受磨损、侵蚀而失效。

2）热塑性注射成型模

注射成型模的工作温度在 150℃以下，承受的工作压力和磨损不像压缩模具那样严重。一般的热塑性塑料不含固体填料，以软化状态注入型腔，受热、受压、受磨损不很严重。含有玻璃纤维填料的热塑性塑料对型腔磨损较大；含氯和氟的塑料易析出腐蚀性气体，易腐蚀型腔表面。

对于 ABS、聚氯乙烯、聚四氟乙烯等在成型时易产生腐蚀性气体的塑料，这类塑料模具的成型零件宜选用耐蚀塑料模具钢，如 PCR、AFC-77、18Ni 及 Cr13 等。若选用普通材料制作模具时，则要对模具表面进行镀铬或其他耐腐蚀的表面处理。

对于生产以玻璃纤维作为添加剂的热塑性塑料制品的注射成型模或热固性塑料制品的压缩模，要求模具有较高的硬度、高耐磨性、高抗压强度和较高韧性，以防模具型腔过早磨损或受高压而局部变形。因此，这类塑料模具成型零件多选用淬硬型塑料模具钢，如 T10A、9Mn2V、CrWMn、Cr12MoV 等。若选用低中碳钢，则应进行渗碳淬火处理。

透明塑料成型模具要求模具材料有良好的镜面抛光性能和高耐磨性。实践表明，大多时效硬化型模具钢，如 PMS、06Ni、PCR，都具有优良的镜面抛光性，是较理想的选用钢种，而预硬型钢 P20 系列、8Cr2S、5NiSCa 等，镜面抛光性能中等或较好，也可选用。根据塑料品种与制品类型选用模具钢如表 5-7 所示。

**表 5-7　根据塑料品种与制品类型选用模具钢**

| 用　　途 | | 塑料及制品 | | 模 具 要 求 | 适 用 牌 号 |
|---|---|---|---|---|---|
| 一般热塑性塑料 | 一般 | ABS | 电视机壳、音响设备 | 高强度、高耐磨 | 55、40Cr、P20、SM1、SM2、8CrS |
| | | 聚丙烯 | 容器、电扇扇叶 | | |
| | 表面有花纹 | ABS | 汽车仪表盘、化妆品容器 | 高强度、高耐磨、光刻性 | PMS 、 20CrNi3MoAl |
| | 透明件 | 有机玻璃、AS | 唱机罩、仪表罩、汽车灯罩 | 高强度、高耐磨、抛光性 | 5NiSCa、SM2、PMS、P20 |
| 增强塑料 | 热塑性塑料 | POM、PC | 工程塑料制作、电动工具外壳、汽车仪表盘 | 高耐磨性 | 65Nb 、 8Cr2S 、PMS、SM2 |
| | 热固性塑料 | 酚醛 环氧 | 齿轮等 | | 65Nb 、 8Cr2S 、06NiTi2Cr 、 06Ni6CrMoVTiAl |
| 阻燃型物件 | | ABS 加阻燃剂 | 电视机壳、收录机壳、显像管罩 | 耐腐蚀 | PCR |
| 聚氯乙烯 | | PVC | 电话机、阀门管件、门手把 | 强度及耐腐蚀 | 38CrMoAl、PCR |
| 光学透镜 | | 有机玻璃，聚苯乙烯 | 照相机镜头，放大镜 | 抛光性和防锈性 | PMS、8Cr2S、PCR |

## 2．按塑件的生产批量选材

生产批量比较小时，对模具的耐磨性和使用寿命要求不高，可以选用铝合金、锌合金、铜合金、碳素钢及合金结构钢等制造；对于大批量生产的塑料成型模，应根据其工作条件和对模具质量的要求来选材，一般选用高级优质塑料模具钢。模具材料与塑件的生产批量如表 5-8 所示。

**表 5-8　模具材料与塑件的生产批量**

| 塑件生产批量（合格件） | 选 用 牌 号 |
|---|---|
| 10～20 万件 | 45、55、40Cr |
| 30 万件 | P20、5NiSCa、8Cr2S |
| 60 万件 | P20、5NiSCa、SM1 |
| 80 万件 | 8Cr2S、P20 |
| 120 万件 | SM1、PMS |
| 150 万件 | PCR、LD、65Nb |
| 200 万件以上 | 65Nb、06Ni6CrMoVTiAl、012Al（渗氮）、25CrNi3MoAl |

### 3. 按塑料模具的尺寸大小及精度要求选材

大型模具或者中等尺寸比较复杂的高精度注射成型模，当塑件生产批量大时，可选用预硬化钢制造，如 3Cr2Mo、8Cr2S、4Cr5MoSiV、P4410、SM1、SM2、PMS 等。由于模具加工成型后不再进行热处理，所以可以保证模具的尺寸精度要求；对于尺寸比较小、形状简单的高精度模具或采用时效硬化型塑料模具可采用钢如 25CrNi3MoAl、06Ni6CrMoVTi（06Ni）、PMS 等，制造时时效处理变形小，模具制造精度高。

### 4. 根据塑料模具的加工方法选材

塑料模具的成型加工方法有多种，如冷挤压成型、超塑性成型、铸造成型、切削加工成型和电加工成型等方法。一般根据工厂的加工能力和工艺工装情况选取最经济的方法。因此，在选材时不要有盲目性，要充分考虑到材料的加工工艺性能。例如，采用冷挤压成型的模具，可以选用低碳或超低含碳量的渗碳型模具钢；铸造成型的模具宜选用铸造性能好的模具钢；对于切削加工量大的模具，其加工成本占了绝大部分（约占 75%），因此应选择加工性能好的模具钢。对于预硬型塑料模具钢，尽可能选用易切削加工的新型模具钢种。如果模具型腔需要电加工成型，必须考虑材料的电加工性能，否则加工成型的型腔尺寸精度和表面粗糙度无法满足要求。总之，模具都要经过各种加工方法才能成型，选材时应根据零件的加工量，充分考虑模具材料的加工工艺性能，确保模具的质量。

### 5. 模具的制造难度和交货期限

模具材料不同，加工工序和生产周期也相应不同。对于中、小型形状复杂的塑料模具，加工周期长，为了尽早交货，应选用加工性能好和热处理变形小的模具材料。形状简单、尺寸小的塑料模具型腔体积小，切削量和切削力通常也较小。所以，可选用预硬化型或时效硬化型塑料模具钢种来制造，可以简化工艺，缩短生产周期。对于大型的塑料制件，模具型腔切削加工量大，要用大切削量加工，刀具的切削力也大，磨损快，严重地影响了模具的加工精度。因此，对于大型模具最好选用易切削钢。

### 6. 塑料模具辅助零件选材

塑料模具的辅助零件主要考虑它的综合力学性能、表面耐磨性能、加工性能、辅助零件的种类及价格因素。

（1）导向零件要求表面耐磨及芯部有一定韧性，一般选用材料 20 钢、20Cr、02CrMnTi、T8A、T10A。

（2）型芯、型腔镶件可以选用与成型零件相同牌号的模具材料，或代用材料，如 9Mn2V、CrWMn、9SiCr、Cr12、35CrMo、3Cr2MW8V、45 钢、40Cr 等钢种。

（3）主流道衬套属模具浇注系统，与熔融塑料直接接触，可采用传统的塑料模具钢 9Mn2V、CrWMn、9SiCr、Cr12、3Cr2MW8V、T10A、T8A 等。

（4）顶杆、拉料杆、复位杆一般选用碳素工具钢 T10A、T8A 和 45 钢。

（5）各种模板、顶出板、固定板、支架等要求有较好的综合力学性能，一般采用调质处理钢、45 钢、40MnVB，以及普通碳素钢 Q235、Q255、Q275 等。

# 5.3 模具的表面处理

模具作为材料成型用的一种工具，主要是依靠模具表面来进行工作，其工作条件十分恶劣。因此，模具的失效 80%以上为表面损伤，如磨损、疲劳、腐蚀等。

采用不同的表面强化处理工艺，只改变模具表层的成分、组织，可以获得较高的表面层硬度，与适宜的芯部性能相配合，从而提高模具零件的耐磨性、抗黏附性、疲劳抗力和耐腐蚀性等。模具表面性能的提高，不仅可以有效地延长模具的使用寿命，大幅度地降低成本，而且还能提高被加工件的表面质量。

表面强化处理方法很多，根据实际情况用于各类模具或不同的模具零件。但常用的表面处理方法主要是化学热处理和表面覆盖技术。模具表面的强化方法如表 5-9 所示。

表 5-9　模具表面的强化方法

| 不改变表面化学成分的方法 | 改变表面化学成分的方法 | 表面形成覆盖层的方法 |
|---|---|---|
| 1．高频加热淬火 | 1．渗碳 | 1．电镀 |
| 2．火焰加热淬火 | 2．渗氮 | 2．化学镀 |
| 3．激光表面强化处理 | 3．碳氮共渗 | 3．气相沉积 |
| 4．电子束表面处理 | 4．渗硫 | 4．TD 处理法 |
| 5．加工硬化 | 5．渗金属 | 5．热喷涂 |
| | 6．复合渗 | 6．涂覆 |
| | 7．离子注入等 | 7．热浸镀 |

## 5.3.1 表面化学热处理

表面化学热处理有模具钢的渗碳、碳氮共渗、渗氮、氮碳共渗、渗硫、渗硼处理。

### 1．渗碳

渗碳是将零件置于渗碳介质中加热到单相奥氏体区（一般采用 920～930℃），保温足够长的时间，使零件表面碳的浓度提高的热处理工艺。因此，它可以提高模具表面的含碳量，渗碳后经淬火、回火处理，可以获得具有高硬度而又耐磨的表面和韧性好的芯部。在模具制造中，常用来对导柱、导套、凸凹模、型腔零件等及其他构件进出渗碳处理。渗层的碳含量一般为 0.85%～1.05%，经淬火后，硬度为 60～62HRC。

渗碳方法根据渗碳介质的物理状态可分为固体渗碳、液体渗碳、气体渗碳、离子渗碳、真空渗碳等。但应用较广泛的是气体渗碳和固体渗碳。下面介绍这两种渗碳方法。

（1）渗碳剂。固体渗碳时采用的渗碳剂主要成分为木炭或焦炭，再加催渗剂（碳酸钡、碳酸钠或碳酸钙）按一定比例混合。气体渗碳时采用煤油或丙酮等。

（2）渗碳温度。常用的低碳或低碳低合金钢的渗碳温度为 900～950℃，但对于高合金钢渗碳，渗碳温度可以提高到 1000～1150℃。

（3）渗碳时间。先根据模具的设计要求确定渗碳层深度，再按渗碳速度求出相应的时间。渗碳速度按经验数据，一般固体渗碳为 0.1～0.15mm/h，气体渗碳按 0.15～0.17mm/h。

（4）为了减小渗碳工件的变形和防止奥氏体晶粒长大，采用二阶段分级渗碳工艺。

（5）合金钢渗碳后可以直接淬火，但碳素钢渗碳和高温渗碳应重新加热淬火，以细化奥氏体晶粒，减少淬火变形量。对于非渗碳表面应当涂上防渗涂料。

**2．碳氮共渗**

碳氮共渗是在一定温度下，向工件表面层同时渗入碳和氮，并以渗碳为主的化学热处理工艺。根据共渗介质不同，碳氮共渗方法有固体方法、气体方法和液体法。生产上大多应用的是气体碳氮共渗。

1）气体碳氮共渗的特点

（1）共渗层力学性能得到改善，与渗碳层相比，表面硬度更高，耐磨性好，疲劳强度高，同时还具有一定的抗蚀性；与渗氮相比，渗层厚度大，表面脆性小。

（2）工件变形小。碳氮共渗温度比单一渗碳低，又由于氮的渗入提高了渗层的淬透性，所以其渗后钢件的淬火变形小。

（3）相对于单独渗碳、渗氮而言，共渗速度快，缩短了生产周期。

2）气体碳氮共渗方法

气体碳氮共渗是在一种共渗介质中进行。共渗介质种类很多，生产中最常用的介质组成是煤油+氨（占总气量30%～40%）。一般在井式气体渗碳炉中滴入煤油，使其分解出渗碳气体，同时往炉中通入渗氮用所需的氨气。共渗温度随钢种和介质而不同，通常在830～880℃之间选择。共渗时间在温度一定时，主要取决于所要求的渗层深度，渗层愈深，共渗时间愈长。

由于碳氮共渗温度比渗碳温度低，共渗后可直接淬火，然后再低温回火。

碳氮共渗适合于材料具有良好韧性的低碳钢，而表面硬度要求高、耐磨性要求好的模具零件。

**3．渗氮**

渗氮也称氮化，它是向钢的表面渗氮以提高表层氮浓度的热处理过程。渗氮是模具上应用最广泛的一种表面处理方法。

1）渗氮的特点

（1）具有极高的表面硬度，可达到1000～1200HV。当钢中含有铬、钼、铝等元素时，在渗氮层会出现弥散的合金碳氮化物，使氮化层硬度极大提高，超过淬火硬度。而且这些弥散的碳氮化合物直到500℃时也不聚集粗化，因而硬度保持不变，耐磨性好。

（2）渗氮层呈压应力状态，具有较高的疲劳抗力。

（3）渗氮层出现多相组织，使难以侵蚀，表现为耐腐蚀性。

（4）渗氮处理温度低，渗后不用进行其他热处理，所以工件变形小。

（5）渗氮层浅（＜0.7mm），脆性较大，工艺时间长，适合于含铬、钼、铝的合金钢。

2）气体渗氮方法

应用的渗碳方法主要有气体渗氮、液体渗氮和离子渗氮。因渗氮速度快、时间短、工件变形小、渗层韧性和疲劳强度好，在模具上的应用更广，使用效果也好。

气体渗氮是把工件放在$NH_3$气流中，在500～700℃之间进行渗氮的方法。氨在加热温度下将分解出活性氮原子，被工件表面吸收而形成固溶体和氮化物。

根据氮化的温度可以分为一段氮化、二段氮化和三段氮化。

（1）一段渗氮工艺是在同一温度下（一般为480～530℃），长时间保温的渗氮过程。

（2）二段渗氮是采用较低的温度（一般为490～530℃）渗氮一段时间，然后提高渗氮温度（一般为535～560℃），再渗氮一段时间。

（3）三段渗氮是指一段在490～520℃时渗氮，第二段提高到560～600℃时渗氮，第三段降温到520～540℃时的渗氮工艺。

渗氮保温时间较长，主要取决于渗层的厚度（一般为0.15～0.7mm）和渗氮温度，一般为10～30h。

渗氮工艺可以代替某些模具的最终回火处理。模具经渗氮处理后，在表面层形成一层由$Fe_4N$、$Fe_3N$或$Fe_3C$组成的化合物层，其次是扩散层，可以提高模具的耐磨性、耐蚀性、抗咬合性和疲劳性能。因此，渗氮常用于受冲击作用较小的压铸模、塑料模具、热挤压模、冷冲模。

### 4．氮碳共渗

氮碳共渗是向钢件表面同时渗入氮和碳，并以渗氮为主的化学热处理工艺。氮碳共渗温度较低，共渗层脆性较小，硬度较渗氮层低，故称软氮化。共渗工艺方法有液体共渗法、气体共渗法、离子共渗法和固体氮碳共渗，但大多采用气体氮碳共渗。

1）气体氮碳共渗的特点

（1）处理温度低，时间短，工件变形小。

（2）不用选用特殊的渗碳钢种，适合于碳钢、工具钢、低合金钢、铸铁等材料。

（3）共渗层具有较高的表面硬度（800～1100HV）、强度，较好的耐磨、耐疲劳、抗咬合、抗擦伤和抗腐蚀性能。

（4）渗层脆性小、不易剥落，但因渗层较薄，不适合重载工作的零件。

2）气体氮碳共渗工艺

气体氮碳共渗工艺要掌握三大参数：共渗温度、共渗时间和共渗介质。共渗温度一般为570～600℃，共渗时间为1～6h，共渗介质有以下几种。

（1）甲酰胺加尿素，尿素的质量分数为20%～30%，使用前，应先将尿素溶于甲酰胺中。

（2）50%三乙醇胺及50%酒精的混合液，多采用滴注式方式进行共渗。

（3）氨气加酒精，酒精先在裂解炉裂解，再通入渗氮炉中或直接将酒精注入渗氮炉中裂解。

（4）100%尿素，将固体尿素颗粒按定量逐渐加入炉中使其分解。

氮碳共渗主要用于热态下工作的压铸模、塑料模具、热挤压模、锤锻模及某些冷作模具。

### 5．渗硫及硫氮共渗、硫氮碳共渗

渗硫是钢在较低的温度下处于铁素状态的化学热处理，可以作为模具的最终热处理。工件渗硫后，在表面形成很薄的FeS薄膜，在无润滑的条件下有很低的摩擦系数，提高了模具的抗烧伤、抗黏附、抗咬合性能。

为了弥补渗硫层硬度、强度低的缺陷，发展了硫氮共渗、硫氮碳共渗，使模具表面渗层既有硫化物，又有渗氮层，从而提高了表面渗层的硬度和耐磨性。特别是硫氮碳共渗，其耐磨性比单纯的渗硫共渗、渗氮共渗、氮碳共渗都高。可广泛用于制作有色金属挤压模、压铸模、塑料成型模、拉深模和挤压模等。

6．渗硼和硼硫复合渗

渗硼是将工件置于含硼的介质中，经过加热与保温，使硼原子渗入工件表面，与铁形成 FeB 和 $Fe_2B$ 化合物层的工艺过程。硼化物层具有硬度高（1290～3000HV）、耐热性高、热硬性高、耐腐蚀性高、耐磨性好等特点。但是，由于渗硼温度较高，一般在 900～1000℃，零件变形大，限制了它在高精度模具上的应用。

为了使渗硼模具不仅表面硬，而且具有减摩润滑性能，可在渗硼、淬火回火之后，在低温下渗硫，即在高硬度渗硼层的基础上再覆盖一层减摩性、润滑性良好的渗硫层。

渗硼适用于各种成分的钢，它多用于冷作模具和热作模具，效果非常明显。

## 5.3.2　模具的表面电镀

电镀方法作为现代模具表面处理技术已经得到了广泛的应用和进一步的发展，它能提高模具表面耐蚀性、耐磨性及表面粗糙度等。模具表面电镀工艺是在电化学原理的基础上发展起来的，是金属离子在直流电的作用下沉积在金属或非金属制品的表面形成的金属或合金层。电镀时需要专用的电镀用电气控制设备：电镀槽和电镀液。欲镀的模具零件在电镀槽里和直流电源的阴极相连，要镀覆的金属（镀铬除外）和直流电源的阳极相连。当接通电源时，在阴极与阳极之间会形成一定强度的电场，金属离子在电场作用下会沉积在被镀的模具表面，形成表面强化层。电镀装置示意图如图 5-1 所示。

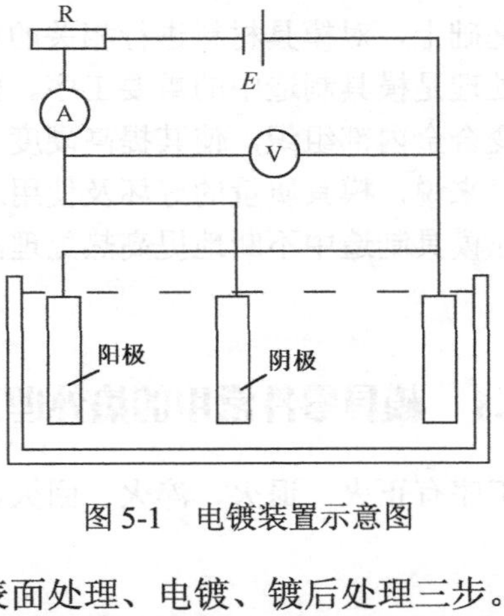

图 5-1　电镀装置示意图

电镀工艺通常包括镀前表面处理、电镀、镀后处理三步。镀前处理主要是去除毛刺，或抛光使表面达到一定的表面粗糙度要求，然后去油除锈和弱酸浸蚀处理，为电镀做准备。弱酸浸蚀处理是把工件放入弱酸中浸蚀一段时间，以消除工件表面上形成的轻微氧化膜，提高镀层与基体金属的结合力。镀前处理必须严格按工艺操作规程进行，否则难以获得高质量的镀层。电镀时应配制好电镀液，设置好电流参数，悬挂好工件，电镀规定的时间，保证一定的镀层厚度。镀后处理主要包括冷/热水冲洗、干燥等，工件镀完后拿起来，仍粘有电镀液，需要用水冲洗干净，不得有残留物；否则，干燥后表面粗糙度差。

镀铬工艺可以分为镀装饰铬、镀硬铬、镀松孔铬等，但是应用在模具上较多的是镀硬铬的方法。镀硬铬的镀层硬度高达 900～1200HV，耐磨性好，耐蚀性好，且镀层光亮，不黏附。镀铬工艺简便，还可用于尺寸超差模具的修复。

镀硬铬的电镀液配方：铬酐（$CrO_3$）140～160g/l，硫酸 1.4～1.6g/l；工艺条件：温度为 57～63℃，电压为 12V，电流密度为 45～50A/$dm^2$。

镀铬层厚度与时间有关，电镀时间愈长，镀层愈厚，一般控制在 0.03～0.3mm。如果镀层过厚会影响型腔尺寸精度，其次是模具承受强压或冲击时，镀层易剥落，效果反而不好。所以镀硬铬不适于制作冷冲模和冷镦模，只适合于加工应力较小的拉深模、塑料模具、橡胶成型模等。

模具零件的工作表面经电镀后，可以进行抛光、研磨处理，进一步降低表面粗糙度，提高型腔的镜面效果。

镀铬的应用：塑料模具型腔表面镀铬是应用最多的表面处理方法，它能提高型腔表面耐磨性和耐蚀性。镀铬层在大气中具有强烈的钝化能力，能长久保持金属光泽，在多种酸性介质中均不发生化学反应。它还具有较高的耐热性，在空气中加热到 500℃时其外观和硬度仍无明显的变化。对于热固性塑料和含氟、氯的热塑性塑料易腐蚀型腔，模具制造时，一般进行镀硬铬表面处理。塑料模具经镀硬铬后，其寿命一般可以提高 3～5 倍。随着电镀技术的发展，已经出现了合金电镀、复合电镀、电镀非晶态合金等技术，用于模具的表面强化可以获得某些特殊的性能。因此，这些方法在模具上的应用也受到重视。

## 5.4 冷冲模的热处理

在正确合理选择材料的基础上，对模具材料进行相关的热处理，可以较大幅度地提高模具的使用寿命。因此，热处理是模具制造中的重要工序。模具零件热处理的目的是利用不同的加热和冷却方法，改变合金内部组织，使其提高硬度、韧性、耐磨性和其他所要求的力学性能、加工性能。一般来说，模具质量的好坏及使用寿命的长短，在很大程度上取决于热处理的质量。因此，在模具制造中不断地提高热处理的技术水平，合理地选择热处理工艺方法是非常重要的。

### 5.4.1 模具零件常用的热处理工序

模具零件常用的热处理工序有正火、退火、淬火、回火、调质、表面化学处理、冷处理等。

**1．正火**

正火是指把钢加热到临界温度以上，保温一段时间，随后在空气进行冷却，从而得到珠光体型转变的操作过程。用以消除碳素工具钢、合金工具钢的残余网状碳化物，细化不均匀的片状珠光体。对于中碳钢、低碳钢、铸钢，用正火代替完全退火，提高其韧性，改善钢的加工性能，缩短加工周期。

**2．退火**

（1）完全退火。将钢加热到 Ac3 以上 30～50℃，保温一段时间，使其完全奥氏体化，随后随炉缓慢冷却。模具钢完全退火的目的是细化晶粒、均匀组织、消除内应力、降低硬度，为后续热处理做组织准备，是一种预备热处理工艺。

（2）去应力退火。一般加热温度为600～650℃，目的是消除模具淬火或精加工前的残余应力，或避免高速钢返修淬火时出现的茶状断口。

（3）球化退火。球化退火是模具钢中应用最普遍的退火工艺，采用此工艺可以使片状珠光体变成粒状珠光体。由于粒状珠光体硬度比片状珠光体低，因而改善了模具的切削加工性能，也为淬火做好了组织准备。球化退火组织对模具最终热处理后的强韧性、畸变、开裂倾向、耐磨性、断裂韧度有显著的影响。球化退火温度应选在Ac1以上20～50℃为宜。

### 3．淬火

淬火是指将钢加热到临界点以上（淬火温度），保温一段时间，然后迅速放入水中（油或碱液等冷却介质）冷却的操作过程。淬火的目的是获得最终所需要的淬火组织，及回火处理后的综合力学性能，提高零件的硬度和耐磨性。模具材料的淬火是应用较普遍的一种热处理方法，淬火的效果取决于淬火加热温度、保温时间、冷却方式和冷却介质等工艺过程。

模具的淬火冷却工艺非常重要，常采用的淬火冷却方式有预冷淬火、空冷淬火、水冷或油冷淬火、分级淬火和等温淬火。淬火冷却工艺应根据模具制造的工艺要求和材料的热处理性能来合理选择，防止模具淬火时变形开裂，特别是精度高的模具要严格控制变形量。

### 4．调质

将淬火后的钢质零件进行高温回火，这种双重热处理的操作为调质。目的是为了获得硬度为180～320HV的细球光体和超细碳化物，消除网状或带状碳化物，消除加工后的残余应力，改善组织，便于机加工，防止淬火开裂和减少淬火畸变。

### 5．回火

回火是指将淬火后的零件加热到临界点以下的一定温度，在该温度下停留一段时间，然后空冷到室温的操作过程。一般淬火情况下，模具淬火后应立即回火，目的是消除应力，防止开裂、变形，并适当降低硬度，提高钢的韧性。模具钢常用的是低温回火和高温回火。低温回火主要用于冲压模具，一般在150～250℃范围内进行，目的是为了获得高的硬度，并通过回火消除淬火应力，获得韧性，但应避开冷作模具钢的回火脆性温度范围。高温回火一般用于热作模具和一些高合金模具钢，在500～650℃范围内进行，其目的是获得高的强度和良好的韧性，并有稳定的组织和性能。

### 6．冷处理

冷处理的方法是将淬火的工件放入干冰或液氮，或冷冻机中进一步降温冷却，使奥氏体进一步转变，从而增加马氏体量。由于某些高碳高铬合金工具钢的马氏体点Ms很低，模具淬火至室温后仍保留有较多的残余奥氏体，为了使其转变成马氏体以提高硬度、耐磨性和尺寸稳定性，要进行深冷处理。形状简单的工件淬火后可以立即进行深冷处理；形状复杂的工件，在淬火后立即回火，然后进行深冷处理，以减小工件的变形或开裂。

### 7．真空热处理

零件在热处理炉内加热时会因氧化而影响热处理质量，对于表面质量要求较高的，变形小的模具零件应在真空内加热进行热处理，包括淬火、退火、回火和真空化学热处理。

这种工艺可以减小工件变形，净化表面，提高模具表面质量，延长模具使用寿命。在有条件的情况下，零件采用真空热处理是最佳的。

### 5.4.2 冷冲模工作零件热处理工序安排

模具零件的热处理方式与加工工序安排密切相关。在模具制造时，应当根据材料和加工工艺路线来选择热处理方法，制订相应的热处理工艺。

（1）一般冷冲模工作零件的热处理工序安排：锻造→退火→机械加工成型→淬火与回火→钳工修整。

（2）采用成型磨削及电加工工艺：锻造→退火→机械粗加工→淬火或回火→精加工（磨削、电加工）。

（3）复杂冷冲模的加工：锻造→退火→机械粗加工→高温回火或调质→机械加工成型→淬火与回火→磨削与电加工成型→钳工修配。

大多数冷冲模使用状态为淬火与回火，模具硬度通常为 60HRC，为了进一步提高模具表面硬度、耐磨性和使用寿命，常进行表面强化处理，如渗碳、渗氮、渗硼、氮碳共渗、TD 法渗钒渗铌、化学气相沉积（CVD）等作为最终热处理。

### 5.4.3 冷冲模热处理工艺

冷冲模要求有较高尺寸精度和耐磨性，热处理变形小，不开裂。通常采用正确的锻造工艺和淬火冷却工艺，如油淬、双液淬火、碱浴淬火、等温淬火、分级淬火、低温淬火和低温回火等方法；锻造毛坯的热处理一般采用球化退火和等温退火工艺。

#### 1. 碳素工具钢 T10A 和 T12A

（1）锻造工艺：T10A、T12A 始锻温度为 1100～1140℃，终锻温度为 800～850℃，锻后空冷至 650～700℃后转入干砂或炉渣坑中缓冷（模具钢锻件一般应缓冷）。

（2）退火和正火：经过锻造的毛坯必须进行球化退火，以便于切削加工，并为淬火做好组织准备。球化退火工艺：加热温度为 750～770℃，保温时间为 1～2h；随后冷到 680～700℃保温 2～3h，实现珠光体的球化过程。退火后硬度达到 179～207HBS。当锻件出现粗大或严重的网状碳化物时，应先进行正火消除网状碳化物，然后进行球化退火。

（3）淬火和回火：碳素工具钢淬透性差，淬火变形大，易开裂，应选择分级淬火、双液淬火或碱浴淬火等方法。

T10A 钢碱浴淬火工艺：加热温度 830℃，预冷，转入 170℃碱浴中冷却 1min 后油冷，硬度为 63～64HRC。

#### 2. 低变形冷作模具钢（如 CrWMn）

低变形冷作模具钢淬火工艺易操作，淬裂和变形敏感性小，淬透性高，但淬火型腔易胀大，尖角处易开裂。

（1）锻造工艺。加热温度为 1100～1150℃，始锻温度为 1050～1100℃，终锻温度为 800～850℃，锻造后空冷至 650℃转入热灰中缓冷，否则易形成网状碳化物。尤其是大规格的钢材，应注意锻后可采用空气吹冷，然后坑冷。

（2）退火和正火。锻件需要退火处理，退火工艺规范：加热温度 790～830℃，等温温度为 700～720℃，退火后硬度为 207～255HBS。如果锻件存在严重网状碳化物或粗大晶粒，在球化退火之前进行一次正火处理。正火加热温度为 930～950℃，然后空冷。

（3）淬火和回火。

① 淬火加热温度为 820～840℃，油冷，硬度为 63～65HRC，回火温度一般为 160～200℃。

② 低温淬火工艺，淬火温度为 790～810℃，油冷。

③ 冷油—硝盐复合淬火，工件在 650℃预热，800℃加热保温，然后出炉预冷后入油冷却 13s，180℃硝盐等温 30min，200℃回火处理。还可以根据工件的热处理工艺需要采用硝盐分级淬火和等温淬火。

### 3. Cr12 型钢

（1）锻造工艺。Cr12 型钢属莱氏体钢，在轧材中仍残留有明显的带状和网状碳化物，另外，它的导热性差，塑性低，抗变形力大，所以锻造性能差。合理的锻造工艺是：预热温度为 750～850℃，加热温度为 1100～1250℃，始锻温度为 1050～1100℃，终锻温度为 850～900℃，锻后缓冷。

（2）退火。Cr12 型钢一般采用等温退火工艺，加热温度为 850～870℃，保温 2～4h，等温温度为 740～760℃，保温 4～6h。退火后硬度为 207～255HBS。

（3）淬火和回火。Cr12 型钢的淬火热处理工艺有三种，如表 5-10 所示。

表 5-10 Cr12 型钢淬火和回火工艺

| 热处理工艺 | 淬 火 温 度 | 回 火 温 度 | |
|---|---|---|---|
| 低温淬火和回火 | Cr12：950～980℃；Cr12MoV：1000～1020℃ | 200℃ | 一次硬化法 |
| 高温淬火和高温回火 | Cr12：1 000～1100℃；Cr12MoV：1040～1140℃ | 500～520℃ | 二次硬化法 |
| 中温淬火和中温回火 | Cr12MoV：1030℃ | 400℃ | |

Cr12 型钢淬透性高，淬火可采用空冷、油冷、硝盐分级淬火。回火采用空冷，回火次数 1～3 次，多次回火可以提高模具寿命。一次硬化法采用较低温度淬火，然后进行低温回火，处理的 Cr12 型钢具有高的硬度、耐磨性及韧性，热处理变形小，但抗压强度较低；二次硬化法采用较高的温度淬火，经过 2～3 次回火，硬度进一步提高，可使钢获得高耐磨、热硬性及较高抗压强度，但韧性较差，热处理变形大；中温淬火回火可获得最好的韧性，较高的断裂抗力。

### 4. 传统高速钢 W18Cr4V、W6Mo5Cr4V2

（1）锻造工艺。高速钢合金元素总量高，碳高，导热性差，轧材中含有大量的合金碳化物，并且聚集成带状、网状、块状。锻造时毛坯首先预热，然后加热到 1120～1150℃，始锻温度为 1040～1150℃，终锻温度为 900～950℃，冷却方式可采用坑冷、砂冷或炉冷。

（2）退火。一般采用等温球化退火工艺。加热温度 W18Cr4V 为 870～880℃，W6Mo5Cr4V2 为 850～860℃，保温 2～4h 后，快速冷至 720～750℃，等温 4～6h，然后随炉冷却至 600～650℃，再空冷。退火后的硬度为 207～255HBS。

（3）淬火和回火。为了提高高速钢模具寿命，适应不同使用要求，采用表5-11热处理工艺。

表5-11 高速钢的淬火和回火

| 淬火工艺 | 淬火温度 | 回火 |
|---|---|---|
| 常规淬火和回火 | W18Cr4V：1260～1300℃；W6Mo5Cr4V2：1210～1240℃ | 550～570℃，三次回火 |
| 低温淬火和回火 | W18Cr4V：1100～1250℃；W6Mo5Cr4V2：1050～1200℃ | 150～250℃或560℃左右回火 |
| 贝氏体等温淬火 | 常规淬火加热温度，等温温度270～300℃ | 560℃，三次回火 |

淬火时为了减少热应力，必须在800～850℃进行预热，待工件内外温度均匀后再送入高温炉内加热。淬火冷却一般采用油冷和分级淬火。油冷应用较多，为了避免淬火变形和开裂，工件冷却至300～400℃时从油中取出来空冷。分级淬火一般在580～600℃的中性盐浴进行，然后在空中冷却，这是比较常用的方法。

采用低温淬火和回火主要应用于冲击载荷比较大的冷冲模具，而对于形状复杂、韧性要求较高的模具采用贝氏体等温淬火。

### 5．9Cr6W3Mo2V2（GM）

（1）锻造工艺。加热温度为1100～1150℃，始锻温度为1100℃，终锻温度为850～900℃。锻前加热一定要缓慢进行，充分热透，锻打时要轻重结合，避免锻打开裂。

（2）退火。模具毛坯通常采用等温球化退火，加热温度为860℃，保温3h，等温温度740℃，保温时间6h，随炉冷却到500℃左右，再空冷。

（3）淬火和回火。GM淬火温度范围宽，残余奥氏体少，回火稳定性好。通常采用的淬火、回火工艺如图5-2所示，工件加热时采用预热和缓慢升温。

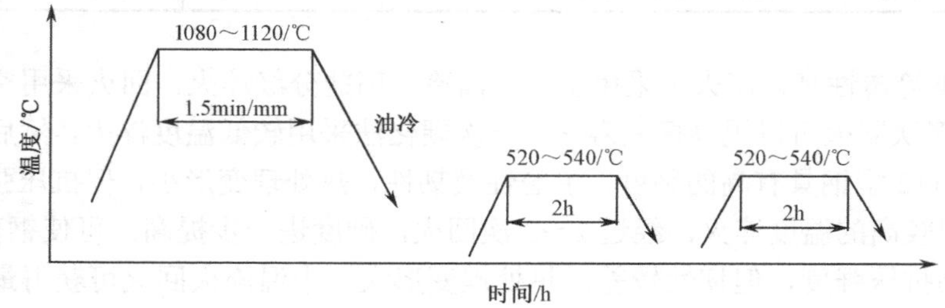


图5-2 GM钢淬火和回火工艺曲线

### 6．65Cr4W3Mo2VNb（65Nb）

（1）锻造工艺。65Nb变形抗力小，锻造性能良好，锻造时要缓慢加热，始锻温度为1100℃，终锻温度为852～900℃，锻后缓冷。

（2）退火。加热温度为860℃，保温3h，等温温度740℃，保温6h，随炉冷却，退火处理硬度为217HBS左右。如果在740℃等温时间延长到9h，硬度可以进一步降低至187HBS，这个硬度适应于冷挤压成型。

（3）淬火和回火。淬火加热温度为1080～1180℃，可采用油冷或分级淬火工艺。回火温度为520～600℃，一般采用两次回火。

7．7Cr7Mo2V2Si（LD）基体钢

（1）锻造工艺。LD锻造性能良好，宜采用缓慢加热，保证热透。加热温度为1130～1150℃，终锻温度为850℃，锻后砂冷。

（2）退火。采用球化退火工艺，加热度为860℃，保温2h，等温温度为740℃，保温4～6h，缓冷到400℃以下出炉空冷。退火硬度为220～250HBS。

（3）淬火和回火。LD加热时应在850℃左右预热，淬火温度可在1100～1150℃范围内选择，硬度和热硬性要求较高的淬火温度可以取上限。回火温度为530～570℃，回火2～3次，每次1～2h，回火硬度为57～63HRC。冷却介质用油或者分级淬火。

## 5.5 热作模具的热处理

热作模具在制造过程要进行相应的热处理，才能满足模具的使用要求。常用的热处理方法有锻造毛坯的退火，或正火与退火；粗加工后的去应力退火，调质处理；加工成型后的淬火回火，以及表面化学处理方法。

### 5.5.1 锻模的热处理工序安排

（1）锻造→退火处理→机械加工→淬火和回火→研磨→抛光。

（2）锻造→退火处理→机械粗加工→淬火和回火→电加工成型→研磨。

### 5.5.2 压铸模的热处理工序安排

（1）锻造→退火→机械粗加工→去应力退火→精加工成型→淬火和回火→钳工修配→发蓝处理。

（2）锻造→退火→粗加工→调质→精加工→钳工→渗氮或软氮化→研磨抛光。

### 5.5.3 热作模具钢的锻造和退火处理

锻模毛坯由轧材锻造而成，通过锻造来消除轧材纤维组织的方向性，获得性能均匀的、所需形状和尺寸的锻件毛坯。锻造时应保证一定的锻造比、拨长、镦粗，至少两到三次。

模块经改锻后，为消除应力，降低硬度，细化晶粒，改善组织和切削加工性能，必须进行适当的预备处理，并为最终热处理做好组织准备。一般低合金钢，如5CrNiMo、5CrMnMo、4SiMnMoV采用完全退火，也可以在随后的冷却中采用等温的方法进行预备处理。对于高合钢、热作模具钢采用等温退火工艺较合理。

对于镍、铬的锻锤模具钢易产生白点，在常规退火后再进行一次防白点的退火工艺，其退火温度要比常规退火加热温度至少低200℃，保温时间比常规退火长得多，一般为20～60h。

锤锻模因磨损造成尺寸超差，可以进行翻新。为了便于加工，常采用高温回火或常规

退火进行软化处理。

锻坯由于原材料成分偏析，或变形程度不一致，组织内部存在碳化物网状，链状沿晶界分布，以致影响使用性能，退火前应进行一次正火处理，改善碳化物的分布和尺寸大小。

### 5.5.4 热作模具钢的淬火处理

#### 1. 模具热处理设备的选用

热作模具大多采用合金钢，淬火加热温度高，技术要求高。因此，对于中、小型模具多选用具有防氧化等保护功能的加热设备，如盐浴炉、可控气氛炉、真空炉等，小型精密件模具最好选用真空加热淬火炉；对于大型模具坯料的淬火加热，一般采用箱式电阻炉或井式电阻炉，以便于吊装。为了防止模具表面氧化和脱碳，应将模具工作面向下放入装有保护剂的铁盘中，然后用耐火泥、黄泥，或石棉密封，也有用防氧化、脱碳涂料覆盖模具表面的方法。保护剂有渗碳剂、木炭、铸铁屑及中性介质。

#### 2. 淬火加热

淬火加热温度按模具材料的热处理工艺要求选取，为了避免模坯在加热过程中产生过大的热应力，宜低温装炉，充分预热，预热温度一般为 550～600℃，然后以 80℃/h 速度升高加热温度。

#### 3. 淬火冷却方式

（1）预冷。为了降低模坯入油前淬火温度，减少热应力和变形，避免开裂，模具出炉后应在空气中或保护气氛中进行预冷。预冷温度应控制在 Ac3 附近，预冷时间大模块为 5～8min，小模块为 3～5min。

（2）油冷淬火。锻模一般采用 10 号、20 号机械油或其他物理性能的油冷却，油温为 50～80℃。为了保持油温及冷却均匀，在冷却槽中应装有循环冷却系统，以利于模膛的冷却。淬火时必须防止应力过大而开裂，为此，要控制锻模的出油温度在 150～200℃之间，此时表面的油渍只冒青烟而不着火。出油后继续在空气中冷却，以完成马氏体转变。出油温度也可根据在油中冷却停留的时间来控制，一般小型锻模为 15～20min，中型锻模为 25～45min，大型锻模为 50～70min。

（3）等温淬火、分级淬火。对于尺寸较小、模膛形状很复杂的锻模，可采用在盐浴中分级淬火，或等温淬火的冷却方式，以减少锻模变形和避免开裂。分级、等温冷却后，在空气中或油中冷却。等温淬火工艺可获得下贝氏体组织，提高了模具的韧性和使用寿命。

#### 4. 提尾淬火冷却

较大型的锤锻模具燕尾与模膛表面的硬度要求是不同的（见表 5-5）。由于燕尾是安装部位，此外，燕尾的根部易引起应力集中，因而硬度不宜太高，通常燕尾的硬度应低于模膛的硬度。采用提尾淬火冷却方法实现模膛与燕尾硬度不同的要求，如图 5-3 所示。淬火时先将锻模整体入油中一段时间后，把燕尾提出油面停留一段时间，模膛部位继续油冷，燕尾部分依靠其本身的热量使温度回升，实现自行回火。1t、2t、3t 锻模淬火时燕尾提出油面高度为 120～180mm；5t、10t 锻模燕尾提出高度为 120～200mm。如果提尾淬火不能满足硬度要求，则应在模膛硬度达到要求的情况下再用专门的电炉或盐浴炉对燕尾部分单独进行回火加热。

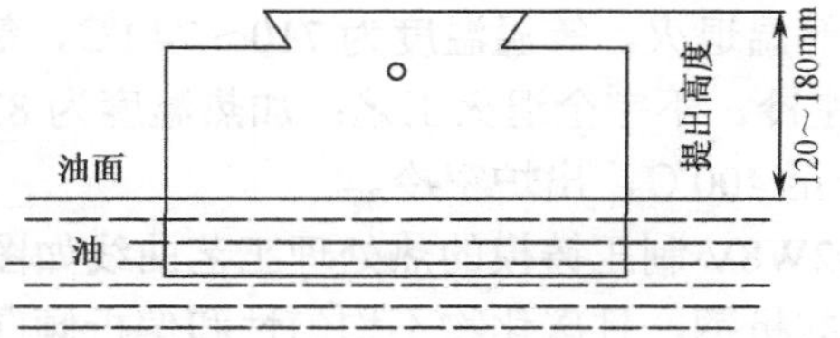


图 5-3 提尾淬火冷却示意图

### 5. 热作模具的回火

热作模具无论采用哪种冷却方式淬火，淬火后的模具均应及时、充分回火，不允许冷却到室温再回火，否则易开裂。锻模一般采用两次以上回火，每次回火 2h，第二次回火比第一次回火低 20～30℃。为了降低回火脆性，第一次回火宜采用油冷，并补充一次低温回火，以消除回火油冷后的残余应力。回火温度应根据模具的使用硬度要求来确定，一般热作模具的回火温度都较冷冲模具高，工作硬度比冷冲模具低。

锤锻模因磨损造成尺寸超差，可进行翻新。为了便于加工，要对模具进行软化处理。软化处理工艺一般采用高温回火或常规退火，以常规退火为宜，但应注意对燕尾的保护，以防止氧化脱碳。

## 5.5.5 热作模具钢的热处理实例

### 1. 5CrNiMo

（1）锻造工艺。毛坯加热温度为 1100～1150℃，始锻温度为 1050～1100℃，终锻温度为 800～880℃，砂冷或坑冷。

（2）退火工艺。该钢采用完全退火或等温退火，退火工艺曲线如图 5-4 和图 5-5 所示。

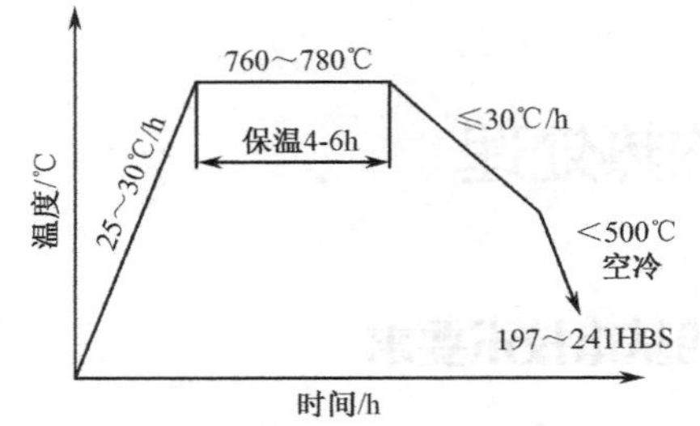


图 5-4 5CrNiMo 锻轧后一般退火工艺

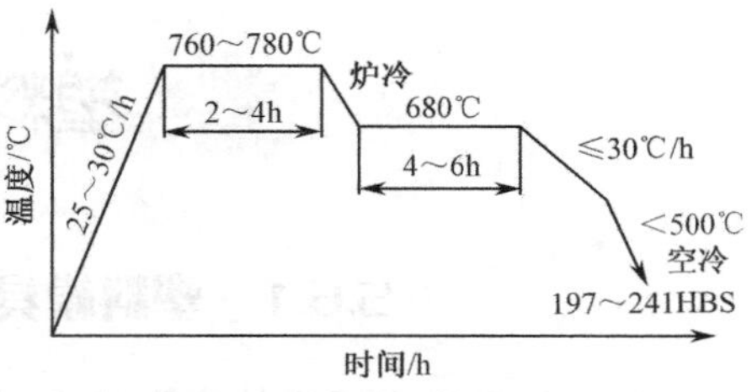


图 5-5 5CrNiMo 锻轧后等温退火工艺

（3）淬火和回火工艺。淬火预热温度为 600～650℃，加热温度为 830～860℃，保温一段时间之后预冷到 780℃，然后油淬。回火温度根据模具的硬度要求而定，一般回火温度高，硬度低；回火温度低，硬度高。

### 2. 3Cr2W8V

（1）锻造工艺。该钢毛坯存在粗大碳化物及碳化物偏析，锻造时要反复镦粗与拔长，消除碳化物的不良影响。始锻温度为 1080～1120℃，终锻温度为 850～900℃，锻后先在空气中较快地冷却到 700℃，随后埋砂缓冷。

（2）退火工艺。采用等温退火，等温温度为 710～740℃，等温时间 3～4h，然后随炉冷至 500℃以下出炉空冷。不完全退火工艺：加热温度为 830～850℃，保温 3～4h 后以小于 40℃/h 的速度炉冷至 400℃，出炉空冷。

（3）淬火和回火。3Cr2W8V 制压铸模的热处理工艺曲线如图 5-6 所示。因为 3Cr2W8V 合金元素含量高，已属过共析钢，且碳化物不均匀性和偏析倾向较大，导热性差，淬火加热采用了两次预热措施，冷却时先预冷到 830～850℃，然后等温淬火防止模具变形开裂。

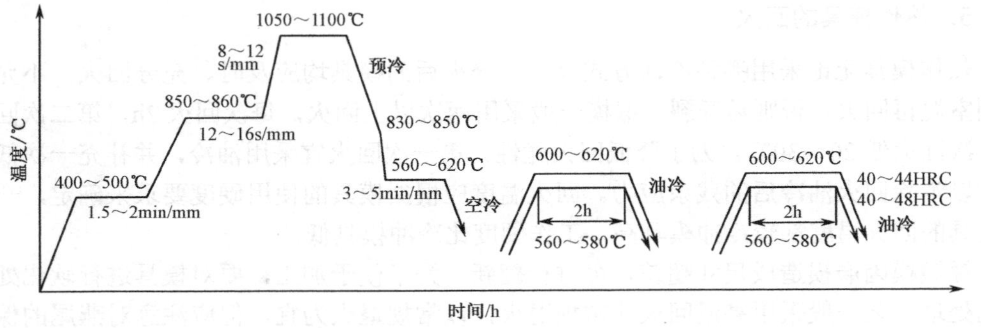


图 5-6　3Cr2W8V 制压铸模的热处理工艺曲线

3．3Cr3Mo3W2V（HM1）

（1）锻造工艺。始锻温度为 1120～1150℃，终锻温度大于 850℃，锻后必须缓冷，冷却后及时退火处理。

（2）退火工艺。加热温度为 870℃，等温温度为 730℃，保温之后随炉冷却至 550℃以下出炉空冷，退火硬度为 207～225HBS。

（3）淬火和回火。预热之后缓慢升至 1030～1120℃保温，然后油淬，在 580～620℃回火二次，每次 2h，回火硬度为 48～49HRC。

# 5.6 塑料模具的热处理

## 5.6.1 塑料模具热处理的基本技术要求

（1）塑料模具要有适当的工作硬度和充分的韧性，它能保证模具在工作时有较好的抗冲击能力和耐磨性。有时为了提高模具的韧性，可以适当降低硬度。

（2）热处理变形要小，确保模具的尺寸精度。因此，应采用非常缓慢的加热速度、分级淬火、等温淬火等减少模具变形的热处理工艺方法。

（3）塑料模具在加热过程中应采用保护措施，严防型腔表面氧化、脱碳等缺陷，不利于抛光。

（4）塑料模具热处理后要具有足够的强度及变形抗力。保证模具在长期受压、受热条件下有一定的抗堆塌和抗起皱纹的能力。

### 5.6.2 塑料模具热处理的工序安排

（1）采用冷挤压成型模具，尺寸精度要求不高，通过渗碳处理，使模具表面硬而芯部软。

锻造→正火或退火→粗加工→半精加工→冷挤压→加工成型→渗碳或碳氮共渗→淬火及回火→光整加工→镀铬→钳工装配。

（2）采用切削加工，尺寸精度要求不高，但要求淬硬的合金渗碳钢模具。

锻造→正火和高温回火→粗加工→退火→半精加工→渗碳→淬火与回火→光整加工→镀铬→钳工装配。

（3）有尺寸精度要求，但钢材硬度要求不高，采用调质或预硬化处理。

锻造→退火→粗加工→（或退火）→半精加工→调质→精加工→光整加工→镀铬、镀钛（或其他表面处理）→钳工装配。

（4）既有尺寸精度要求，又要求全淬硬的模具，一般选用淬型模具钢。

锻造→退火→粗加工→调质或高温回火→精加工→淬火与回火→光整加工→渗氮、镀铬等→钳工装配。

### 5.6.3 塑料模具的热处理工艺特点

#### 1．毛坯预处理工艺

模具毛坯一般必须经过锻造加工，然后采用退火处理。低碳钢、低碳合金钢采用完全退火，而模具钢一般选择球化退火或等温退火工艺，以改善切削加工性能、冷挤压成型性能，或为后续热处理工艺做组织准备。对于尺寸精度要求高、尺寸大和形状复杂的模具，粗加工后应进行消除应力退火。

#### 2．塑料模具淬火特点

（1）热处理加热设备应选用可控气氛炉（向炉内充入保护气体的炉）、盐浴炉、真空淬火炉和真空回火炉，保证在加热时模具型腔表面不发生氧化、腐蚀、脱碳、增碳或过热现象。若采用普通箱式电阻炉加热，应在模腔表面涂保护剂。模具表面一旦含碳量过高，将使残余奥氏体量增多，以致抛光时出现黏皮状缺陷，甚至根本无法抛光。

（2）在淬火加热时，为了减少热应力，要控制加热速度。特别是合金元素含量多、传热速度较慢的高合金钢和形状复杂、断面厚度变化比较大的模具零件，一般要经过 2 级或 3 级的预热。

（3）在淬火冷却时，应采用较缓和的冷却介质，以免变形和淬裂。塑料模具淬火冷却介质如表 5-12 所示。对合金工具钢多采用热浴等温淬火或预冷淬火。

（4）淬火后应及时回火，回火温度应高于模具的工作温度，并且要避开回火脆性的温度；回火时间应足够长，以免因回火不充分使模具出现堆塌变形。

表 5-12　塑料模具淬火冷却介质

| 牌　　号 | 硬度/HRC | 冷 却 介 质 |
|---|---|---|
| Cr12MoV、Cr6WV、45Cr2NiMoVSi | 56～60 | 二元硝盐、气冷 |
| 合金结构钢，合金工具钢 | 52～56 | 中温碱浴、热油、二元硝盐、气冷 |
| 碳素工具钢 | 45～50 | 三元硝盐 |
|  | 52～56 | 低温碱浴 |

### 5.6.4　渗碳钢塑料模具的热处理

渗碳钢塑料模具表面耐磨性好，芯部塑性和韧性高，故常用于高压下要求耐磨的塑料模具，如形状简单、压制加有无机填料的塑料用模具。但是其热处理工艺复杂，要求进行渗碳、淬火和低温回火处理。

（1）渗碳技术要求。压制含硬质填料的塑料时，模具的渗碳层厚度为 1.3～1.5mm，压制软性塑料时，渗层厚度为 0.8～1.2mm；模腔形状复杂，带有尖角、薄边时，渗层可取 0.2～0.6mm。渗层碳含量 0.7%～1.0%为佳。渗层组织中应避免出现粗大的未熔碳化物、网状碳化物、过量的残余奥氏体等。

（2）渗碳工艺方法。塑料模具宜采用分级渗碳工艺，第一阶段为高温渗碳，温度为 900～920℃，保温 1～1.5h，以快速渗入为主；第二阶段为中温渗碳，温度为 820～840℃，保温 2～3h，以减少表层含碳量，增加渗层厚度为主。

对于抗氧化性、耐腐蚀性和抗黏着性能要求高的塑料模具（如压制氨基塑料的模具），则采用碳氮共渗效果更好。

对于碳素渗碳钢模具，分级渗碳后，须重新加热淬火；对于优质渗碳钢模具，分级渗碳后可直接空冷淬火。为避免表面产生氧化层，可在通有压缩氨气的容器中冷却淬火。

图 5-7 为 12CrNi3A 钢制胶木模板简图。图 5-8 为 12CrNi3A 钢制胶木模渗碳预冷淬火工艺。模具采用 910℃恒温渗碳，保温后随炉（气体渗碳）或随固体渗碳降温到 800～850℃，取出来悬挂或架空摆放，用风扇吹风冷却至室温。然后在 200～250℃回火 2～4h，处理后硬度为 53～56HRC。

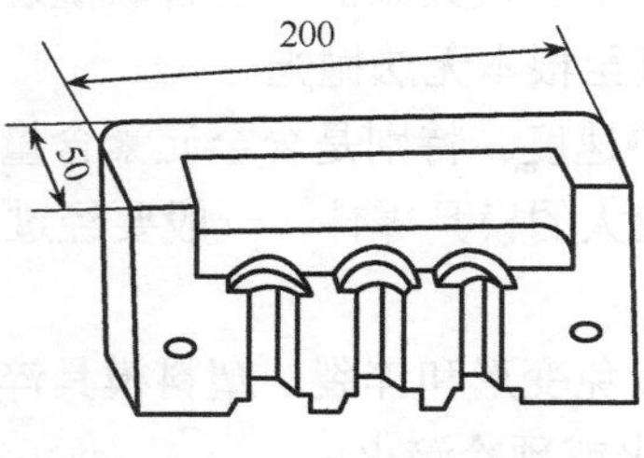


图 5-7　12CrNi3A 钢制胶木模板简图

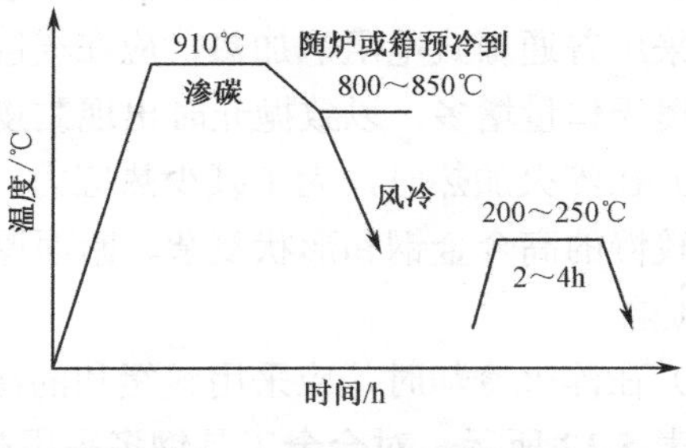


图 5-8　12CrNi3A 钢制胶木模渗碳预冷淬火工艺

图 5-9 为 20Cr 钢制胶木模简图。图 5-10 为 20Cr 钢制胶木模渗碳淬火工艺。塑料模具分级渗碳后，直接淬入中温盐浴中等温后空冷，经回火后硬度为 48～52HRC。

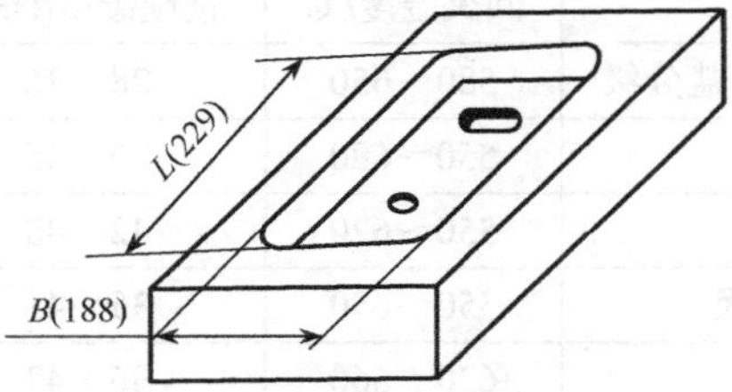


图 5-9　20Cr 钢制胶木模简图

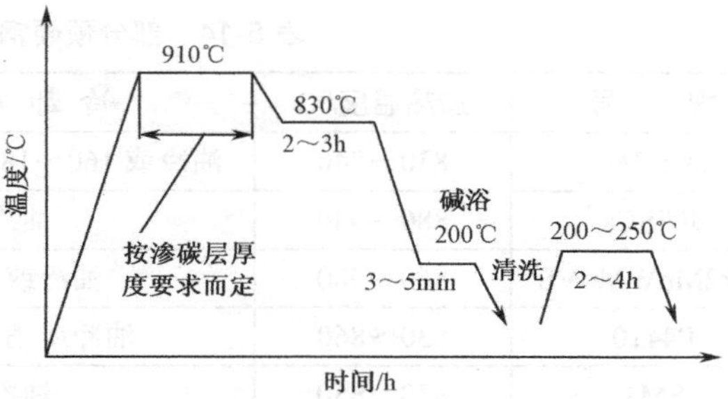


图 5-10　20Cr 钢制胶木模渗碳淬火工艺

## 5.6.5 淬硬钢塑料模具的热处理

淬硬钢塑料模具的热处理质量要求较高，毛坯经锻造后要经规范的退火及粗加工后的调质处理，为淬火处理做组织准备。淬火处理时要选择好加热设备防止型腔表面氧化，采用预热、缓慢加热、预冷分级淬火或等温淬火工艺，减少热处理变形。另一方面，对形状比较复杂的模具，在粗加工后要进行热处理，以保证最终的热处理变形小。整体淬火型塑料模具钢的淬火工艺参数如表 5-13 所示。回火温度根据模具工作硬度来选择。

表 5-13　整体淬火型塑料模具钢的淬火工艺参数

| 牌　　号 | 预热温度/°C | 加热温度/°C　淬火介质 | 恒温预冷温度/°C |
| --- | --- | --- | --- |
| T7A | 在盐浴中加热时，应先在箱式炉中经过 250～300℃烘烤 1～1.5h；若用箱式炉加热淬火，则加热温度普遍要提高 10～20℃，并有防止氧化措施 | 780～800 淬水；810～830 淬碱 | 730～750 |
| 40Cr | | 820～860 | 760～780 |
| T10A | | 760～780 淬水；800～820 淬碱 | 730～750 |
| Cr2、GCr15 | | 820～840 | 730～750 |
| 9Mn2V | | 780～800 | 730～750 |
| 9CrWMn、MnCrWV | | 800～820 | 730～750 |
| 5CrNiMo | | 840～860 | 730～750 |
| 5CrW2Si | | 860～880 | |
| Cr12MoV | 800～820 | 960～980 | 830～850 |

## 5.6.6 预硬钢塑料模具的热处理

预硬钢是以预硬态供货的，一般不用热处理直接下料加工使用；另一方面由于毛坯尺寸的需要，对供材改锻成一定形状，改锻后的锻坯通常采用球化退火处理，目的是消除锻造应力，获得均匀的球状珠光体组织，降低硬度，提高塑性，改善模具的切削加工性能或冷挤压成型性能。预硬钢的预硬处理工艺简单，多数采用调质处理，由于这类钢淬透性好，淬火时可以采用油冷、空冷或硝盐分级淬火。为满足模具的各种工作硬度的要求，高温回火的温度范围很宽。部分预硬钢的预硬处理工艺如表 5-14 所示。

表 5-14　部分预硬钢的预硬处理工艺

| 牌　　号 | 加热温度/℃ | 冷 却 方 式 | 回火温度/℃ | 预硬硬度/HRC |
|---|---|---|---|---|
| 3Cr2Mo | 830～840 | 油冷或 160～180℃硝盐分级 | 580～650 | 28～36 |
| 5NiSCa | 880～930 | 油冷 | 550～680 | 30～45 |
| 8Cr2MnWMoVS | 860～900 | 油冷或空冷 | 550～620 | 42～48 |
| P4410 | 830～860 | 油冷或硝盐分级 | 550～650 | 35～41 |
| SM1 | 830～850 | 油冷 | 620～660 | 36～42 |

## 5.6.7　时效硬化钢塑料模具的热处理

时效硬化钢的热处理工序分两步。首先进行固溶处理，即把钢加热到高温，使各种元素溶入奥氏体中，完成钢的奥氏体化后，淬火获得马氏体组织。第二步进行时效处理，通过时效强化来达到要求的硬度和综合力学性能。

时效处理是在加工之后进行，为防止型腔表面氧化，最好在真空中进行时效处理。若在箱式炉中进行，炉内需要通保护性气体或者用氧化铝粉、石墨粉、铸铁屑，在装箱条件下进行时效。装箱保护加热要适当延长保温时间，否则难以达到时效效果。部分时效硬化钢的热处理规范如表 5-15 所示。

表 5-15　部分时效硬化钢的热处理规范

| 牌　　号 | 固溶处理工艺 | 时效处理工艺 | 时效硬度/HRC |
|---|---|---|---|
| 06Ni6CrMoVTiAl | 800～850℃油冷 | 510～530℃保温 6～8h | 43～48 |
| PMS | 800～850℃空淬 | 510～530℃保温 3～5h | 41～43 |
| 25CrNi3MoAl | 880℃水淬或空冷 | 520～540℃保温 6～8h | 39～42 |
| SM2 | 900℃保温 2h 油冷，再经 700℃等温 2h | 510℃保温 10h | 39～40 |
| PCR | 1050℃固溶空冷 | 460～480℃保温 4h | 42～44 |

## 思考与练习

5-1　冷作模具钢按工艺性能、承载能力、应用场合分为哪几类？

5-2　比较低淬透性冷作模具钢与低变形冷作模具钢在成分、性能、应用上的不同。

5-3　什么是基体钢？有哪些典型钢种？与高速钢相比有何特点？

5-4　叙述传统高速钢的特点，相比之下，高强韧性冷作模具钢和高耐磨高韧性冷作模具钢有何优越性？

5-5　冷作模具选材的原则是什么？

5-6 热作模具有哪些性能要求，并叙述其选材原则。

5-7 常用锤锻模钢有哪些典型钢种？锤锻模的燕尾可采用哪些回火方法处理？

5-8 分析 3Cr2W8V 钢制压铸模的热处理工艺特点。

5-9 塑料模具选材的基本原则。

5-10 塑料模具型腔进行表面处理的目的是什么？举例说明几种方法。

5-11 什么是预硬化型塑料模具钢？简述其成分、性能及应用特点。

5-12 什么是时效硬化型塑料模具钢？简述其性能及应用特点。

# 第6章

# 模具设备

模具加工设备与模具生产设备是模具设备的两个方面，模具加工设备是指加工模具零件的机械设备；而模具生产设备是指模具作为一种工艺装备，被安装在设备上，用来生产制件，例如，模具安装在冲床上生产冲压件，安装在注塑机上生产塑料制品等。和模具配合使用的设备，就是模具生产设备。

## 6.1 模具加工设备

目前，模具零件的加工主要有四个方面的设备：一是普通的机械设备，如车床、铣床、刨床、磨床、钻床、插床等；二是钳工操作，如锉削、削、刮削等；三是数控设备；四是特种加工。普通机械设备和钳工操作一般用于粗加工或加工较简单的模具零件，而数控设备及特种加工一般用于精加工或加工较复杂的模具零件。

### 6.1.1 普通机械设备

用于加工模具零件的普通机械设备主要有车床、铣床、磨床。

**1．车床**

普通车床主要用于模具零件的外圆及内孔的车削，表面粗糙度一般可达到 3.2μm。模具中的圆柱形零件、套形零件的粗加工均可以采用普通车床，主要有 6140 等，如大连机床厂生产的CA6140型普通车床。图6-1所示为CA6140型普通车床外形，图6-2所示为CA6140型普通车床的主轴变速机构。

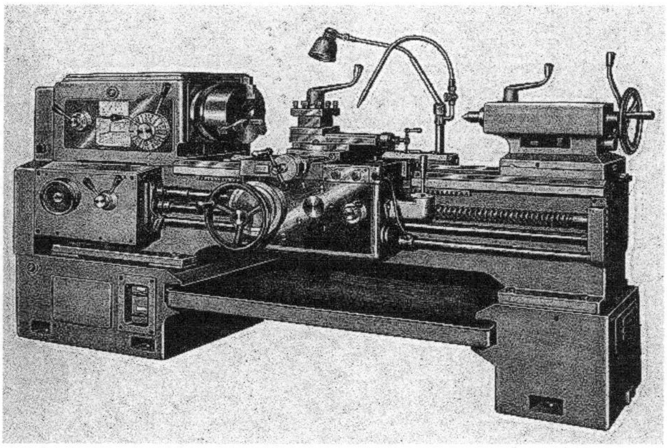

图6-1　CA6140型普通车床外形

图 6-2　CA6140 型普通车床的主轴变速机构

CA6140 型普通车床可进行各种车削加工，如车削零件的内外圆柱面、端面和圆锥面；带有马鞍的车床可用来车削大直径或畸型零件。根据用户要求，提供公制丝杠机床或英制丝杠机床，可完成车削公制、英制、模数、径节和周节螺纹；完成钻孔、铰孔和拉油槽等工作。

### 2. 铣床

铣床主要用于模具成型件的加工，如型芯、型腔的平面铣削及板类零件的平面铣削等。铣销加工后，表面粗糙度一般可达到 1.6μm，主要应用的设备有 XQ6230，规格为 300mm×1270mm。

铣床外形如图 6-3 所示。工作台面尺寸为 300mm×1270mm；立铣主轴端面至工作台面距离为 60～700mm；工作台最大纵向行程（手/机）为 700/650mm；立铣主轴中心线至床身导轨面距离为 0～340mm；工作台最大横向行程（手/机）为 350/320mm；床身垂直导轨面至工作台面中心距离为 150～500mm；工作台最大垂向行程为 430mm；主轴转数级数为 12；主轴孔锤度为 7∶24；主轴转速范围为 30～1 600r/min；主轴序号为 ISO30；工作台纵横向进给量级数为 8；回转铣头回转角度为空间 360°；工作台纵横向进给范围为 20～346mm/min；回转铣头前后手动移动距离为 350mm；主传动电动机功率为 2.2kW；卧铣主轴中心线至工作台面距离为 100～600mm；进给电动机功率为 0.375kW（手动型无）；机床外形尺寸为 2000mm×1670mm×1680mm；机床质量为 1500kg。

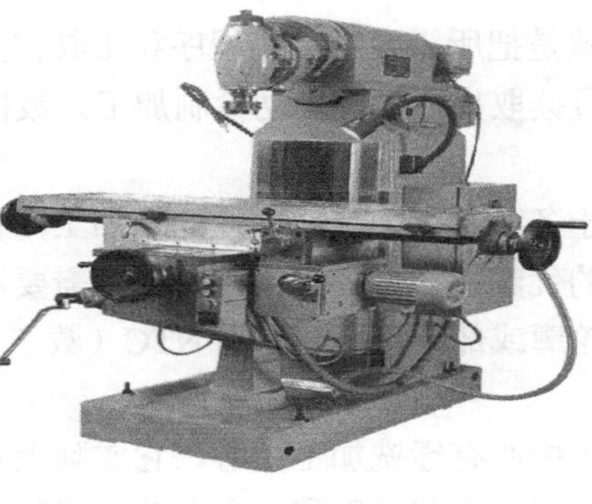

图 6-3　铣床外形

铣床根据机动性能不同可分为手动进给、一向机动进给和两向机动进给三种。其中，X6230 为手动型，X6230A 为纵向机动进给型，X6230B 为纵/横向机动进给型。

**3．磨床**

磨床主要用于提高模具零件的表面粗糙度，一般的磨床对零件进行表面加工后，表面粗糙度可达到 0.4μm 左右，目前常用的磨床一般有平面磨及内外圆磨，如图 6-4 所示。

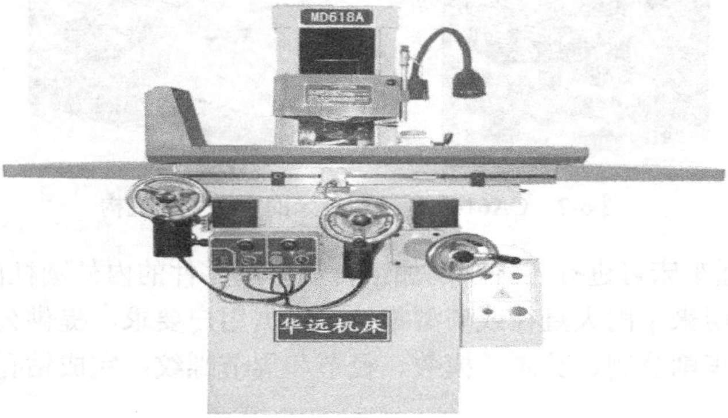


图 6-4　磨床

磨床的主要特点如下。

（1）机床结构合理，刚性好，外形美观，操作方便。

（2）工作台横向运动可实现机械传动和手动传动。

（3）工作台纵向移动可实现机械传动和手动传动。

**4．其他**

其他用于模具零件加工的普通机械设备还有镗床，一般用于板类零件上孔的镗削加工。

### 6.1.2　模具制造的数控设备

**1．数控铣削加工**

1）数控铣床加工

数控铣床的铣销加工就是把所需要的工艺程序和工具按照一定的规则，在指令带上打孔储存，由机床的控制装置读取指令进行自动检制加工。数控铣床外形如图 6-5 所示。

2）数控仿形铣床加工

数控仿形铣床主要用于各种复杂型腔或工件的铣加工，特别是对不规则的三维曲面和复杂轮廓工件更显示出它的优越性。仿形铣销时，根据需要可采用多种仿形方式，如笔式手动、单向或双向钳位、轮廓或部分轮廓、三向 NTC（数字仿形）等。

3）加工中心

模具制造中常用的加工中心有镗铣加工中心，它实际上是将数控铣床、数控镗床、数控钻床的功能组合起来，再加一个刀具库和一个自动换刀装置。在加工中心上加工时，工件经一次装夹后，通过机床自动换刀可连续完成铣、钻、镗、铰、扩孔、攻螺纹等多工序。五轴加工中心外形如图 6-6 所示。

图 6-5　数控铣床外形

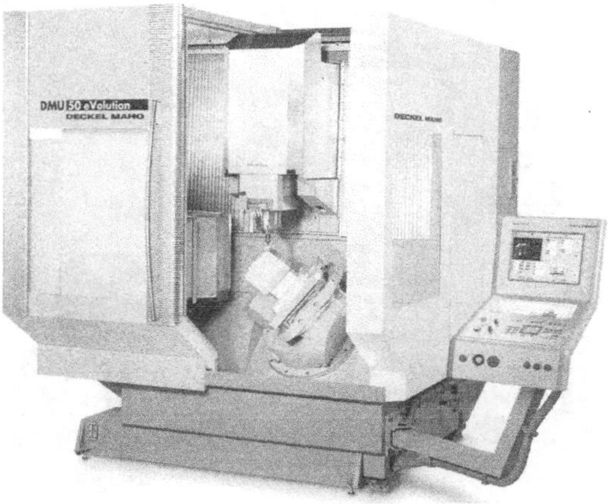


图 6-6　五轴加工中心外形

4）坐标铣床

目前，坐标铣床可以分两种形式：一种三坐标数控铣床，这种铣床的刀具可以沿 $X$、$Y$、$Z$ 三个坐标方向按数控带的指令运动；另一种是四坐标数控铣床，这种铣床除 $X$、$Y$、$Z$ 三个方向外，还有旋转坐标 $A$（绕 $X$ 轴旋转）或旋转坐标 $C$（绕 $Z$ 轴旋转），它可以加工要进行分度的型面或型腔。

**2．磨削加工**

1）曲线磨床

曲线磨床是模具加工过程中应用比较多的一种数控磨床设备，如图 6-7 所示。

图 6-7　数控光学曲线磨床外形

2）坐标磨床

坐标磨床分立式、卧式两种，床身有单柱的，也有双柱桥式固定的，表面粗糙度一般可达 0.4～0.8μm，最低可达 0.2μm，坐标磨床主要用于精密磨具的淬火零件及硬质合金零件的精加工。精密坐标磨床外形如图 6-8 所示。

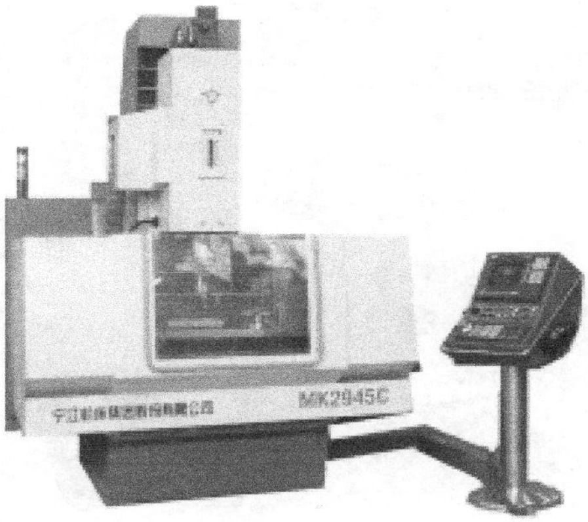


图 6-8　精密坐标磨床外形

### 6.1.3　特种加工设备

**1．电火花成型加工机床**

电火花成型加工机床主要由脉冲电源箱、工作液箱和机床本体组成。其中，机床主体由主轴头、工作台、床身和立柱组成。主轴头是电火花成型加工机床的关键部件，它与间隙自动调节装置组成一体。主轴头的性能直接影响电火花成型加工的加工精度和表面质量。

电火花加工是直接利用电能对零件进行加工的一种方法。间隙自动调节器自动调节极间距离，使工具电极的进给速度与电蚀速度相适应。火花放电必须在绝缘液体介质中进行。

电火花成型加工机床外形如图 6-9 所示。电火花成型加工如图 6-10 所示。

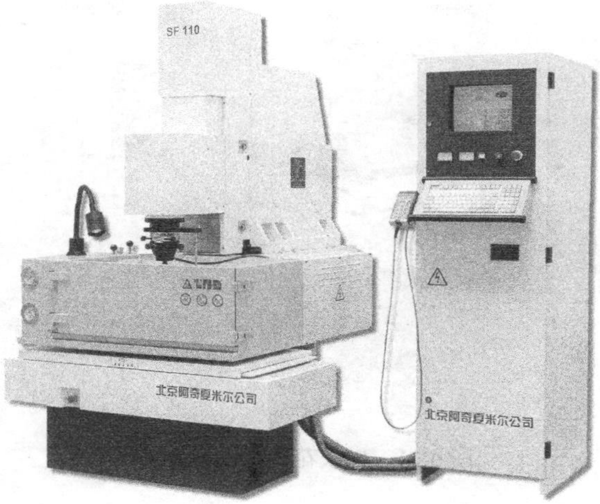


图 6-9　电火花成型加工机床外形

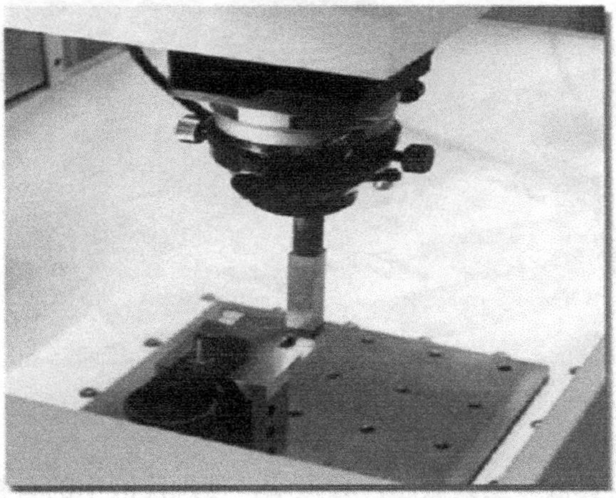

图 6-10　电火花成型加工

### 2. 电火花线切割机

电火花线切割机是利用一根运动的金属丝作为工具电极，在工具电极和工件电极之间通以脉冲电流，使之产生电腐蚀，工件被切割成所需要的形状。电火花线切割机外形如图 6-11 所示，快走丝电火花线切割加工如图 6-12 所示。

### 3. 超声加工设备

超声加工（Ultrasonic Machining，USM）是利用超声振动的工具在有磨料的液体介质中或干磨料中，产生磨料的冲击、抛磨、液压冲击及由此产生的气蚀作用来去除材料，以及利用超声振动使工件相互结合的加工方法。

图 6-11　电火花线切割机外形

图 6-12　快走丝电火花线切割加工

早期的超声加工主要依靠工具做超声频振动，使悬浮液中的磨料获得冲击能量，从而去除工件材料达到加工目的，但加工效率低，并随着加工深度的增加而显著降低。后来，随着新型加工设备及系统的发展和超声加工工艺的不断完善，人们采用从中空工具内部向外抽吸式向内压入磨料悬浮液的超声加工方式，不仅大幅度地提高了生产效率，而且扩大了超声加工孔的直径及孔深的范围。

近 20 多年来，国外采用烧结或镀金刚石的先进工具，既做超声频振动，同时又绕本身轴线以 1000～5000r/min 高速旋转的超声旋转加工，比一般超声波加工具有更高的生产效率和孔加工的深度，同时直线性好、尺寸精度高、工具磨损小，除可加工硬脆材料外，还可加工碳化钢、二氧化钢、二氧化铁和硼环氧复合材料，以及不锈钢与钛合金叠层的材料等。目前，已用于航空、原子能工业，效果良好。

## 6.2　模具生产设备

模具生产设备和模具配套生产制件主要有塑模配套使用的注射成型机与冲模配套使用的压力机，其他还有压注模压机、挤出机、吹塑机、压铸机、锻造设备、挤压设备等。

### 6.2.1 塑料模具生产设备

塑料模具生产设备主要有注射成型机、塑料液压机、塑料挤出机三大类。

注射成型机按注射方式不同又有双柱塞、柱塞式、螺杆式三类。目前应用较为广泛的是螺杆式注射成型机。金属压铸成型机外形如图 6-13 所示。柱塞式注射成型机的塑化机构如图 6-14 所示。

图 6-13 金属压铸成型机外形

图 6-14 柱塞式注射成型机的塑化机构

注射成型是一种以高速高压将塑料熔体注入到已闭合的模具型腔内，经冷却定型，得到与模腔相一致的塑料制件的成型方法。

注射成型的特点如下。

（1）能一次成型出外形复杂，尺寸精确或带有嵌件的塑料制件。

（2）对各种塑料加工的适应性强。

（3）机器生产率高，易于实现自动化生产等。

注射成型机是将热塑性塑料或热固性塑料制成各种塑料制件的主要成型设备。

注射成型机是在金属压铸机的原理上逐渐形成的，1932 年德国弗兰兹·布劳恩厂生产出全自动柱塞式卧式注射成型机，1956 年世界上出现了第一台往复螺杆式注射成型机。

#### 1．注射成型机的基本组成与分类

1）注射成型机的单元操作

（1）闭模和合紧。

（2）注射装置前移和注射。

（3）压力保持。

（4）制品冷却和预塑化。

（5）注射装置后退和开模顶出装置。

注射成型机工作循环周期图如图 6-15 所示。

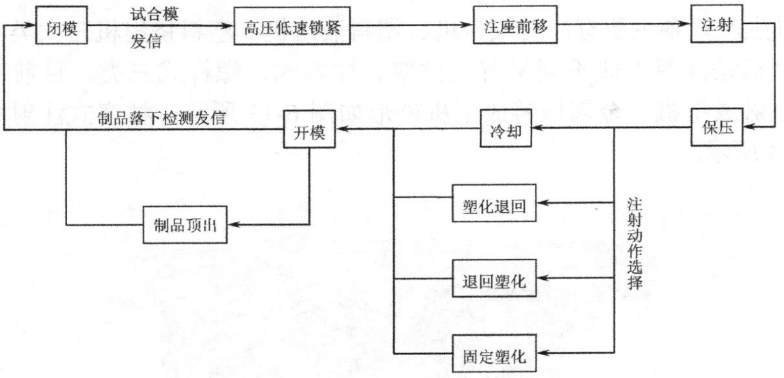


图 6-15　注射成型机工作循环周期图

2）注射成型机的组成

（1）由单元操作分析可知注射机应具备以下功能。

① 对加工塑料实现塑化计量并将熔料射出的功能。

② 对成型模具实现启闭和锁紧的功能。

③ 实现在成型过程中所需能量的转化与传递的功能。

④ 对工作程序及工艺条件设定与控制的功能。

（2）注射成型机主要由注射装置、合模装置、液压传动和电气控制系统组成，如图 6-16 所示。

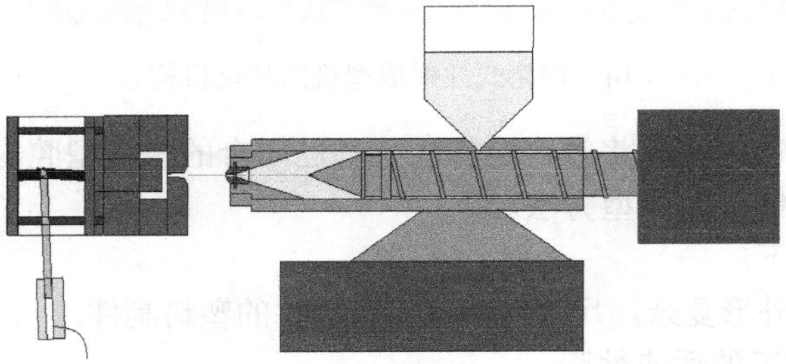

图 6-16　注射成型机的基本组成

3）注射成型机的分类

（1）按排列形式分类：卧式注射成型机（见图 6-17）、立式注射成型机（见图 6-18）、角式（L 形）注射成型机、多模注射成型机。

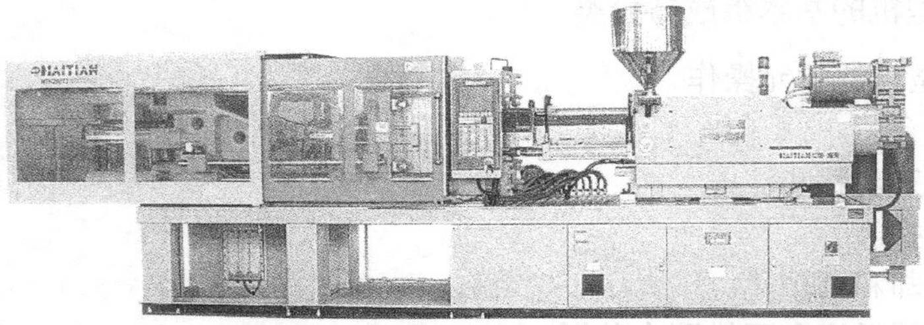


图 6-17　卧式注射成型机

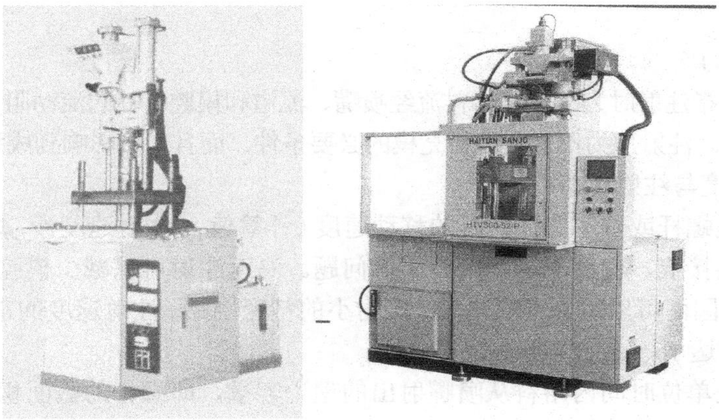

图 6-18　立式注射成型机

（2）按机器加工能力分类（见表 6-1）。

**表 6-1　机器加工能力分类**

| 类　型 | 合模力/kN | 注射量/$cm^3$ |
|---|---|---|
| 超小型 | <200～400 | <30 |
| 小型 | 400～2000 | 60～500 |
| 中型 | 3000～6000 | 500～2000 |
| 大型 | 8000～20 000 | >2000 |
| 超大型 | >20 000 | |

（3）按机器用途分类：热塑性塑料通用型、热固型、发泡型、排气型、高速型、多色、精密、鞋用、螺纹制品用等。

### 2．往复螺杆式注射成型机的工作原理

塑料在注射过程中的行为变化有两个内容，即塑料熔体的形成及制品的成型。

（1）塑料在有机筒内塑化。塑化过程主要包括两个阶段：第一阶段可看成短暂的挤出过程；第二阶段螺杆静止。影响塑化质量的主要因素有树脂性能、加工条件、螺杆形状及要素。

（2）熔料的充模与成型，即熔料在模内发生的全部行为。制品质量主要取决于塑料在模塑时的质量体积变化。因此，模内塑料压力的变化直接反映了模内成型的过程，并可以此作为实现制品质量有效控制的重要手段。

（3）模内压力。根据模塑过程可将压力周期图分为 4 个阶段：充模和压实阶段、保压增密阶段、倒流阶段、制品冷却阶段。

### 3．注射部分主要性能参数

1）注射量

机器在对空注射条件下，注射螺杆（柱塞）做一次最大注射行程时，注射装置所能达到的最大注射量由注射机的螺杆直径和螺杆移动行程决定。确定注射量最终确定螺杆

的直径。

2）注射压力

注射压力是指注射时为了克服熔料流经喷嘴、流道和模腔等处的流动阻力，螺杆（柱塞）对塑料施加的力。注射压力不仅是熔料充模的必要条件，而且直接影响到成型制品的质量。

3）注射速度与注射速率

注射速度是螺杆或柱塞在注射时的移动速度（计算值）。注射速度慢，熔料充模时间长，制品容易产生熔接痕、密度不均、应力大等问题。高速注射可以减少模腔内的熔料温差，改善压力传递，因而可以得到密度均匀、应力小的精密制品。注射速度的常规取值范围8～12cm/s，高速可达15～20cm/s。

注射速率是单位时间内熔料从喷嘴射出的理论容量，即螺杆的截面积乘以螺杆移动的速度。

4）注射功及注射功率

注射功及注射功率都是表示机器注射能力大小的一项指标。注射功是指油缸注射总力与行程的积。注射功率即油缸注射总力与注射速度的积。一般机器的注射功率均大于油泵电动机的额定功率。对于油泵直接驱动的油路，注射功率即为注射时的工作负载。此时油泵电动机功率大约是注射机功率的70%～80%。

#### 4．合模部分主要性能参数

1）合模力

模腔内熔料的压力称为模腔压力。在注射时，要使模具不被模腔压力所形成的胀模力顶开，就必须对模具施以足够的夹紧力，该夹紧力就是合模力。

2）合模装置的基本尺寸

合模装置的基本尺寸直接关系到机器所能加工制品的范围，如制品的面积、高度。一般模板面积大约是拉杆有效面积的2.5倍。

3）机器的技术经济性指标

机器的技术经济性指标是反映机器驱动、尺寸与重量的特征参数，主要包括移模速度、机器循环次数、机器总功率、重量、外形尺寸等。

（1）移模速度是反映机器工作效率的参数。模板的整个行程中，要求速度可变，合模时从快到慢，开模时则由慢到快再到慢。移模速度：国内为24m/min，国外为30～35m/min；最快速度为70m/min，最慢速度为0.24～3m/min。

（2）机器循环次数为机器每小时最高循环系数。一般用机器空循环次数表示。空循环时间是在没有塑化、注射保压、冷却与取出制品等动作的情况下，完成一次循环所需要的时间。

（3）注射成型机实际工作效率的决定因素包括塑料的塑化时间、制品的冷却时间、机器的动作时间。

4）注射成型机规格表示

（1）注射容积表示法。

例如，XS-ZY500即表示该机属塑料（S）成型机（X）类，螺杆式（Y）注射机（Z），机器的注射容积为500cm$^3$。

（2）合模力表示法。

（3）注射容积与合模力共同表示法。

例如，SZ-200/1000 即表示塑料注射机（SZ），理论注射容积为 200cm$^3$，合模力为 1000kN。

### 6.2.2 冷冲压设备

冷冲压设备的选择是冲压工艺及其模具设计中的一项重要内容，它直接影响到设备的安全和合理使用，也关系到冲压生产中产品质量、生产效率及成本，以及模具寿命等一系列重要问题。

#### 1. 分类

冷冲压压力机的种类繁多，按照不同的观点可以分成不同的类别。常按驱动滑块的种类分为电磁压力机、机械压力机、液动压力机和气动压力机几大类。在冷冲压生产中应用最广的是机械压力机和液动压力机（简称液压机）。机械压力机的型号是按锻压机械标准的类、列、组编制的。表 6-2 为机械压力机的列、组划分表。

表 6-2　机械压力机的列、组划分表

| | | | |
|---|---|---|---|
| 1 | 机械压力机 | 机 | J |
| 2 | 液压机 | 液 | Y |
| 3 | 自动锻压机 | 自 | Z |
| 4 | 锤机 | 锤 | C |
| 5 | 锻机 | 锻 | D |
| 6 | 剪切机 | 切 | Q |
| 7 | 弯曲校正机 | 弯 | W |
| 8 | 其他 | 他 | T |

常见冷冲压设备有机械压力机（以 J××表示其型号）和液压机（以 Y××表示其型号）。

冷冲压设备分类如下。

（1）机械压力机按驱动滑块机构的种类可分为曲柄式和摩擦式，图 6-19 所示为曲柄式压力机。

（2）按滑块个数可分为单动和双动。

（3）按床身结构形式可分为开式（C 形床身）和闭式（Π形床身）。

（4）按自动化程度可分为普通压力机和高速压力机等。

冲压压力机的分类如图 6-20 所示。

#### 2. 压力机的选择

1）压力机的类型选择

（1）小型冲压件选用开式机械压力机。

（2）大、中型冲压件选用双柱闭式机械压力机。

（3）导板模或要求导套不离开导柱的模具，选用偏心压力机等。

图 6-19　曲柄式压力机

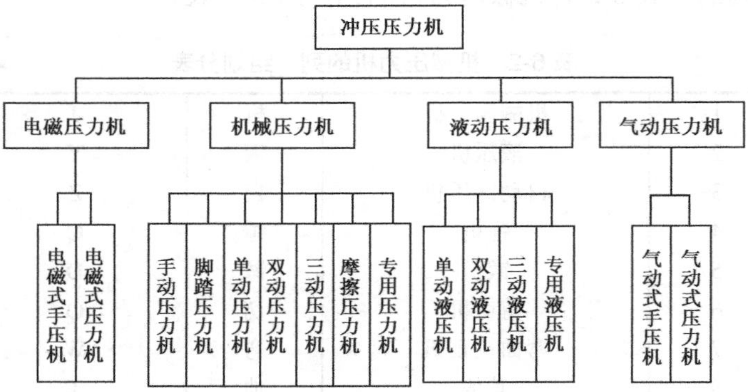


图 6-20　冲压压力机的分类

（4）大量生产的冲压件选用高速压力机或多工位自动压力机。

（5）校平、整形和温热挤压工序选用摩擦压力机。

（6）薄板冲裁、精密冲裁选用刚度高的精密压力机。

（7）大型、形状复杂的拉深件选用双动或三动压力机。

（8）小批量生产中的大型厚板件的成型工序，多采用液压压力机。

2）压力机的规格选择

（1）公称压力。

压力机滑块下滑过程中的冲击力就是压力机的压力。压力的大小随滑块下滑的位置而不同，也就是随曲柄旋转的角度不同而不同。

对于压力机的公称压力，我国规定滑块下滑到距下极点某一特定的距离 $S_p$（此距离称为公称压力行程，随压力机不同而不同，如 JC23-40 规定为 7mm，JA31-400 规定为 13mm）或曲柄旋转到距下极点某一特定角度 $\alpha$（此角度称为公称压力角，随压力机不同而不相同）时，所产生的冲击力称为压力机的公称压力。公称压力的大小，表示压力机本身能够承受冲击的大小。压力机的强度和刚性就是按公称压力进行设计的。

冲压工序中冲压力的大小也是随凸模（或压力机滑块）的行程而变化的。在冲压过程中，凸模在任何位置所需的冲压力应小于压力机在该位置所发出的冲压力。最大拉深力虽然小于压力机的最大公称压力，但大于曲柄旋转到最大拉深力位置时压力机所发出的冲压力，也就是拉深冲压力不在压力机允许范围内。故应选用压力更大吨位的压力机。因此为保证冲压力足够，一般冲裁、弯曲时压力机的吨位应比计算的冲压力大 30%左右，拉深时压力机吨位应比计算出的拉深力大 60%～100%。

（2）滑块行程长度。

滑块行程长度是指曲柄旋转一周滑块所移动的距离，其值为曲柄半径的两倍。选择压力机时，滑块行程长度应保证毛坯能顺利地放入模具和冲压件，并能顺利地从模具中取出。特别是成型拉深件和弯曲件应使滑块行程长度大于制件高度的 2.5～3.0 倍。

（3）行程次数。

行程次数即滑块每分钟冲击次数。应根据材料的变形要求和生产率来考虑。

（4）工作台面尺寸。

工作台面长、宽尺寸应大于模具下模座尺寸，并每边留出 60～100mm，以便于安装固定模具用的螺栓、垫铁和压板。当制件或废料需下落时，工作台面孔尺寸必须大于下落件的尺寸。对有弹顶装置的模具，工作台面孔尺寸还应大于下弹顶装置的外形尺寸。

（5）滑块模柄孔尺寸。

模柄孔直径要与模柄直径相符，模柄孔的深度应大于模柄的长度。

（6）闭合高度。

压力机的闭合高度是指滑块在下止点时，滑块底面到工作台上平面（即垫板下平面）之间的距离。

压力机的闭合高度可通过调节连杆长度在一定范围内变化。当连杆调至最短（对偏心压力机的行程应调到最小），滑块底面到工作台上平面之间的距离为压力机的最大闭合高度；当连杆调至最长（对偏心压力机的行程应调到最大），滑块处于下止点，滑块底面到工作台上平面之间的距离为压力机的最小闭合高度。

压力机的装模高度指压力机的闭合高度减去垫板厚度的差值。没有垫板的压力机，其装模高度等于压力机的闭合高度。

模具的闭合高度是指冲模在最低工作位置时，上模座上平面至下模座下平面之间的距离。

### 6.2.3 现代精密压力机

#### 1. 高速精密冲裁压力机

小型高速冲裁精密压力机主要用于生产电传打字机、复印机、照相机等较厚的精密制件。其制件的种类、材料厚度、冲压工艺的难度、形状及尺寸各异，种类较多。精密冲裁液压机如图 6-21 所示，它的总压力一般不超过 2500kN。该压力机采用滑块式机械传动，刚性好，导向精度高，适应性强，工作可靠，操作维修方便，应用较广。

法因图尔（Feintool AG LYSS）公司生产法因图尔精冲机，该公司是世界上最大的精冲机生产厂家。

图 6-21　精密冲裁液压机

法因图尔精冲机的最大送料长度可达 3600mm，材料宽度为 40～63mm，材料厚度可达 20mm，送料进距最大可达 1.2m。

### 2. 数控冲切及步冲压力机

数控冲切及步冲压力机是由计算机数控（并带有模具库）进行冲切及步冲的，它不但能自动生产大型板料，而且还可以利用步冲轮廓的特性，突破冲压加工离不开专用模具的概念，具有很强的通用性。目前已发展到带有激光切削，进一步降低了对于模具的依赖。它主要用于大于 1m×1m 的大、中型平面制件的冲裁和较浅的打凸、开百叶窗及压肋工艺。它们都是集冲切、步冲、成型和等离子切割于一体的通用数控压力机。

### 3. BEAT 系列高速压力机

由日本京利公司制造的 BEAT 系列高速压力机，其结构特点为四柱框架式结构，送料器按压力机的大小专门配备，送料精度高。它适用于集成电路、接插件、高频头，以及小型、超小型电机的定子、转子等制件的生产。

## 思考与练习

6-1　模具零件加工的普通机械设备有哪些？

6-2　模具零件加工的数控设备有哪些？

6-3　模具零件加工的特种设备有哪些？

6-4　塑料模具成型设备主要有哪几类？

6-5　注射成型机是一种什么设备？

6-6　简述注射成型机的功能组成。

6-7　机械压力机的常用分类有哪些？

# 第 7 章

# 模具零件的机械加工

模具零件的机械加工主要是模架部分及模具的工作零件的加工。模具的工作零件是指模具生产产品时，与产品接触的模具零件。型腔的抛光和表面硬化技术在模具零件的机械加工过程中的应用也越来越多。

## 7.1 模架的加工

### 7.1.1 冷冲模模架的加工

模架是用来安装模具的工作零件和其他结构零件，并保证模具的工作部分在工作时间具有正确的相对位置。模架主要由上、下模座，以及导柱、导套组成。滑动导向的标准冷冲模模架结构如图 7-1 所示。

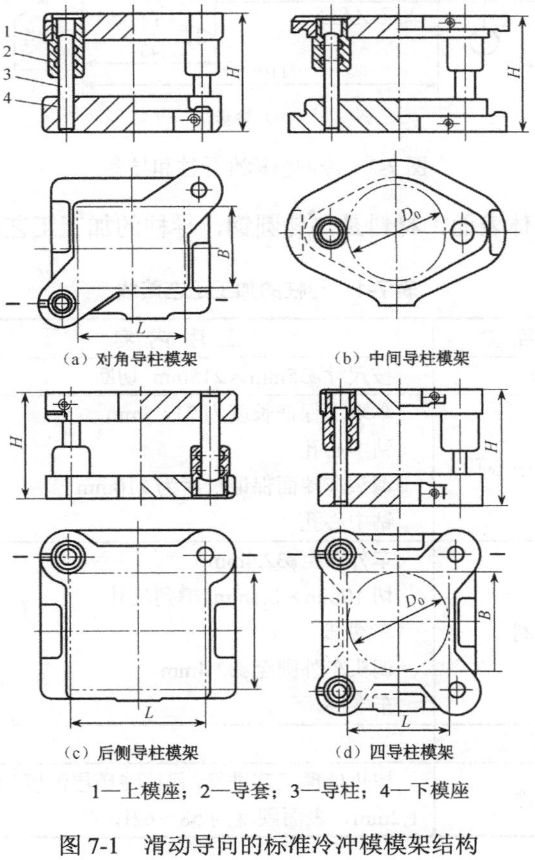


（a）对角导柱模架　（b）中间导柱模架

（c）后侧导柱模架　（d）四导柱模架

1—上模座；2—导套；3—导柱；4—下模座

图 7-1　滑动导向的标准冷冲模模架结构

### 1. 导柱和导套的加工

导柱和导套在模具中起导向作用，并保证凸模和凹模在工作时具有正确的相对位置；保证模架的活动部分运动平稳、无阻滞现象。

冷冲模标准导柱和导套如图 7-2 所示。

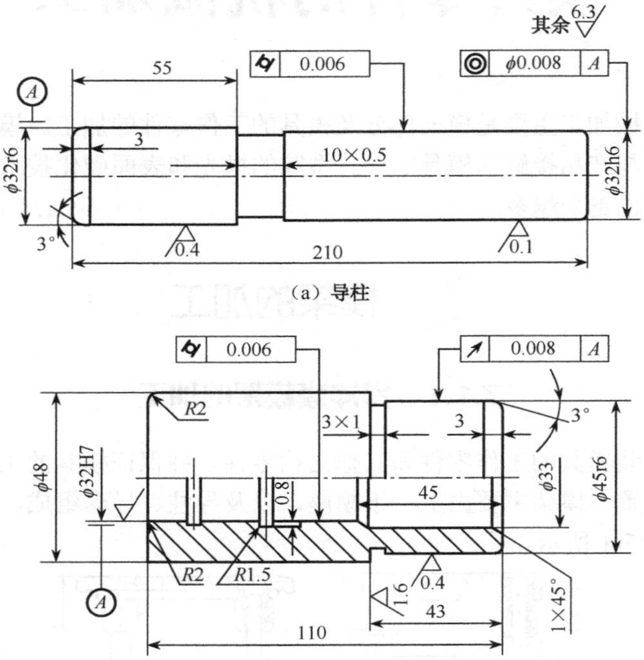


（a）导柱

（b）导套

图 7-2　冷冲模标准导柱和导套

导柱和导套是回转体表面，材料是热轧圆钢，导柱的加工工艺路线如表 7-1 所示。

表 7-1　导柱的加工工艺路线

| 工 序 号 | 工 序 名 称 | 工 序 内 容 | 设　　备 |
|---|---|---|---|
| 1 | 下料 | 按尺寸ϕ35mm×215mm 切断 | 锯床 |
| 2 | 车端面钻中心孔 | 车端面保证长度为 212.5mm<br>钻中心孔<br>调头车端面保证长度为 210mm<br>钻中心孔 | 卧式车床 |
| 3 | 车外圆 | 车外圆至ϕ32.4mm<br>切 10mm×0.5mm 槽到尺寸<br>车端部<br>调头车外圆至ϕ32.4mm<br>车端部 | 卧式车床 |
| 4 | 检验 | | |
| 5 | 热处理 | 按热处理工艺进行，保证渗碳层深度为 0.8～1.2mm，表面硬度为 58～62HRC | |

续表

| 工 序 号 | 工 序 名 称 | 工 序 内 容 | 设 备 |
|---|---|---|---|
| 6 | 研中心孔 | 研中心孔<br>调头研另一端中心孔 | 卧式车床 |
| 7 | 磨外圆 | 磨外圆$\phi$32h6 留研磨量为 0.01mm<br>调头磨外圆$\phi$32r4 到尺寸 | 万能外圆磨床 |
| 8 | 研磨 | 研磨外圆$\phi$32h6 达要求<br>抛光圆角 | 卧式车床 |
| 9 | 检验 | | |

1）导柱的加工

导柱加工时，外圆柱面的车削和磨削以两端的中心孔定位，使设计基准与工艺基准重合。

若中心孔有较大的同轴度误差，将使中心孔和顶尖不能良好接触，影响加工精度，如图 7-3 所示。

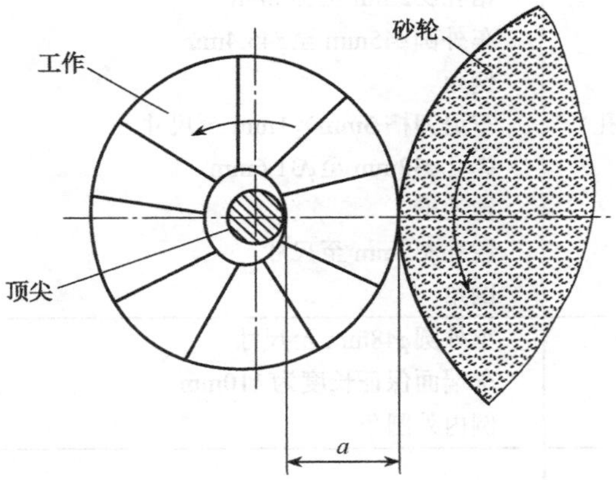


图 7-3　中心孔的圆度误差使工件产生圆度误差

修正中心孔可采用磨、研磨和挤压来实现。

（1）车床用磨削方法修正中心孔，如图 7-4 所示。

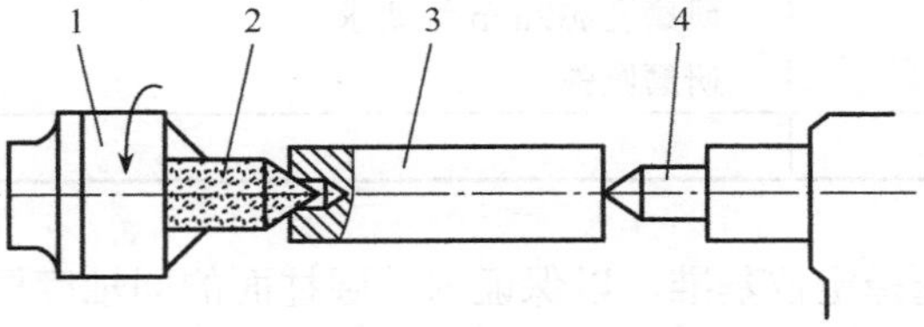


1—三爪自定心卡盘；2—砂轮；3—工件；4—尾顶尖

图 7-4　磨中心孔

（2）挤压中心孔的硬质合金多棱顶尖如图 7-5 所示。

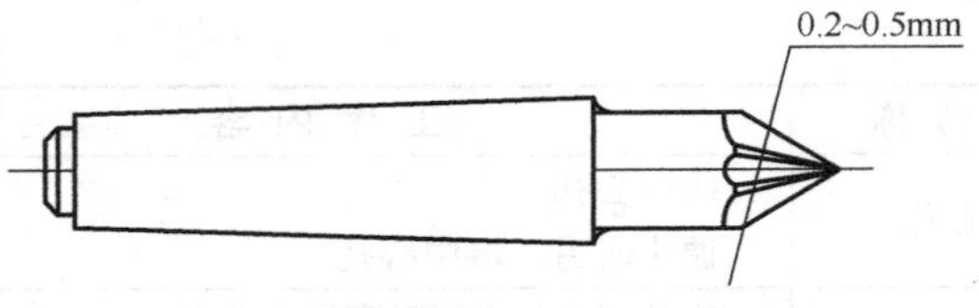


图 7-5　挤压中心孔的硬质合金多棱顶尖

导柱在热处理后修正中心孔，以便消除中心孔在热处理过程中可能产生的变形和其他缺陷。

2）导套的加工

导套的加工工艺路线如表 7-2 所示。

**表 7-2　导套的加工工艺路线**

| 工序号 | 工序名称 | 工序内容 | 设备 |
|---|---|---|---|
| 1 | 下料 | 按尺寸 $\phi$52mm×115mm 切断 | 锯床 |
| 2 | 车外圆及内孔 | 车端面保证长度为 113mm<br>钻孔 $\phi$32mm 至 $\phi$30mm<br>车外圆 $\phi$45mm 至 $\phi$45.4mm<br>倒角<br>车退刀槽 3mm×1mm 至尺寸<br>镗孔 $\phi$32mm 至 $\phi$31.6mm<br>镗油槽<br>镗孔 $\phi$32mm 至尺寸<br>倒角 | 卧式车床 |
| 3 | 车外圆<br>倒角 | 车外圆 $\phi$48mm 至尺寸<br>车端面保证长度为 110mm<br>倒内外圆角 | 卧式车床 |
| 4 | 检验 | | |
| 5 | 热处理 | 按热处理工艺进行，保证渗碳层深度为 0.8～1.2mm，硬度 58～62HRC | |
| 6 | 磨内外圆 | 磨外圆 45mm 达要求<br>磨内孔 32mm，留研磨量为 0.01mm | 万能外圆磨床 |
| 7 | 研磨内孔 | 研磨孔 $\phi$32mm 达要求<br>研磨圆弧 | 卧式车床 |
| 8 | 检验 | | |

导套加工时正确选择定位基准，以保证内外圆柱面的同轴度要求。

（1）单件生产时。

采用一次装夹磨出内外圆，可避免由于多次装夹带来的误差。但每磨一件都要重新调整机床。

（2）批量加工时。

可先磨内孔，再把导套装在专门设计的锥度（1/1000～1/5000，60HRC 以上）心轴上，以心轴两端的中心孔定位，磨削外圆柱面，如图 7-6 所示。

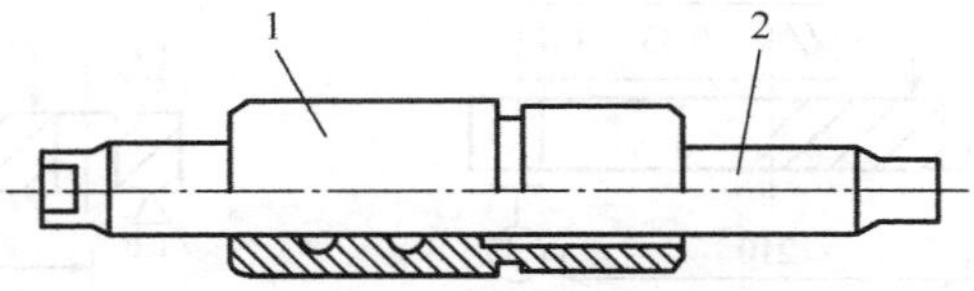

1—导套；2—心轴

图 7-6　用小锥度心轴安装导套

3）导柱和导套研磨加工

导柱和导套研磨加工是为了进一步提高被加工表面的质量，以达图样要求。

（1）导柱研磨工具。

（2）导套研磨工具，如图 7-7 所示。

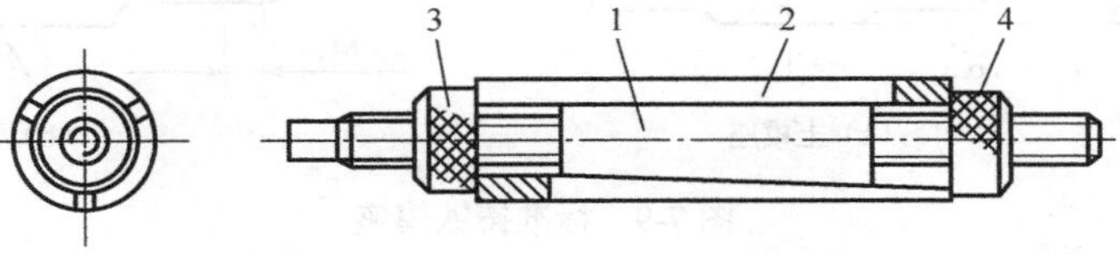

1—锥度心轴；2—研磨套；3、4—调整螺母

图 7-7　导套研磨工具

（3）磨削和研磨导套时常见的缺陷“喇叭口”，如图 7-8 所示。

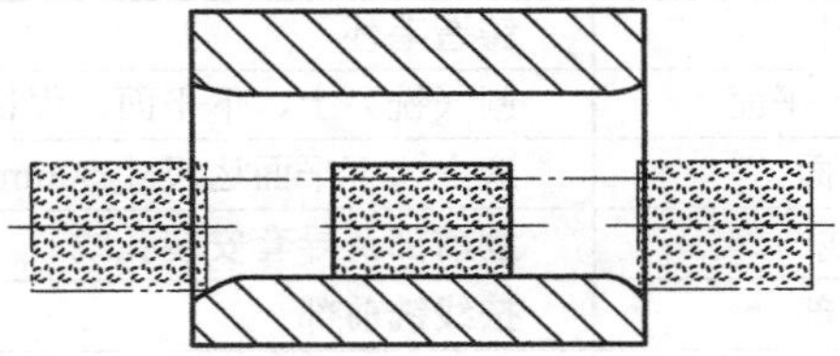

图 7-8　磨孔时“喇叭口”的产生

## 2. 上、下模座的加工

（1）标准铸铁模座如图 7-9 所示。

标准铸铁模座能够保证模架的装配要求，使模架工作时上模座沿导柱上、下运动平稳，无滞阻现象，并保证模具能正常工作。

（2）模座上、下平面的平行度公差如表 7-3 所示。

表 7-3　模座上、下平面的平行度公差

| 基本尺寸/mm | 公差等级 | | 基本尺寸/mm | 公差等级 | |
|---|---|---|---|---|---|
| | 4 | 5 | | 4 | 5 |
| | 公差值 | | | 公差值 | |
| 40～63 | 0.008 | 0.012 | 250～400 | 0.020 | 0.030 |
| 63～100 | 0.010 | 0.015 | 400～630 | 0.025 | 0.040 |
| 100～160 | 0.012 | 0.020 | 630～1000 | 0.030 | 0.050 |
| 160～250 | 0.015 | 0.025 | 1000～1600 | 0.040 | 0.060 |

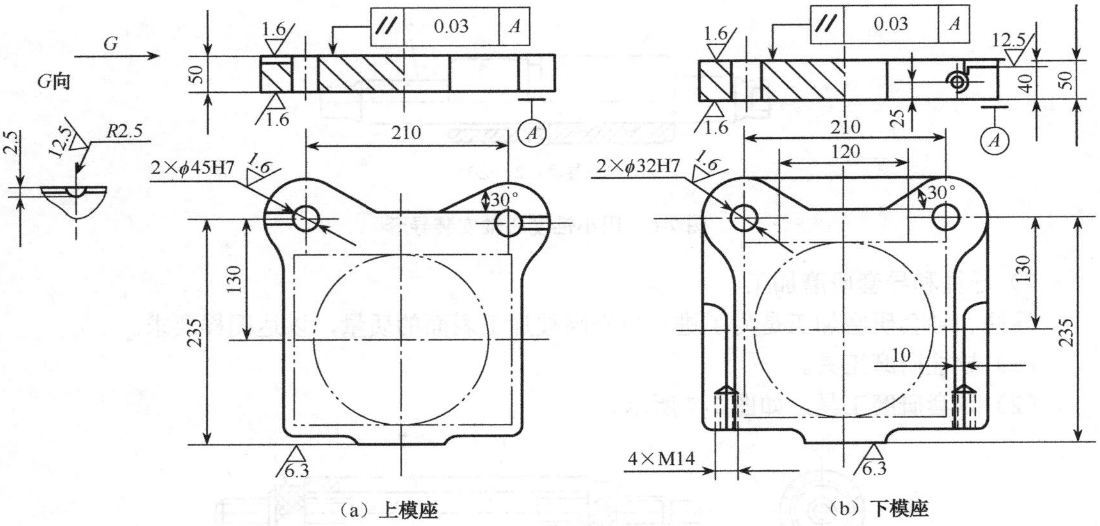


图 7-9　标准铸铁模座

（3）上、下模座的加工工艺路线如表 7-4 和表 7-5 所示。

**表 7-4　加工上模座的工艺路线**

| 工序号 | 工 序 名 称 | 工序内容及要求 |
| --- | --- | --- |
| 1 | 备料 | 铸造毛坯 |
| 2 | 刨（铣）平面 | 刨（铣）上、下平面，保证尺寸为 50.8mm |
| 3 | 磨平面 | 磨上、下平面达尺寸 50mm，保证平面度要求 |
| 4 | 划线 | 划前部及导套安装孔线 |
| 5 | 铣前部 | 按线铣前部 |
| 6 | 钻孔 | 按线钻导套安装孔至尺寸 $\phi$43mm |
| 7 | 镗孔 | 和下模座重叠镗孔达尺寸 $\phi$45H7，保证垂直度 |
| 8 | 铣槽 | 铣 $R$2.5mm 圆弧槽 |
| 9 | 检验 | |

**表 7-5　加工下模座的工艺路线**

| 工序号 | 工 序 名 称 | 工序内容及要求 |
| --- | --- | --- |
| 1 | 备料 | 铸造毛坯 |
| 2 | 刨（铣）平面 | 刨（铣）上、下平面，保证尺寸为 50.8mm |
| 3 | 磨平面 | 磨上、下平面达尺寸 50mm，保证平面度要求 |
| 4 | 划线 | 划前部及导柱孔线、螺纹孔线 |
| 5 | 铣床加工 | 按线铣前部，铣两侧压紧面达尺寸 |
| 6 | 钻床加工 | 钻导柱孔至尺寸 $\phi$30mm，钻螺纹底孔，攻螺纹 |
| 7 | 镗孔 | 和上模座重叠镗孔达尺寸 $\phi$32H7，保证垂直度 |
| 8 | 检验 | |

## 7.1.2 注射成型模模架的加工

### 1．注射成型模的结构组成

不同结构形式的注射成型模如图 7-10 所示。注射成型模的结构有多种形式，其组成零件也不完全相同，但根据模具各零（部）件与塑料的接触情况，可以将模具的组成分为成型零件和结构零件两大类。

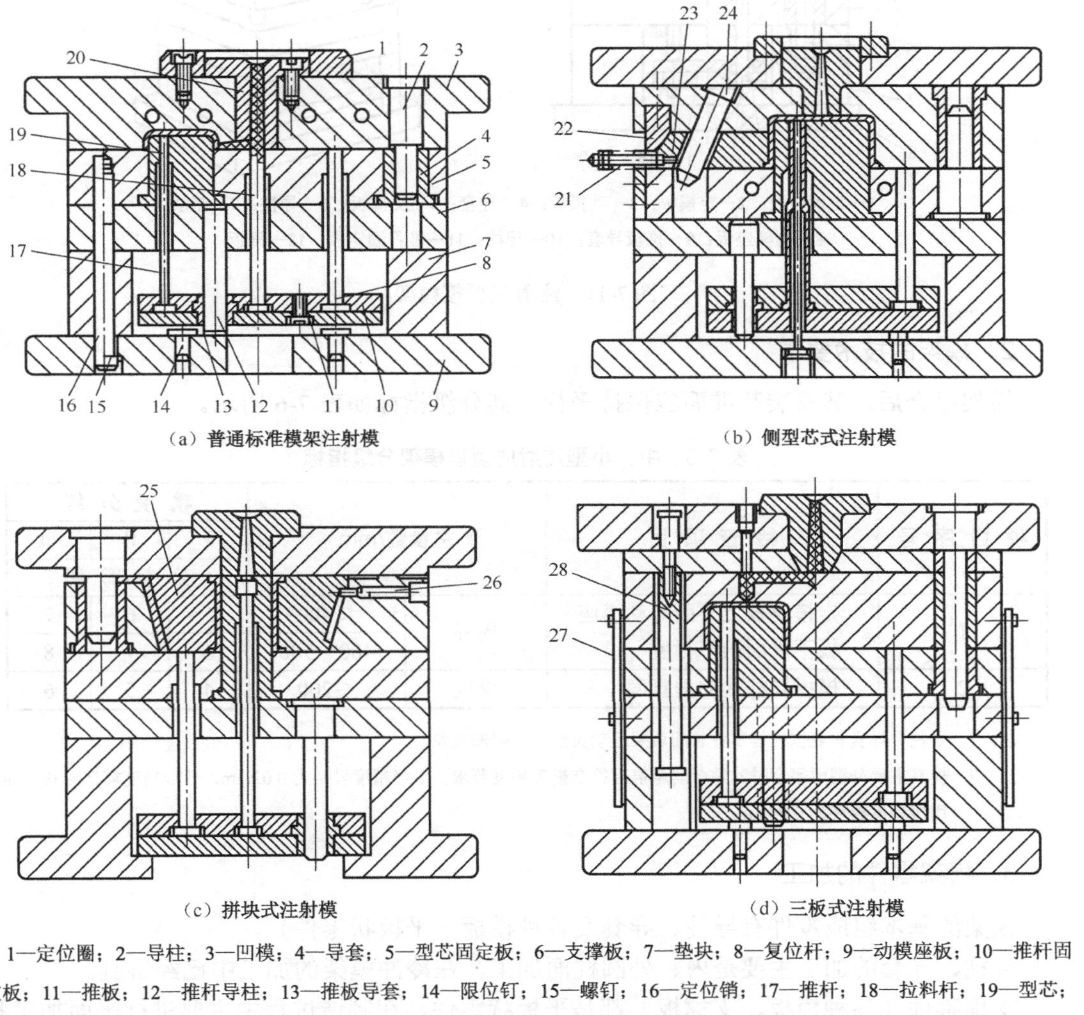


（a）普通标准模架注射模　（b）侧型芯式注射模

（c）拼块式注射模　（d）三板式注射模

1—定位圈；2—导柱；3—凹模；4—导套；5—型芯固定板；6—支撑板；7—垫块；8—复位杆；9—动模座板；10—推杆固定板；11—推板；12—推杆导柱；13—推板导套；14—限位钉；15—螺钉；16—定位销；17—推杆；18—拉料杆；19—型芯；20—浇口套；21—弹簧；22—楔紧块；23—侧型芯滑块；24—斜销；25—斜滑块；26—限位螺钉；27—定距拉板；28—定距拉杆

图 7-10　不同结构形式的注射成型模

1）成型零件

成型零件是指与塑料接触并构成模腔的那些零件，它们决定着塑料制品的几何形状和尺寸。

2）结构零件

结构零件是指除成型零件以外的模具零件，这些零件具有支撑、导向、排气、顶出制品、侧向抽芯、侧向分型、温度调节、引导塑料熔体向模腔流动等功能。

在结构零件中，合模导向装置与支撑零部件的组成构成注射成型模模架，如图 7-11 所示。

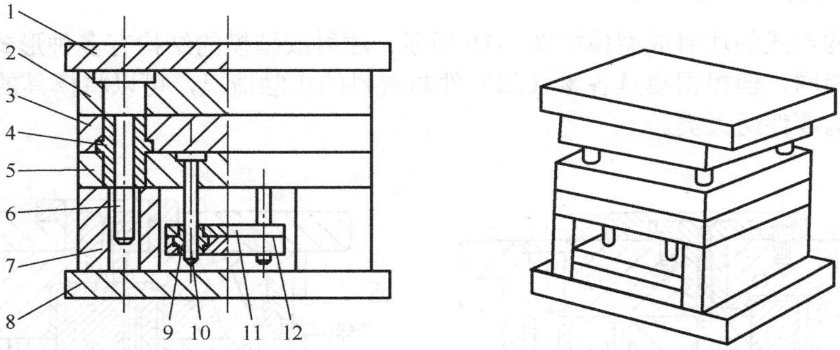


1—定模座板；2—定模板；3—动模板；4—导套；5—支撑板；6—导柱；7—垫块；8—动模座板；9—推板导套；10—导柱；11—推杆固定板；12—推板

图 7-11　注射成型模模架

### 2. 模架的技术要求

模架组合后，其安装基准面应保持平行，其分级指标如表 7-6 所示。

表 7-6　中、小型注射成型模模架分级指标

| 项目序号 | 检查项目 | 主参数/mm | | 精度分级 | | |
|---|---|---|---|---|---|---|
| | | | | I | II | III |
| | | | | 公差等级 | | |
| 1 | 定模座板上平面对动模座板下平面的平行度 | 周界 | ≤400 | 5 | 6 | 7 |
| | | | 400～900 | 6 | 7 | 8 |
| 2 | 模板导柱孔的垂直度 | 厚度 | ≤200 | 4 | 5 | 6 |

注：1. 导柱、导套和复位杆等零件装配后要运动灵活、无阻滞现象。

2. 模具主要分型面闭合时的贴合间隙值应符合模架精度要求。Ⅰ级精度模架为 0.02mm，Ⅱ级精度模架为 0.03mm，Ⅲ级精度模架为 0.04mm。

### 3. 模架零件的加工

模架的基本组成零件有导柱、导套及各种模板（平板状零件）。

导柱、导套的加工主要是内、外圆柱面加工，在冷冲模架的加工中已经讲到。

支撑零件（各种模板、支撑板）都是平板状零件，在制造过程中主要进行平面加工和孔系加工。对模板进行镗孔加工时，应在模板平面精加工后，以模板的大平面及两相邻侧面作为定位基准，将模板放置在机床工作台的等高垫铁上，如图 7-12 所示。

### 4. 其他结构零件的加工

1）浇口套的加工

（1）浇口套的加工如图 7-13 所示。

（2）材料用 T8A。

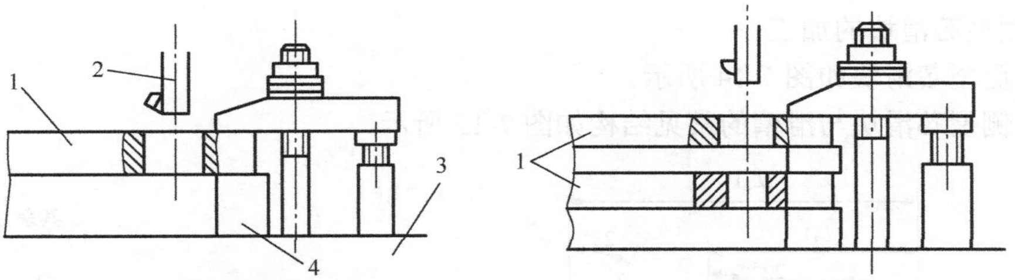


（a）模板单个镗孔　　（b）定模同时镗孔

1—模板；2—镗杆；3—工作台；4—等高垫铁

图 7-12　模板的装夹

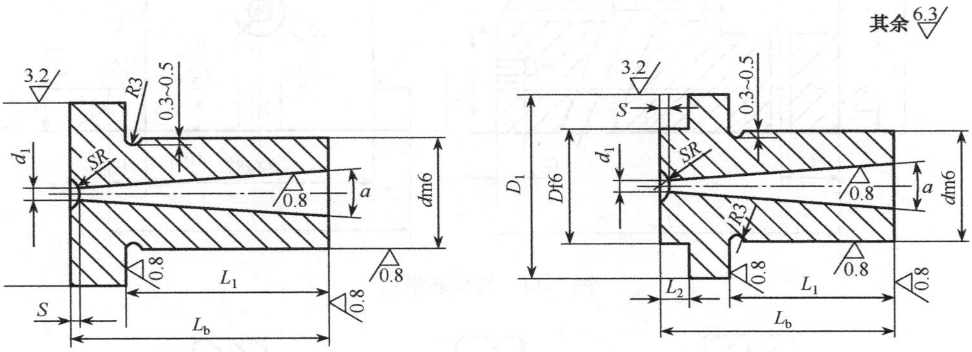


A型　　B型

图 7-13　浇口套的加工

（3）热处理要求为 57HRC。

（4）加工浇口套的工艺路线如表 7-7 所示。

**表 7-7　加工浇口套的工艺路线**

| 工序号 | 工 序 名 称 | 工 艺 说 明 |
|---|---|---|
| 1 | 备料 | 按零件结构及尺寸大小选用热轧圆钢或锻件做毛坯<br>保证直径和长度方向上有足够的加工余量<br>若浇口套凸肩部分长度不能可靠夹持，应将毛坯长度适当加长 |
| 2 | 车削加工 | 车外圆 $d$ 及端面，留磨削余量<br>车退刀槽达设计要求<br>钻孔<br>加工锥孔达设计要求<br>调头车外圆 $D_1$ 达设计要求<br>车外圆 $D$，留磨量<br>车端面保证尺寸 $L_b$<br>车球面凹坑达设计要求 |
| 3 | 检验 | |
| 4 | 热处理 | |
| 5 | 磨削加工 | 以锥孔定位磨外圆 $d$ 及 $D$ 达设计要求 |
| 6 | 检验 | |

2）侧型芯滑块的加工

（1）侧型芯滑块如图 7-14 所示。

（2）侧型芯滑块与滑槽的常见结构如图 7-15 所示。

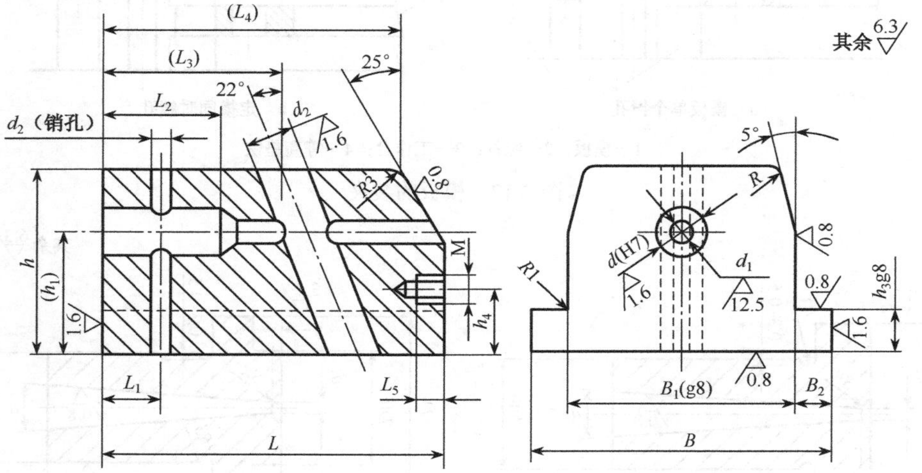


图 7-14　侧型芯滑块

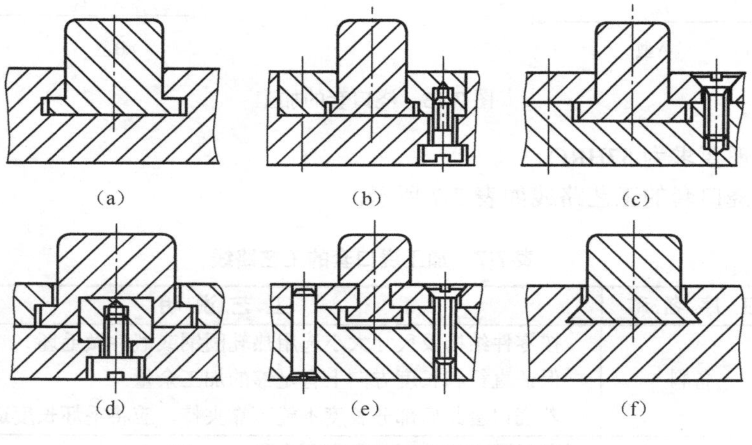


图 7-15　侧型芯滑块与滑槽的常见结构

（3）滑块与滑槽配合：H8/g7 或 H8/h8。

（4）滑块材料用 45 钢或碳素工具钢。

（5）热处理要求为 40～45HRC。

（6）加工侧型芯滑块的工艺路线如表 7-8 所示。

表 7-8　加工侧型芯滑块的工艺路线

| 工序号 | 工 序 名 称 | 工 艺 路 线 |
|---|---|---|
| 1 | 备料 | 将毛坯锻成平行六面体，保证各面有足够加工余量 |
| 2 | 铣削加工 | 铣六面 |
| 3 | 钳工划线 | |

续表

| 工序号 | 工 序 名 称 | 工 艺 路 线 |
| --- | --- | --- |
| 4 | 铣削加工 | 铣滑导部，留磨削余量<br>铣各斜面达设计要求 |
| 5 | 钳工划线 | 去毛刺，倒钝锐边<br>加工螺纹孔 |
| 6 | 热处理 | |
| 7 | 磨削加工 | 磨滑块导滑面达设计要求 |
| 8 | 镗型心固定孔 | 将滑块装入滑槽内<br>按型腔上侧型芯孔的位置确定侧滑块上型芯固定孔的位置尺寸<br>按上述位置尺寸镗滑块上的型芯固定孔 |
| 9 | 镗斜导柱孔 | 动模板、定模板组成，契紧块将侧型芯滑块锁紧<br>将组成的动、定模板装夹在卧式镗床的工作台上<br>按斜导柱孔的斜角偏转工作台镗孔 |

# 7.2 模具工作零件的加工

## 7.2.1 冲裁凸模的加工

### 1. 圆形凸模的加工

1）结构

圆形凸模如图 7-16 所示。

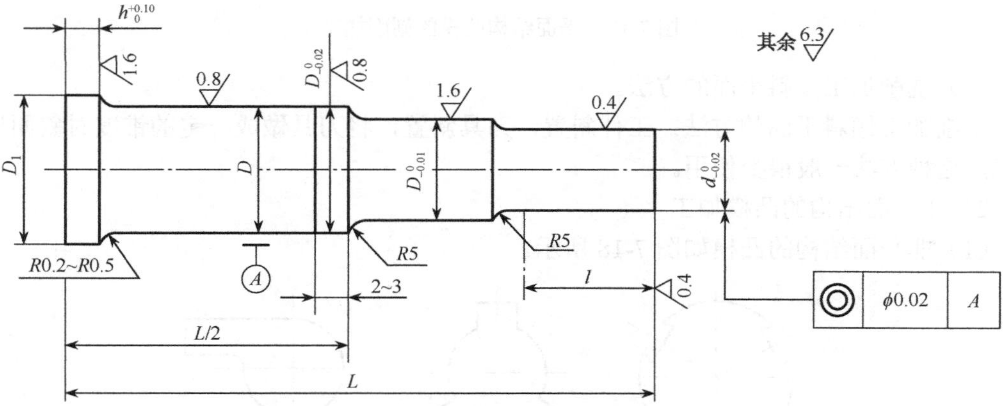


图 7-16 圆形凸模

2）加工工艺路线

毛坯→车削加工（留磨削余量）→热处理→磨削。

### 2. 非圆形凸模的加工

凸模的非圆形工作型面分为平面结构和非平面结构。

1）平面构成的凸模型面加工

（1）平面结构凸模的刨削加工如图 7-17 所示。

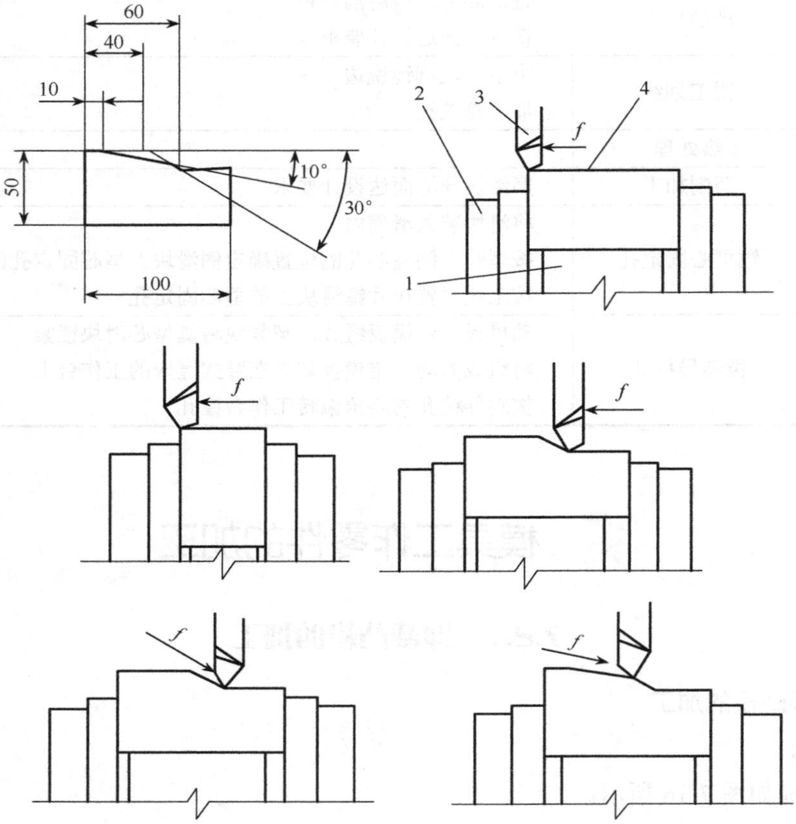


图 7-17　平面结构凸模的刨削加工

（2）铣削加工倾斜平面的方法。

铣削加工倾斜平面的方法：工件斜置，刀具斜置，将刀具做成一定的锥度对斜面进行加工，这种方法一般很少使用。

2）非平面结构的凸模加工

（1）非平面结构的凸模如图 7-18 所示。

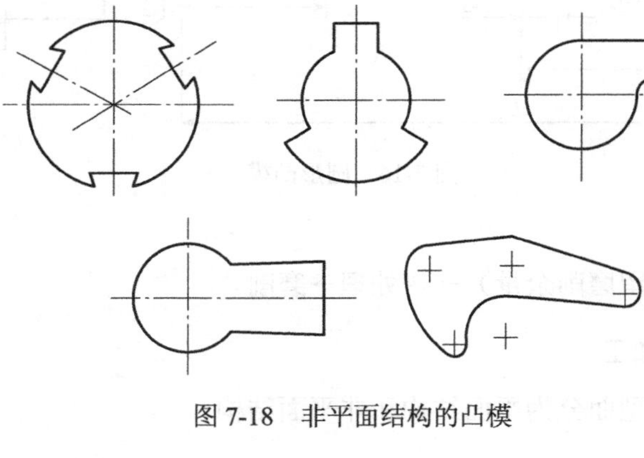

图 7-18　非平面结构的凸模

（2）加工方法。

① 仿形铣床加工：靠仿形销和靠模控制铣刀进行加工。

② 数控铣床加工：加工精度比仿形铣削高。

③ 普通铣床加工：采用划线法进行加工。

**3．成型磨削**

1）成型砂轮磨削法

将砂轮修整成与被磨削工件表面完全吻合的形状，进行磨削加工，以获所需要的成型表面，如图 7-19 所示。

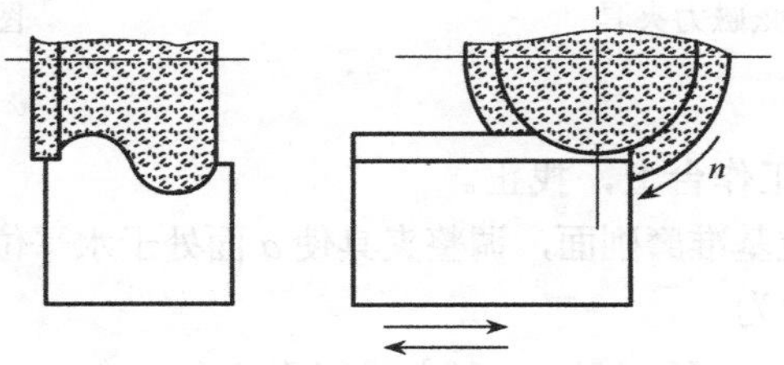


图 7-19　成型砂轮磨削法

2）夹具磨削法

（1）正弦精密平口钳如图 7-20 所示。

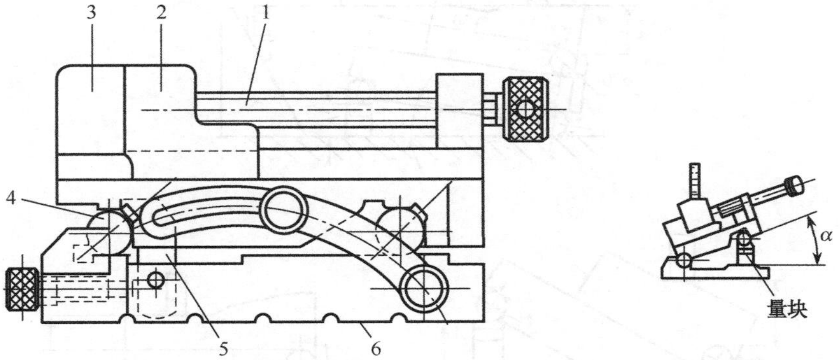


（a）正弦精密平口钳　　（b）磨削示意图

1—螺柱；2—活动钳口；3—虎钳体；4—正弦圆柱；5—压板；6—底座

图 7-20　正弦精密平口钳

量块尺寸为 $h\sin\alpha=L$。

（2）正弦磁力夹具如图 7-21 所示。

被磨削表面的尺寸常采用测量调整器、量块和百分表进行比较测量。

【例 7-1】图 7-22 所示凸模，采用正弦磁力夹具在平面磨床上磨削斜面 *a*、*b* 及平面 *c*。除 *a*、*b*、*c* 面外，其余各面均已加工到设计要求。

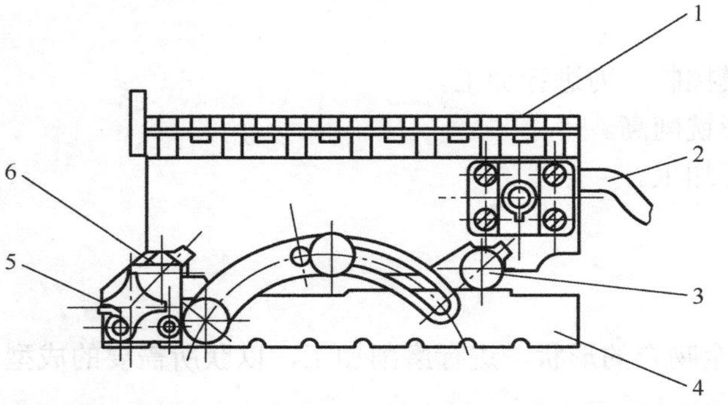


1—电磁吸盘；2—电源线；3、6—正弦圆柱；4—底座；5—锁紧手轮

图 7-21　正弦磁力夹具

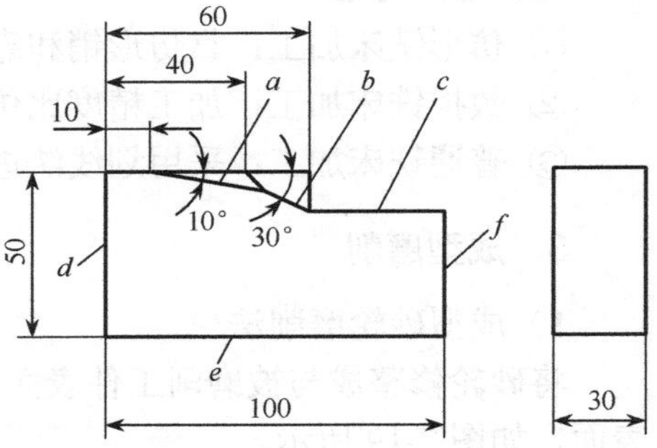


图 7-22　凸模

磨削工艺过程如下。

① 将夹具置于机床工作台上，找正。

② 以 $d$ 及 $e$ 面为定位基准磨削面，调整夹具使 $a$ 面处于水平位置，如图 7-23（a）所示。调整夹具的量块尺寸为

$$H_1=150\times\sin10^\circ=26.0472\text{（mm）}$$

检测磨削尺寸的量块尺寸为

$$M_1=(50-10)\times\cos10^\circ-10=29.392\text{（mm）}$$

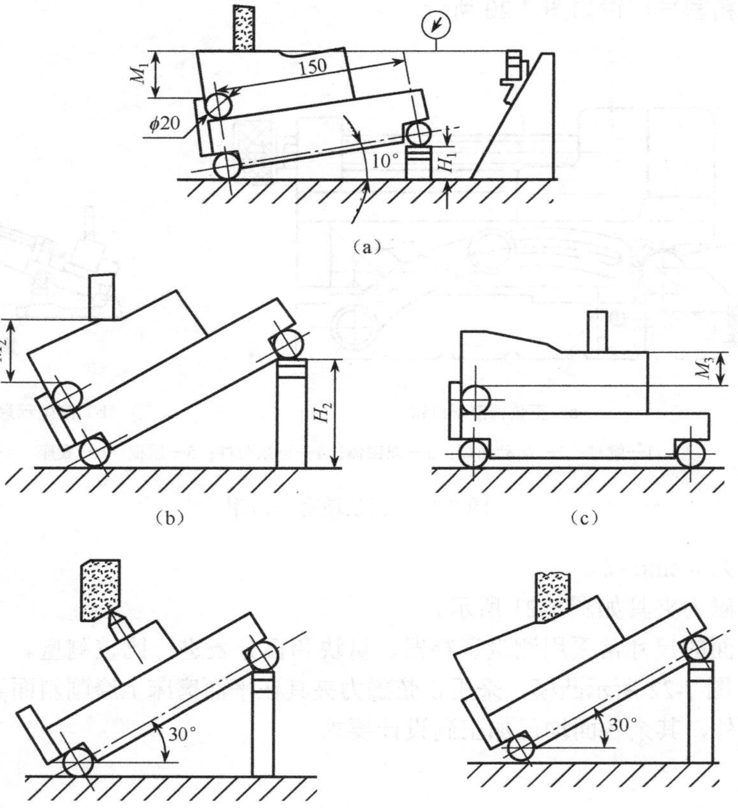


图 7-23　用单向磁力夹具磨削凸模

③ 磨削 $b$ 面：调整夹具使 $b$ 面处于水平位置，如图 7-23（b）所示。

调整夹具的量块尺寸为

$$H_1 = 150 \times \sin 30° = 75 \text{（mm）}$$

检测磨削尺寸的量块尺寸为

$$M_1 = [(50-10)+(40-10)\times \tan 30°] \times \cos 30° - 10 = 39.641 \text{（mm）}$$

④ 磨削 $c$ 面：调整夹具磁力台成水平位置，如图 7-23（c）所示。

检测磨削尺寸的量块尺寸：

$$M_1 = 50 - [(60-40)\times \tan 30° + 20] = 18.453 \text{（mm）}$$

⑤ 磨削 $b$、$c$ 面的交线部位：用成型砂轮磨削，调整夹具磁力台与水平面成 30°，砂轮圆周修整出部分锥角为 60° 的圆锥面，如图 7-23（d）所示。

砂轮的外圆柱面与处于水平位置的 $b$ 面部分微微接触，再使砂轮慢速横向进给，直到 $c$ 面也出现微小的火花，加工结束，如图 7-23（e）所示。

3）仿形磨削

（1）原理。在具有放缩尺的曲面磨床或光学曲面磨床上，按放大样板或放大图对成型表面进行磨削加工。

（2）被加工零件主要用于磨削尺寸较小的凸模和凹模拼块。

（3）被加工零件精度为±0.01mm，$Ra$ 为 0.63～0.32μm。

（4）光学曲线磨床如图 7-24 所示。

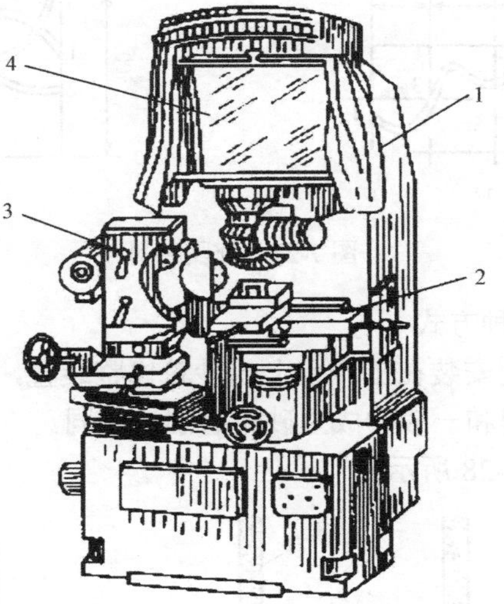


1—床身；2—坐标工作台；3—砂轮架；4—光屏

图 7-24 光学曲线磨床

砂轮架用来安装砂轮，它能做纵向和横向送进（手动），可绕垂直轴旋转一定角度以便将砂轮斜置进行磨削，如图 7-25 所示。

光学曲线磨床的光学投影放大系统原理如图 7-26 所示。

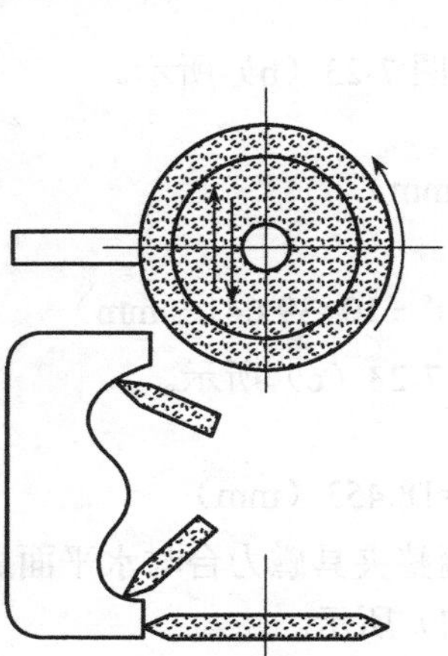

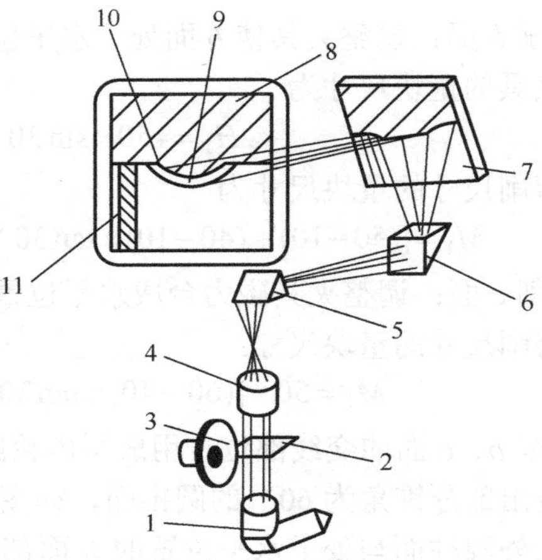


1—光源；2—工件；3—砂轮；4—物镜；5、6—三棱镜；7—平镜；8—光屏；9—工件的影像；10—放大图；11—砂轮的影像

图 7-25 磨削曲线轮廓的侧边　　图 7-26 光学曲线磨床的光学投影放大系统原理

将被磨削表面的轮廓分段，如图 7-27（a）所示。把每段曲线放大 50 倍绘图，如图 7-27（b）所示。

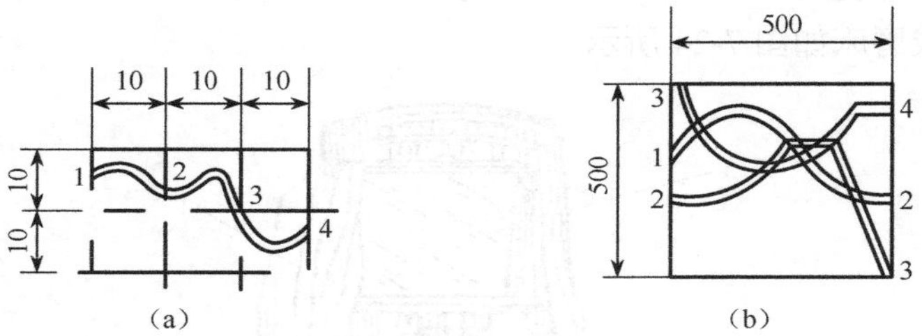


图 7-27 分段磨削

4）数控成型磨削的 3 种方式

（1）利用数控装置控制安装在工作台上的砂轮修整装置，修整出需要的成型砂轮，用此砂轮磨削工件，磨削过程和一般的成型砂轮磨削法相同。

（2）仿形法磨削如图 7-28 所示。

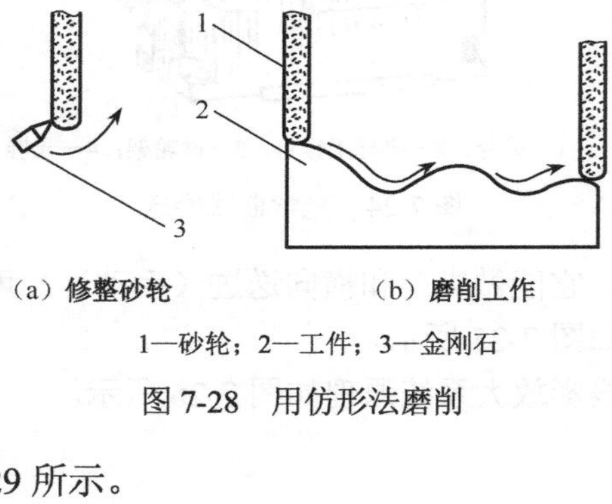


1—砂轮；2—工件；3—金刚石

图 7-28 用仿形法磨削

（3）复合磨削如图 7-29 所示。

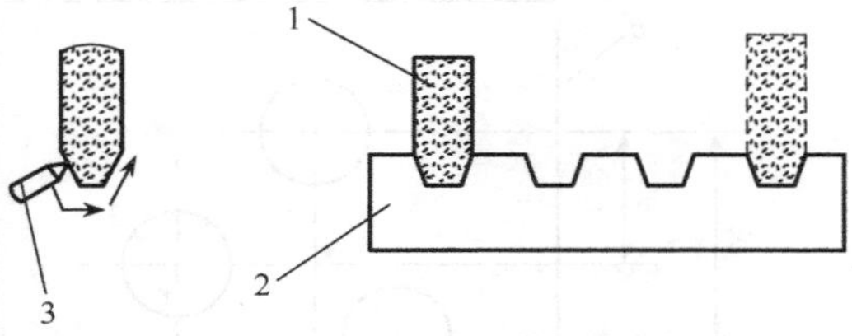

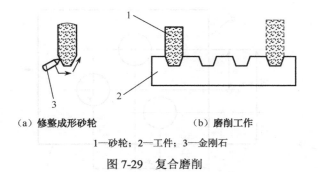

（a）修整成形砂轮　（b）磨削工作

1—砂轮；2—工件；3—金刚石

图 7-29　复合磨削

成型磨削时，凸模不能带凸肩，如图 7-30 所示。当凸模形状复杂，某些表面因砂轮不能进入无法直接磨削时，可考虑将凸模改成镶拼结构，如图 7-31 所示。凸模合成 1、2、3 拼块，单独加工后再组合成一个整体。

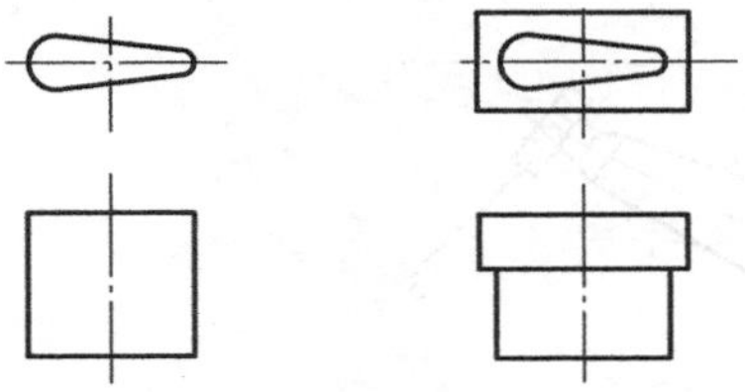

（a）无凸肩的凸模　（b）有凸肩的凸模

图 7-30　凸模结构

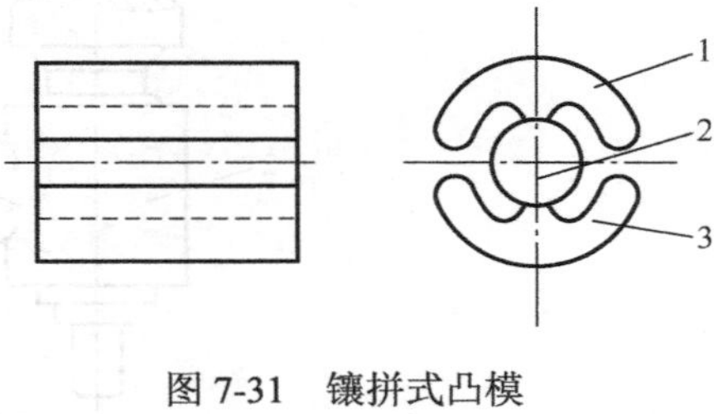


图 7-31　镶拼式凸模

## 7.2.2　凹模型孔的加工

### 1. 圆形型孔

1）单型孔凹模

加工工艺路线：毛坯→锻造→退火→车削、铣削→钻、镗型孔→划线→钻固定孔→攻螺纹、铰销孔→淬火、回火→磨削上、下平面及型孔。

2）多型孔凹模

多型孔凹模常采用坐标法进行加工。

（1）镶入式凹模如图 7-32 所示。

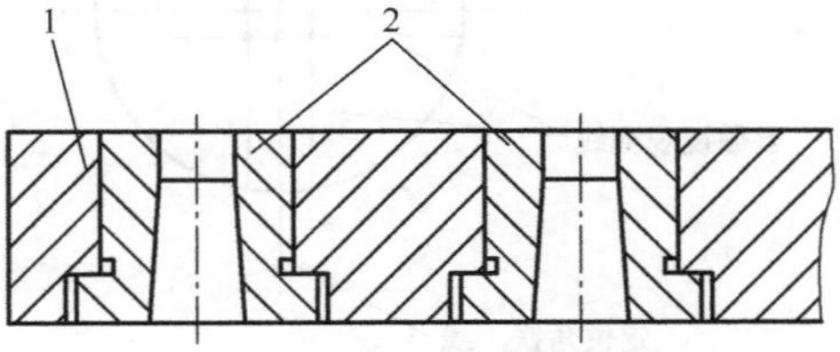


1—固定板；2—凹模镶件

图 7-32　镶入式凹模

在坐标镗床上按坐标法镗孔，是将各型孔间的尺寸转化为直角坐标尺寸，如图 7-33 所示。

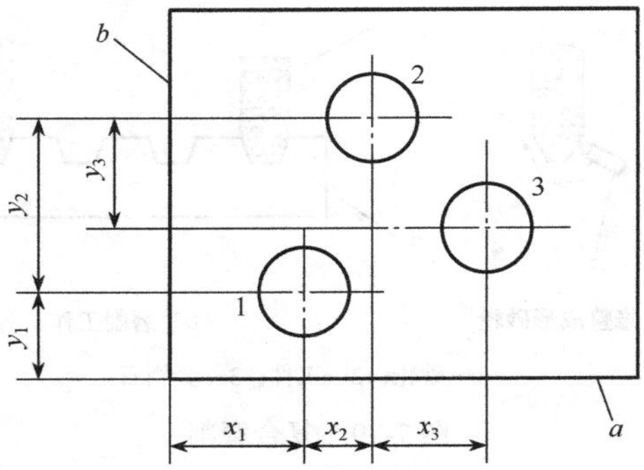


图 7-33　孔系的直角坐标尺寸

用定位角铁和光学中心测定器找正如图 7-34 所示。定位角铁刻线在显微镜中的位置如图 7-35 所示。

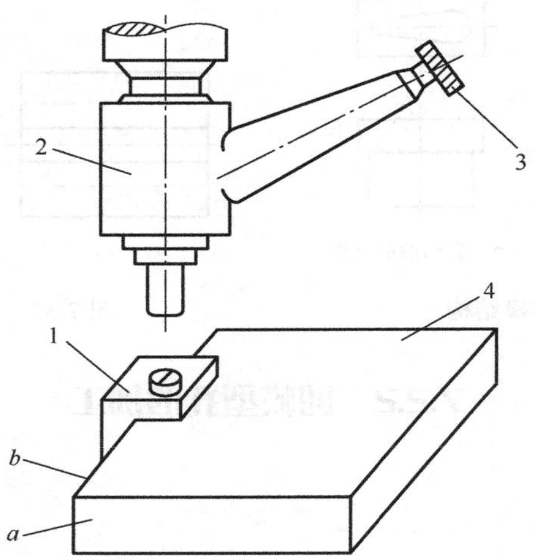


1—定位角铁；2—光学中心测定器；3—调节螺母；4—工件

图 7-34　用定位角铁和光学中心测定器找正

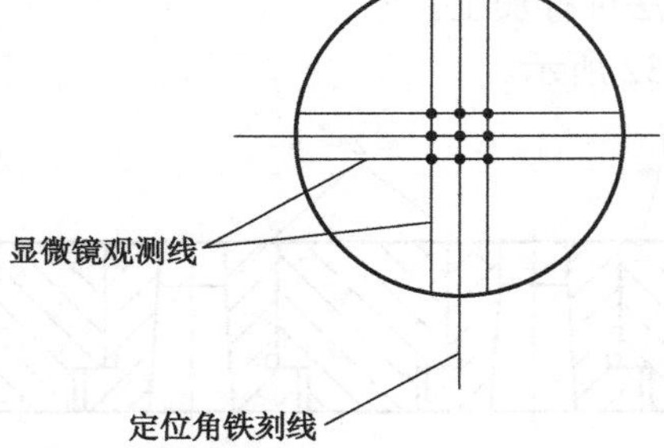


图 7-35　定位角铁刻线在显微镜中的位置

加工分布在同一圆周上的孔，可以使用坐标镗床的机床附件——万能回转工作台。

（2）整体式凹模。

① 材料选用碳素工具钢或合金工具钢。

② 热处理要求为 60HRC。

③ 加工工艺路线：毛坯锻造→退火→粗加工→半精加工→钻、镗型孔→淬火、回火→磨削上、下平面和型孔。

## 2. 非圆形型孔

非圆形型孔凹模如图 7-36 所示。

非圆形型孔的凹模，通常将毛坯锻造成矩形，加工各平面后进行划线，再将型孔中心的余料去除。如图 7-37 所示是沿型孔轮廓线钻孔。

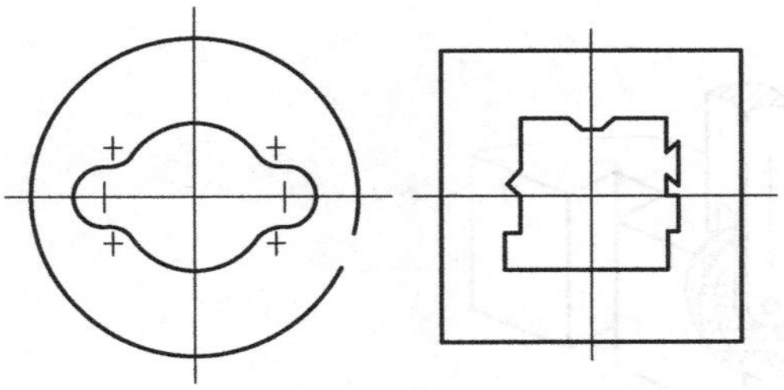

图 7-36 非圆形型孔凹模

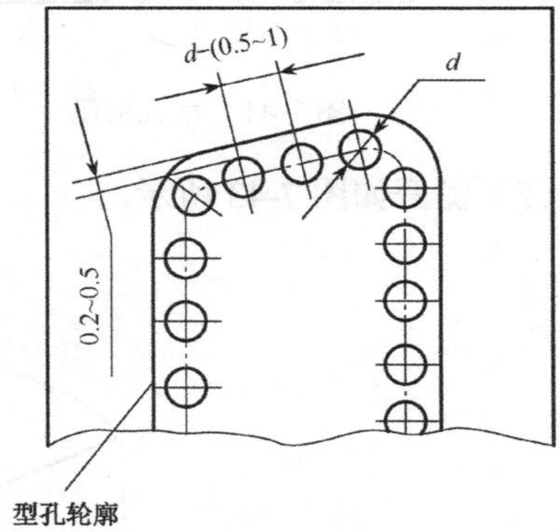


图 7-37 沿型孔轮廓线钻孔

凹模尺寸较大时，也可用气割方法去除未完。

型孔进一步加工：

① 仿形铣削。

② 数控加工。

③ 立铣或万能工具铣床。

## 3. 坐标磨床加工

1）机床的磨削运动

机床的磨削运动如图 7-38 所示。

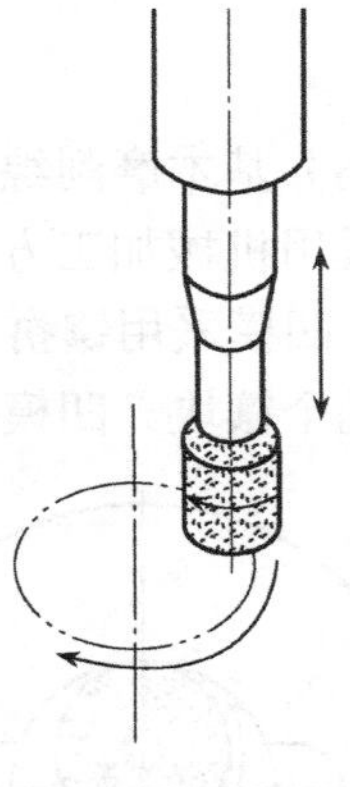

图 7-38 机床的磨削运动

2）磨削加工的基本方法

（1）内孔磨削如图 7-39 所示。

（2）外圆磨削如图 7-40 所示。

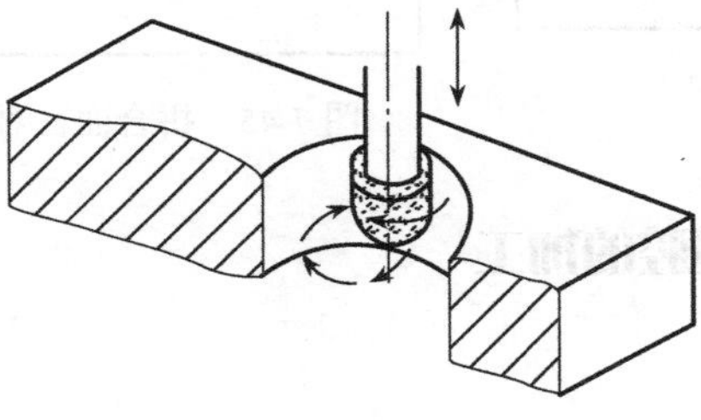

图 7-39 内孔磨削

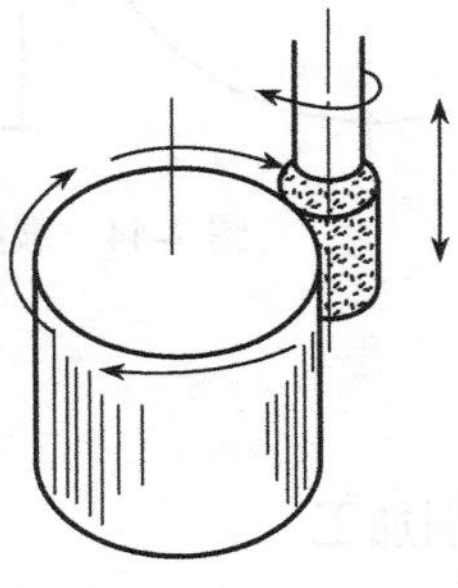

图 7-40 外圆磨削

（3）锥孔磨削如图 7-41 所示。

（4）平面磨削如图 7-42 所示。

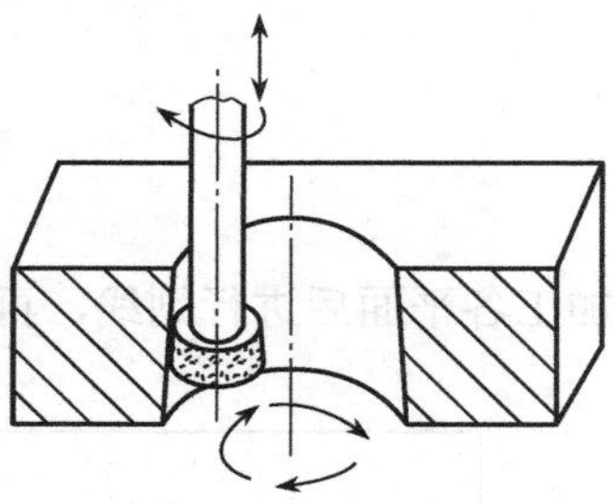

图 7-41　锥孔磨削

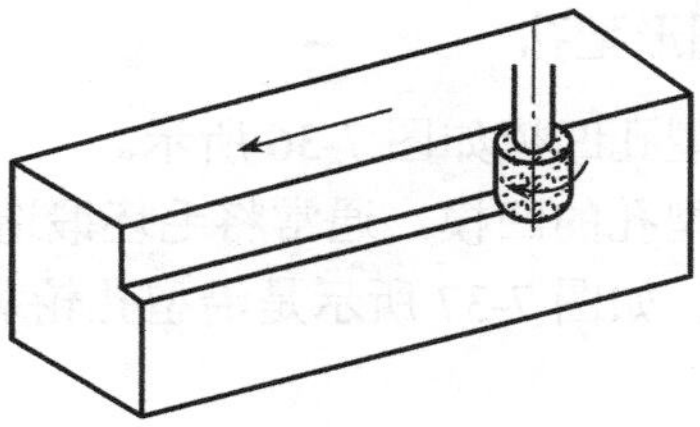

图 7-42　平面磨削

（5）侧磨如图 7-43 所示。

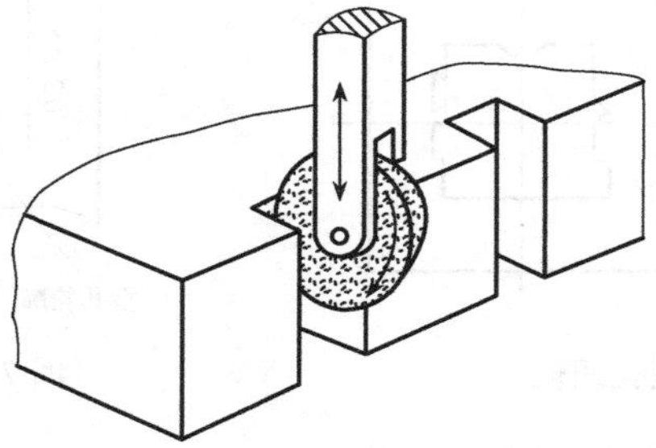

图 7-43　侧磨

（6）基本磨削综合运用可对复杂形状的型孔进行磨削加工，如图 7-44 所示。

采用机械加工方法加工型孔时，对于形状复杂的型孔，要将内表面加工转变成外表面加工。凹模采用镶拼结构时，应尽可能保持选在对称线上，如图 7-45 所示，以便一次同时加工几个镶块。凹模的圆形刃口部位应尽可能保持完整的圆形。

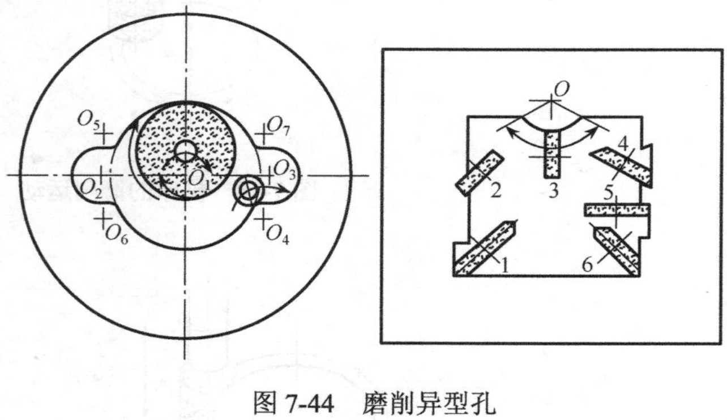


图 7-44　磨削异型孔

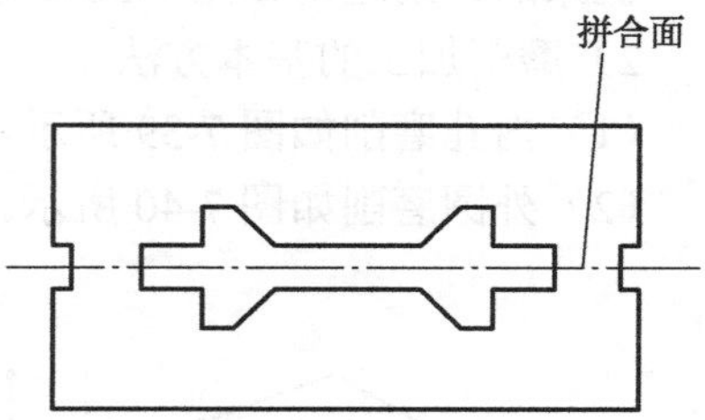


图 7-45　拼合面在对称线上

## 7.2.3　型腔的加工

### 1．车削加工

车削加工主要用于加工回转曲面的型腔或型腔的回转曲面部分，如图 7-46 所示。

（1）将坯料加工为平行六面体，斜面暂不加工。

（2）在拼块上加工出导钉孔和工艺螺孔，如图 7-47 所示，为车削时装夹用。

（3）将分型面磨平，在两块拼块上装导钉，一端与拼块 A 过盈配合，另一端与拼块 B 间隙配合，如图 7-47 所示。

（4）将两块拼块拼合后，磨平 4 个侧面及 1 个端面，为保证垂直度，要求两块拼块厚度保持一致。

（5）在分型面上以球心为圆心，以 44.7mm 为直径画线，保证 $H_1=H_2$，如图 7-48 所示。

### 2. 铣削加工

1）普通铣床加工型腔

立铣和万能工具铣床适合于加工平面结构的型腔。

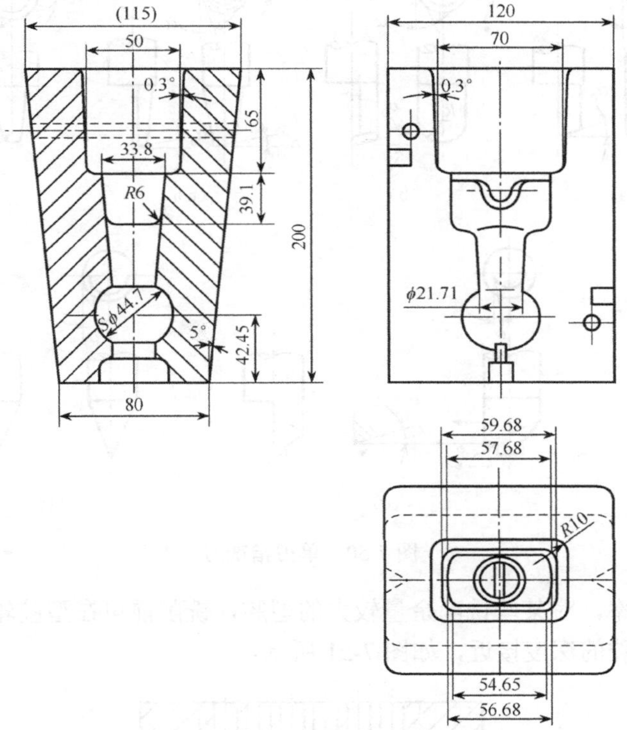


图 7-46　对拼式塑压模型腔

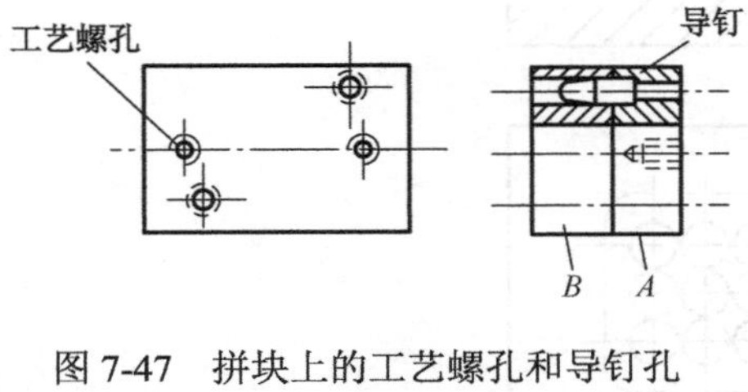


图 7-47　拼块上的工艺螺孔和导钉孔

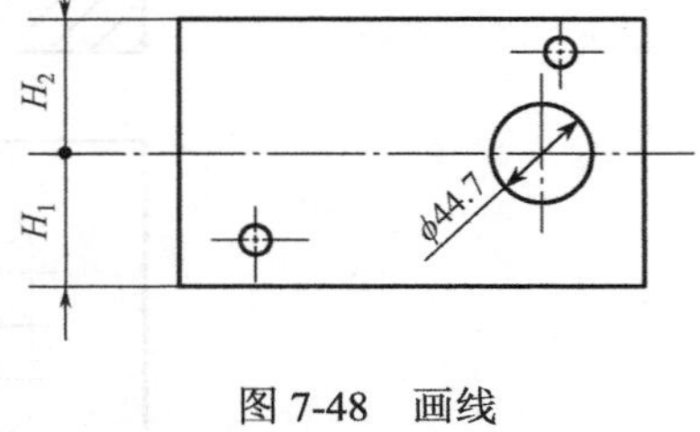


图 7-48　画线

加工型腔时，由于刀具加长，必须考虑由于切削力波动导致刀具倾斜变化造成的误差，如图 7-49 所示。

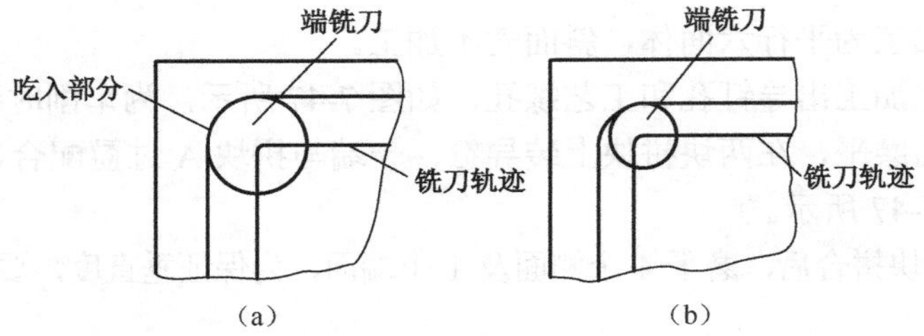


图 7-49　型腔圆角的加工

为加工出某些特殊的形状部位，在没有适合的标准铣刀可选用时，可采用适合于不同用途的单刃指铣刀，如图 7-50 所示。

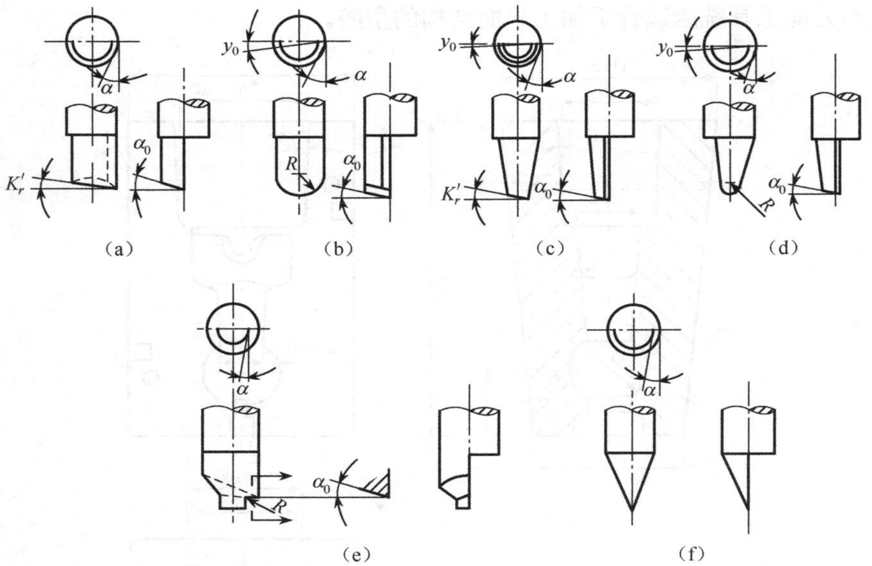


图 7-50　单刃指铣刀

为提高铣削效率，对某些铣削余量较大的型腔，铣削前可在型腔轮廓线的内部连续钻孔，孔的深度和型腔的深度接近，如图 7-51 所示。

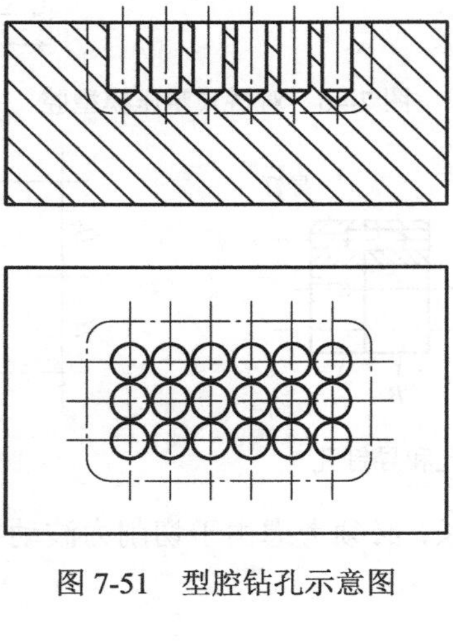

图 7-51　型腔钻孔示意图

2）仿形铣床加工型腔

仿形铣床加工型腔特别适合于加工具有曲面结构的型腔。

（1）仿形铣床。

仿形铣床有立式和卧式两种。

图 7-52 所示是 XB4480 型电气立体仿形铣床的结构外形，它用于加工平面轮廓、立体曲面等。

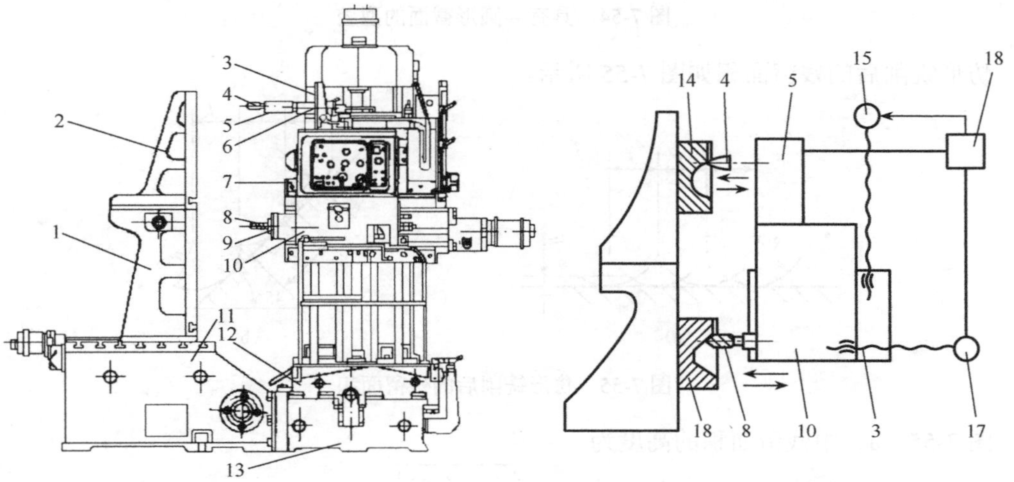


（a）结构外形图　　（b）控制原理图

1—下支架；2—上支架；3—立柱；4—仿形铣；5—仿形仪；6—仿形仪座；7—横梁；8—铣刀；9—主轴；10—主轴箱；11—工作台；12—滑座；13—床身；14—靠模；15、17—驱动装置；16—仿形信号放大装置；18—工件

图 7-52　XB4480 型电气立体仿形铣床的结构外形

（2）加工方式。

① 按样板轮廓仿形。

铣削时靠模销沿着靠模外形运动，不做轴向运动，铣刀也只沿工件的轮廓铣床，不做轴向运动，如图 7-53（a）所示。

按样板轮廓仿形的加工方式可用于加工轮廓形状，但深度不变。

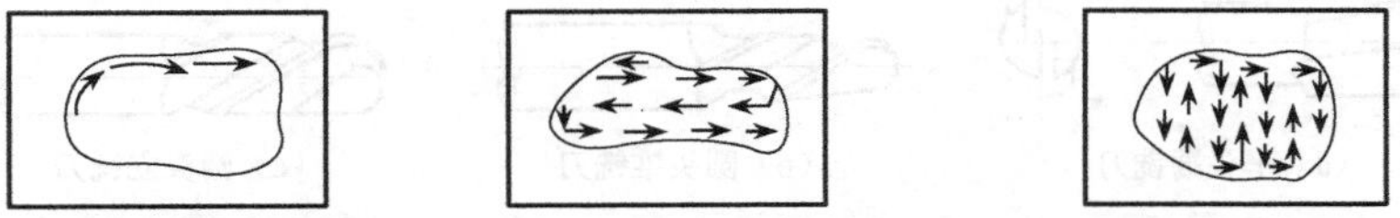

（a）按样板轮廓仿形　　（b）按立体轮廓水平分行仿形　　（c）按立体轮廓垂直分行仿形

图 7-53　仿形铣削方式

② 按照立体模型仿形。

按立体轮廓水平分行仿形如图 7-53（b）所示，周期进给的方向与半圆柱面的轴线方向平行，如图 7-54（a）所示。

按立体轮廓垂直分行仿形如图 7-53（c）所示，周期进给的方向与半圆柱面的轴线方向垂直，如图 7-54（b）所示。

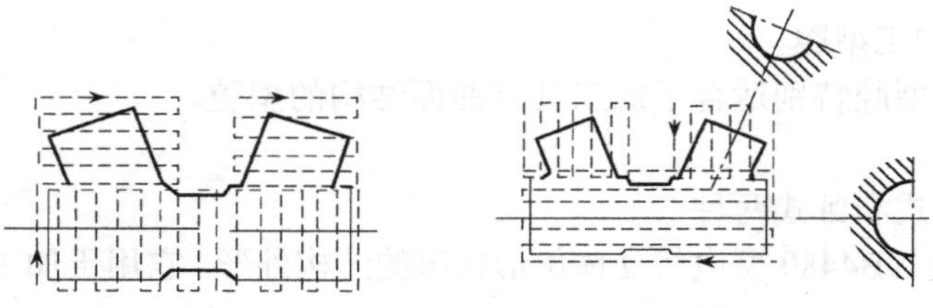


图 7-54　具有半圆形截面的型腔

仿形铣削后的残留面积如图 7-55 所示。

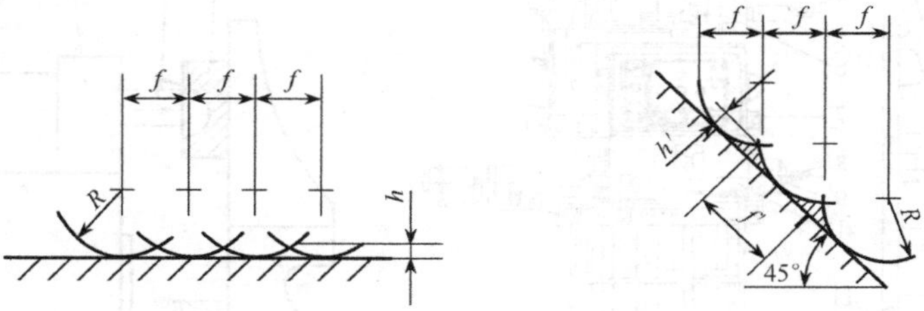


图 7-55　仿形铣削后的残留面积

图 7-55（a）中残留面积的高度为

$$h = R - \sqrt{R^2 - \left(\frac{f}{2}\right)^2}$$

图 7-55（b）中残留面积的高度为

$$h' = R - \sqrt{R^2 - \left(\frac{f'}{2}\right)^2}\text{，}f' = \sqrt{2}f$$

（3）铣刀和仿形销。

仿形加工用的铣刀如图 7-56 所示。

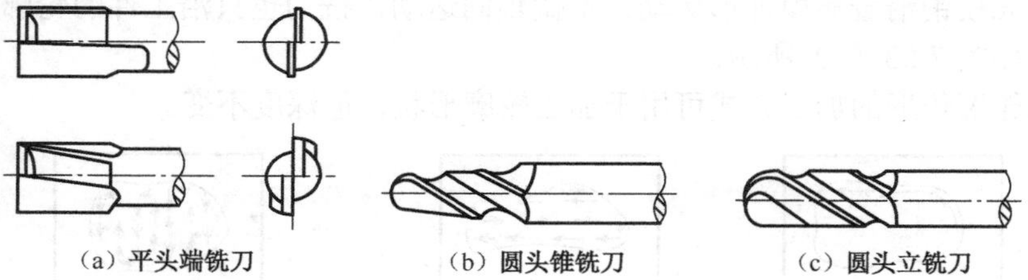

（a）平头端铣刀　（b）圆头锥铣刀　（c）圆头立铣刀

图 7-56　仿形加工用的铣刀

铣刀端部的圆弧半径必须小于被加工表面凹入部分的最小半径，如图 7-57 所示。

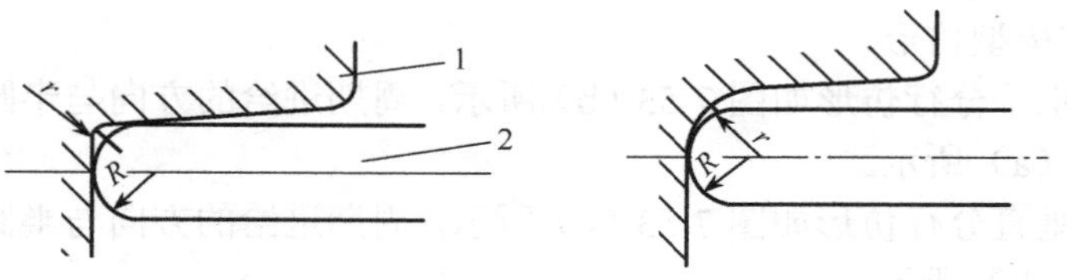


（a）$R>r$，不正确　（b）$r>R$，正确

图 7-57　铣刀端部圆角

仿形销如图 7-58 所示。

仿形销的直径计算：$D=d+2(Z+e)$。

仿形销的材料为钢、铝、黄铜、塑料等。

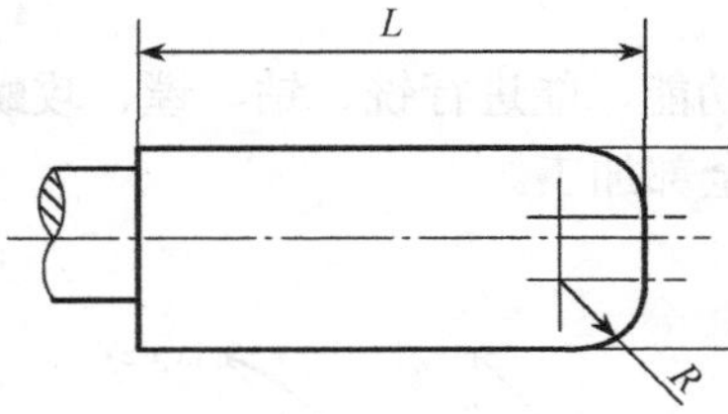


图 7-58 仿形销

（4）仿形靠模。

仿形靠模的材料为石膏、木材、塑料、铝合金、铸铁、钢板。

**【例 7-2】**用仿形铣床加工如图 7-59 所示的锻模型腔。

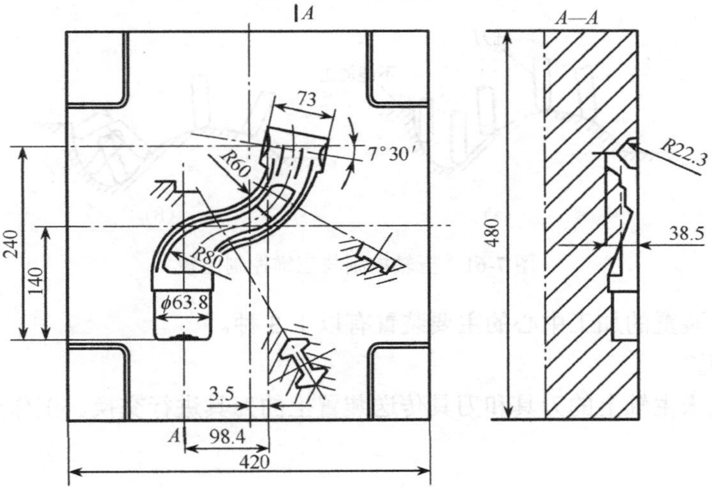


图 7-59 锻模型腔（飞边槽未表示出来）

在仿形铣削前将模坯加工成六面体，划出中心线。

### 3. 数控机床加工

1）数控铣床

采用数控铣床不用制造仿形靠模，加工精度高，一般可达 0.02～0.03mm，对同一形状进行重复加工，具有可靠的再现性。通过数控指令实现了加工过程自动化，减少了停机时间，使加工的生产效率得到提高。

采用数控铣床进行三维形状加工的控制方式有：二又二分之一轴控制，如图 7-60（a）所示；三轴控制，如图 7-60（b）所示；五轴同时控制，如图 7-60（c）所示。

五轴同时控制还可以加工表面的凹入部分，如图 7-61 所示。

数控机床程序编制的方法有以下两种。

（1）手工编制程序，分为工艺处理阶段、数字处理阶段、编写零件加工程序单和制作纸带。

（2）自动编制程序，通过计算机完成编程工作。

2）加工中心

加工中心一般具有快速换刀功能，能进行铣、钻、镗、攻螺纹等加工，一次装夹工件后能自动地完成工件的大部分或全部加工。

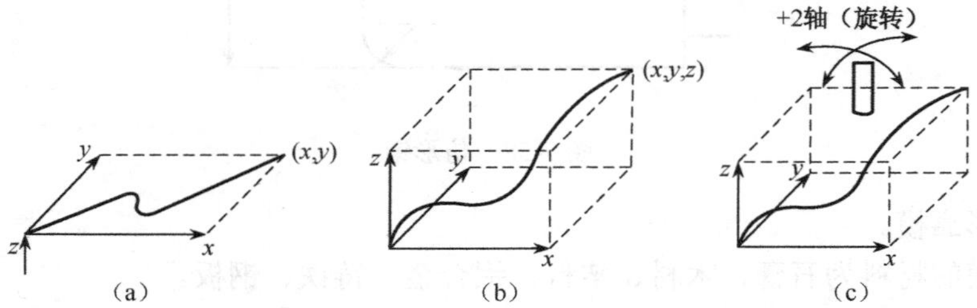


图 7-60　加工三维形状的控制方式

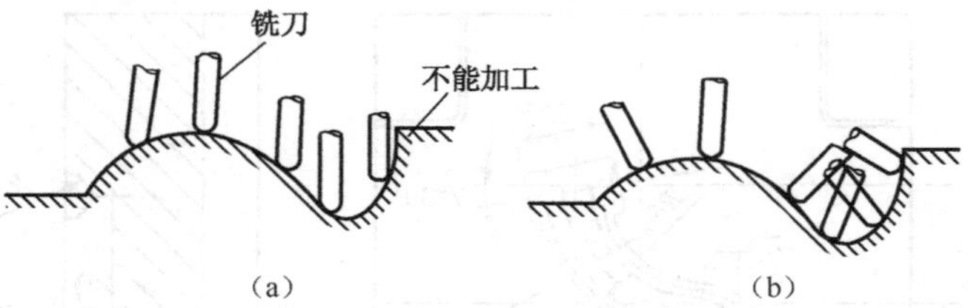


图 7-61　五轴控制与三维控制比较

带自动换刀装置的加工中心的主要装置有以下 3 种。

（1）换刀装置。

将夹持在机床主轴上的刀具和刀具传送装置上的刀具进行交换。工作过程是拔刀→换刀→装刀。

（2）刀库。

储存所需各种刀具的仓库，其功能是接受刀具传送装置送来的刀夹，以及把刀夹给予刀具传送装置。

（3）刀具传送装置。

在换刀装置与刀库之间，快速而准确地传送刀具。

3）注意事项

加工中心在模具制造中有效发挥作用，应注意以下几点。

（1）模具设计的标准化。

（2）加工形状的标准化。

（3）对工具系统加以设计。

（4）规范加工范围和切削条件。

（5）重视切削处理。

（6）加强生产管理，提高机床的运转率。

# 7.3 型腔的抛光和表面硬化技术

## 7.3.1 型腔的抛光和研磨

### 1．手工抛光

1）用砂纸抛光

手持砂纸，压在加工表面上做缓慢地运动，以去除机械加工的切削痕迹，使表面粗糙度减少，这是一种常见的抛光方法。

2）用油石抛光

用油石抛光主要是对型腔的平坦部位和槽的直线部分进行抛光。

（1）选用磨料、粒度、形状适当的油石。

（2）根据抛光面大小选择适当大小的油石，以使油石能纵横交叉运动。

经修整后的油石如图 7-62 所示。

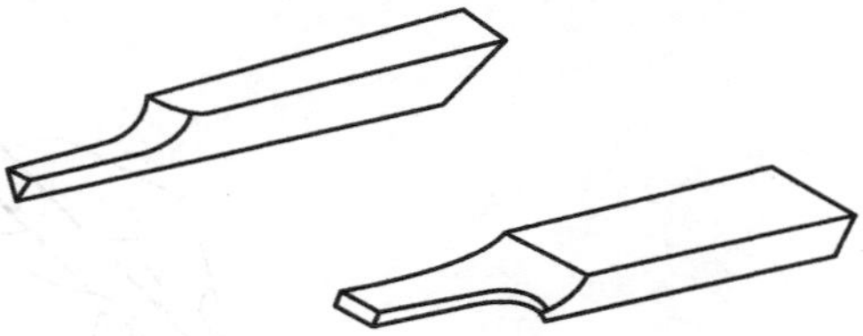

图 7-62　修整后的油石

（3）研磨。

在工件和工具（研具）之间加入研磨剂，在一定压力下由工具和工件间的相对运动，驱动大量磨粒在加工表面上滚动或滑擦，切下微细的金属层而使加工表面的粗糙度减小。

### 2．机械抛光

1）圆盘式磨光机

如图 7-63 所示，用圆盘式磨光机对一些大型模具去除仿形加工后的走刀痕迹及倒角，抛光精度不高，其抛光程度接近粗磨。

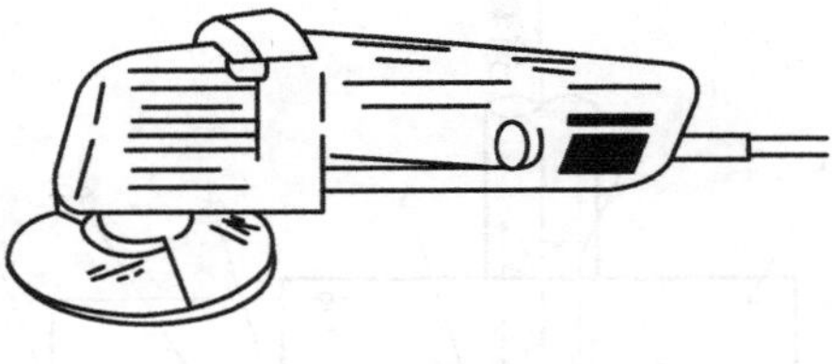

图 7-63　圆盘式磨光机

2）电动抛光机

电动抛光机由电动机、传动软轴及手持式抛光机组成。

（1）手持往复研抛头，如图 7-64 所示。

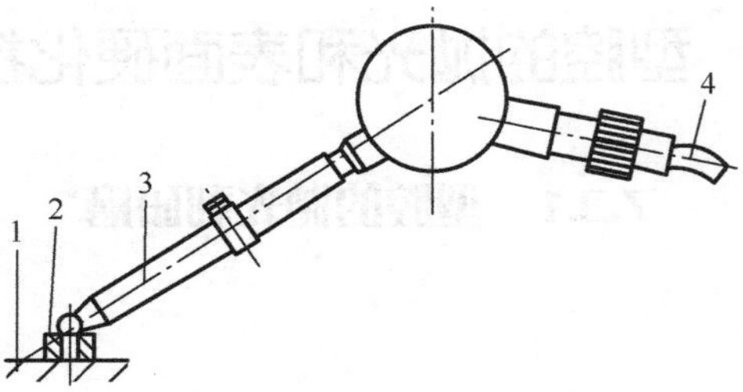


1—工件；2—研磨环；3—球头杆；4—软轴

图 7-64　手持往复研抛头的应用

（2）手持直式旋转研抛头，如图 7-65 所示。

### 3．电解修磨抛光

在抛光工件和抛光工具之间施压以直流电，利用通电后工件（阳极）与抛光工具（阴极）在电解液中发生作用来进行抛光的一种工艺方法，如图 7-66 所示。

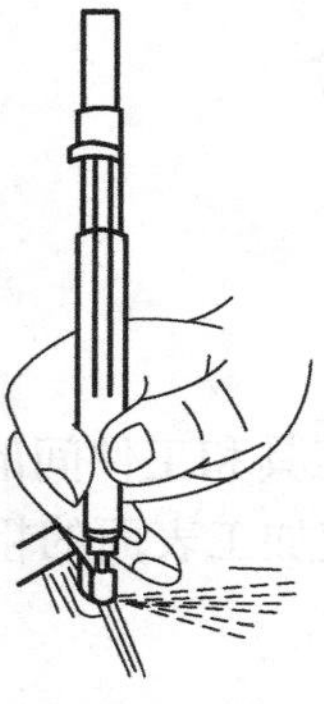

图 7-65　用手持直式旋转研抛头进行加工

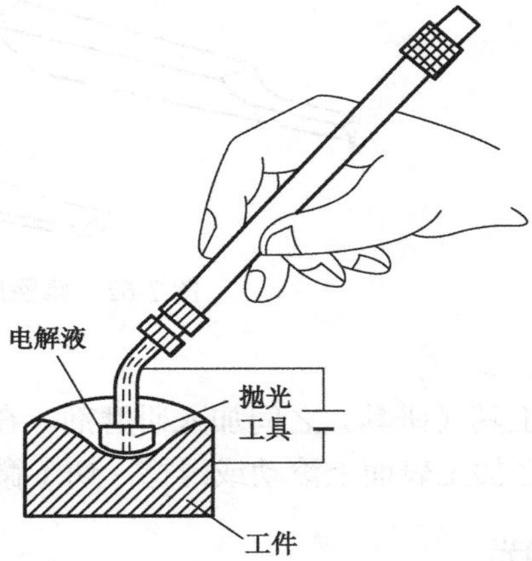


图 7-66　电解修磨抛光

电解修磨抛光的工作原理如图 7-67 所示。

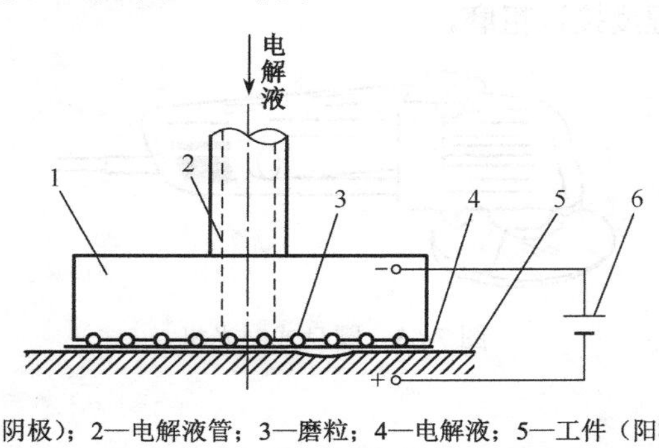


1—工具（阴极）；2—电解液管；3—磨粒；4—电解液；5—工件（阳极）；6—电源

图 7-67　电解修磨抛光的工作原理

电解修磨抛光有如下特点。

（1）不会使工件产生热变形或应力。

（2）工件硬度不影响加工速度。

（3）对型腔中用一般方法难以修磨的部分及形状，可采用相应形状的修磨工具进行加工，操作方便、灵活。

（4）粗糙度一般为6.3～3.2μm。

（5）装置简单，工作电压低，电解液无毒，生产安全。

#### 4．超声波抛光

超声波抛光是超声加工的一种形式，是利用超声振动的能量，通过机械装置对型腔表面进行抛光加工的一种工艺方法。

（1）原理：超声发生器能将50Hz的交流电转变为具有一定功率输出的超声频电振荡。

（2）磨料材料：碳化硅、碳化硼、金刚砂。

（3）粗糙度为0.63～0.08μm。

（4）特点。

① 抛光效率高，能减轻劳动强度。

② 适用于各种型腔模具，对窄缝、深槽、不规则圆弧的抛光尤为适用。

③ 适用于不同材质的抛光。

### 7.3.2 型腔的表面硬化处理

型腔的表面硬化处理是为了提高模具的耐用度。

#### 1．CVD法

在高温下将盛放工件的炉内抽成真空或通入氢气，再导入反应气体。气体的化学反应在工件表面形成硬质化合物涂层。

1）优点

（1）处理温度高，涂层与基体之间的结合比较牢固。

（2）形状复杂的模具也能获得均匀的涂层。

（3）设备简单，成本低，效果好（可提高模具寿命2～6倍），易于推广。

2）缺点

（1）处理温度高，易引起模具变形。

（2）涂层厚度较薄，处理后不允许研磨修正。

（3）处理温度高，模具的基体会软化，对于高速钢和高碳高铬钢，必须进行涂覆处理后在真空或惰性气体中再进行淬火、回火处理。

#### 2．PVD 法

在真空中把Ti等活性金属熔融蒸发离子化后，在高压静电场中使离子加速并沉积于工件表面形成涂层。

1）优点

（1）处理温度一般为400～600℃，不会影响Cr12型模具钢原先的热处理效果。

（2）处理温度低，模具变形小。

2）缺点

（1）涂层与基体的结合强度较低。

（2）涂覆处理温度低于 400℃，涂层性能下降，不适于低温回火的模具。

（3）采用一个蒸发源，对形状复杂的模具覆盖性能不好；多个蒸发源或使工件绕蒸发源旋转来弥补，又会使设备复杂、成本提高。

### 3. TD 法

TD 法是将工件浸入添加有质量分数为 15%～20%的 Fe-V、Fe-Nb、Fe-Cr 等铁合金粉末的高温（800～1250℃）硼砂盐熔炉中，保持 0.5～10h，在工件表面上形成 1～10μm 或更厚些的碳化物涂覆层，然后进行水冷、油冷或空冷。

## 7.4 模具工作零件的工艺路线

### 7.4.1 凹模的工艺路线

凹模结构如图 7-68 所示。

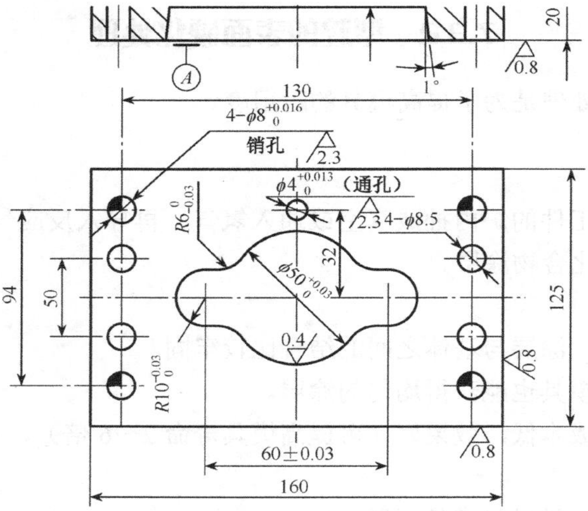


图 7-68 凹模结构

凹模的工艺路线如表 7-9 所示。

表 7-9 凹模的工艺路线

| 工序号 | 工 序 名 称 | 工 序 内 容 |
|---|---|---|
| 1 | 备料 | 将毛坯锻成平行六面体，尺寸为 166mm×130mm×25mm |
| 2 | 热处理 | 退火 |
| 3 | 铣（刨）平面 | 铣（刨）各平面，厚度留磨削余量为 0.6mm，侧面留磨削余量为 0.4mm |
| 4 | 磨平面 | 磨上、下平面，留磨削余量为 0.3～0.4mm，磨相邻两侧面保证垂直 |

续表

| 工序号 | 工 序 名 称 | 工 序 内 容 |
|---|---|---|
| 5 | 钳工划线 | 划出对称中心线、固定孔及销孔线 |
| 6 | 型孔粗加工 | 在仿铣床上加工型孔，留单边加工余量为 0.15mm 及销孔 |
| 7 | 加工余孔 | 加工固定孔及销孔 |
| 8 | 热处理 | 按热处理工艺保证 60～64HRC |
| 9 | 磨平面 | 磨上、下面及其基准面达要求 |
| 10 | 型孔精加工 | 在坐标磨床上磨型孔，留研磨余量为 0.01mm |
| 11 | 研磨型孔 | 钳工研磨型孔达规定技术要求 |

### 7.4.2 凸模的工艺路线

凸模如图 7-69 所示。

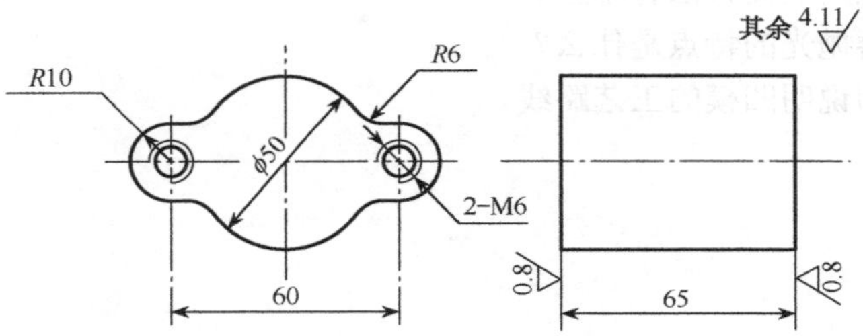


图 7-69 凸模

凸模的工艺路线如表 7-10 所示。

表 7-10 凸模的工艺路线

| 工 序 号 | 工 序 名 称 | 工 序 内 容 |
|---|---|---|
| 1 | 备料 | 按 90mm×60mm×70mm 的尺寸，将毛坯锻成矩形 |
| 2 | 热处理 | 退火 |
| 3 | 粗加工毛坯 | 铣（刨）六面，保证尺寸 |
| 4 | 磨平面 | 磨两大平面及相邻的侧面保证垂直 |
| 5 | 钳工划线 | 划刃口轮廓线及螺孔线 |
| 6 | 刨型面 | 按线刨刃口型面，留单边加工余量为 0.3mm |
| 7 | 钳工修正 | 保证表面平整，余量均匀，加工螺孔 |
| 8 | 热处理 | 按热处理工艺保证 58～62HRC |
| 9 | 磨端面 | 磨两端面保证与型面垂直 |
| 10 | 磨型面 | 成型磨刃口型面达设计要求 |

## 思考与练习

7-1 试说明冷冲模模架的组成。
7-2 试说明导柱的加工过程。
7-3 试说明注射成型模的结构组成。
7-4 试说明加工浇口套的工艺路线。
7-5 非平面结构的凸模加工的方法有哪些？
7-6 试说明单型孔凹模的加工过程。
7-7 型孔进一步加工的方法有哪些？
7-8 型腔加工的方法有哪些？主要应用哪些设备？
7-9 型腔抛光的主要方法有哪些？
7-10 电解修磨抛光的特点是什么？
7-11 试以实例说明凹模的工艺路线。

# 第8章 模具装配、调试和维护

模具的装配是模具制造过程中非常重要的环节，体现了模具加工的特殊性。模具的安装、调试和维护能够使模具正常工作，并达到最佳运行效果。

## 8.1 模具的拆卸

模具的拆卸工作对模具修理的质量关系极大，如果拆卸不当，不但会造成模具的损坏，而且会影响模具修理后的精度。所以修理时必须遵守拆卸原则，采取正确的拆卸方法。

### 8.1.1 拆卸原则

**1．拆卸前的准备**

拆卸前必须了解模具类型，如单工序冲模、复合冲模、级进冲模、注射成型模等。根据相应图纸，了解模具结构、工作原理、零部件在模具中的作用、零件相互间的装配关系、零件的结构、位置和装拆方法，避免盲目拆卸。

**2．确定拆卸顺序**

从实际出发决定拆卸的零部件，避免不必要的拆卸。一般将模具拆卸为几个部件，再将其分解为单个零件。因为模具的制造精度高，配合零件经过一次拆卸和装配，往往会降低配合质量和加速磨损，缩短使用寿命。如过盈配合的零件经拆装后，会降低配合的紧密度；间隙配合零件在拆装过程中会造成表面擦伤，装配后要有一个磨合过程，从而增加磨损。

（1）模具一般由动模部分和定模部分或上模部分和下模部分组成。拆卸时按设计结构特点很自然地分成两部分。

（2）定模部分（上模）和动模部分（下模）又分为可拆卸件和不可拆卸件。冷冲模具的导柱、导套及用浇注或铆接方法固定的凸模、过大的过盈配合零件等为不可拆卸件或不宜拆卸件，对这些部件尽可能地不用拆开，如因修理的需要，拆卸时应有详细的工艺计划来确保拆卸的顺利进行而又不损坏模具。

**3．采取正确的拆卸方法**

拆卸工作应按一定的顺序进行，拆卸顺序与装配顺序相反，先拆外部附件及连接零件，然后按部件、组件进行拆卸。拆卸时应按先拆卸外部，后拆内部，先拆上部，后拆下部的顺序，依次进行。拆卸时应合理地选用工具和设备，严禁乱敲乱打，所用工具一定要与被拆卸的零件相适应。例如，拆卸螺纹连接件，要选用合适的扳手；拆卸过盈配合的零件，需用专用工具或压力机，避免零件损坏。不得用量具、扳手等代替锤子。

**4．拆卸时应为修理和装配创造条件**

模具拆卸后，为确保零部件的原有精度，避免零件丢失和装配时发生错误，应采取下列措施。

（1）对于一些制造精度很高的零部件，在原来制造时采取选配、误差补偿或专门配磨、配研的措施，拆卸前应在零部件的相应位置上做出标记。避免在以后装配时发生错误，而改变原有的配合性质，保持原有精度。

（2）拆卸下来的零件应及时清洗、除油，并有次序、有规则地分别摆放在木架上、木箱或零件盘内；粗糙度、精度要求高的细杆类零件应单独摆放，防止碰坏、压变形。模具型腔、型芯应当向上摆放，不能堆放或碰撞。

（3）拆下来须要修理加工的零件，要立即清洗、除油，单独保管，以便于测绘和修理。

（4）拆下来的细长精密零件如推杆，清洗、除油后要用绳索垂直吊起，或单独平放，以防变形或碰伤。

（5）拆下来的液压、气动元件及导管等，清洗后应将口封好，以防灰尘、杂物侵入。拆卸的液压管路，应将管端编号，号码与相连部位的编号对应，防止重装时搞错。

（6）拆卸下来的零件要分类摆放，如螺钉、螺帽、弹簧等标准件放一块；工作零件、成型零件、推杆和拉料杆等表面光洁、尺寸精度较高的零件要摆放在木板上，不能叠放，根据需要可设计专用支架放置。

（7）根据零件的装配或配对关系，也可以配套放置，并用笔做好标记，以便在装配时不出错误，同时又能更好地确保装配精度。

### 8.1.2　拆卸常用工具

（1）拆卸常用工具有游标卡尺、角尺、活动扳手、各种规格的内六角扳手、平行铁、锤子（木锤、铁锤、橡胶锤）、铜棒、树脂棒、工作台、台虎钳、錾子、手钳、拔销器、销子冲头等常用钳工工具。

（2）供模具运输及搬运用的手推起重小车、吊环等。

（3）清洗所需工具有清洗用金属盘、清洗用油（如柴油、清洗剂）、除锈用细纱布。

（4）准备几个零件存放盘、木箱、木架等，保持场地卫生。

### 8.1.3　拟定模具拆卸顺序及方法

按拆模顺序将模具拆卸为几个部件，再将其分解为单个零件。

（1）采取正确的操作规程将模具从使用的设备上卸下来。

（2）拆卸模具之前，应根据模具结构分清可拆卸件和不可拆卸件，对可拆卸部分拟订正确的模具拆卸顺序和方法。

（3）一般冷冲压模具的导柱、导套及有些凸模是过盈配合或者用浇注、铆接等方法固定的，为不可拆卸件或不宜拆卸件。拆卸时应首先将上、下模具分开，然后分别将上、下模具的可拆卸零件拆开。用内六角扳手将紧固螺钉拧松，再将模芯各板块拆下，拔出销钉，从固定板中压出凸模、凸凹模等，然后完成可拆卸件的全部分离。

（4）对于塑料模具则先将动模和定模分开，然后将动模、定模的紧固螺钉拧松，用拆卸工具将模具各主要模板分开，拔出销钉。从定模板上拆下主浇注系统，从动模板上拆下推出系统，拆散推出系统各零件，从固定板中压出型芯或型腔镶块等，有侧面分型抽芯机构时，应拆下侧面分型系统各零件。对于滑块瓣合模拆卸，应先拧松滑块导滑部的螺钉，松开止定块，再取出滑块，并在滑块和导滑部件上标记出原来的位置以便于装配。

（5）绘制模具装配草图以便于装配，对于没有装配图的模具，其复杂部件可以绘制草图并标注相应的零件名称和尺寸，摆放时按一定顺序排列，并编写号码，避免在组装时出现错误或漏装零件。

### 8.1.4 模具从工作设备上拆卸

模具在使用过程中出现了问题，或模具因完成了一定的工作量需要拆卸下来，对不同的模具和设备需要按相应的操作规程进行，不能盲目操作。

#### 1. 冲模拆卸方法与注意事项

（1）用手或撬杠转动压力机的飞轮（大型压力机应开启电源），使滑块下降，将上、下模处于完全闭合状态。

（2）松开压力机滑块上的夹紧螺母，使滑块与模柄松开。

（3）将滑块上升至极点位置，并使其离开上模。

（4）卸开下模压紧螺栓及压块，将冲模移出台面。大的模具尽量用吊车搬运模具。

（5）卸模具时，在上、下模之间最好垫以木块，使卸料弹簧处于不受力状态。

（6）在滑块上升前，应先用手锤敲打一下上模板，以避免上模随滑块上升后又重新落下来，损坏冲模刃口。

（7）在拆卸冲模时，应注意操作安全，尽量切断电源，电动机停止转动，以防发生事故。

#### 2. 卧式注射机注射成型模的拆卸方法

（1）首先将注射机的射台后退，使射嘴离开浇口套。对于小型模具由于采用整体拆卸，动模、定模间留有5～10mm的间隔，以便于模具吊运；对于大型模具由于采用分体拆卸，应启动开模按键，使动模、定模的导柱、导套相距一定的距离，以便于吊运。注射机的顶杆须处于后退状态。

（2）关闭水阀，拆下动模板、定模板的冷却水管。对有气路装置的模具，应用扳手拆卸下输气管道。

（3）拧紧动模、定模上的吊环，用钢丝绳或尼龙绳子串连吊环，再用吊车或手推起重小车起吊，使绳索刚好处于拉紧状态。

（4）用扳手均衡松开模具的压紧螺帽，使模具与注射机固定模板分离。

（5）为了安全需要，在卧式注射机的两根拉杆之间垫上木板，防止拆卸时不谨慎模具落下来碰坏拉杆或床身。吊运时应小心谨慎，避免碰撞。

### 8.1.5 模具拆卸实例

**1．级进模的拆卸**

级进模如图 8-1 所示，级进模的拆卸步骤实例如表 8-1 所示，拆卸时把导柱和导套看成不可拆卸件而不予拆分。级进模分解图如图 8-2 所示，标注了各模块零件名称。

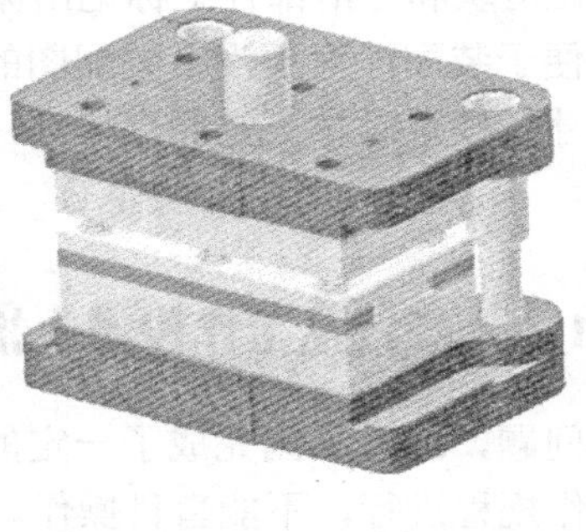

图 8-1　级进模

**表 8-1　级进模的拆卸步骤实例**

| 序号 | 结 构 形 式 | 拆 装 说 明 |
| --- | --- | --- |
| 1 | 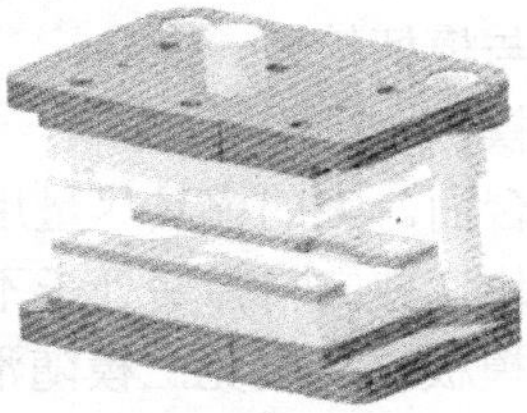 | 分开上、下模<br>用拆卸工具或压力机将上、下模分开成两部分。对于小型模具可在钳工台上用拆卸工具将上、下模分开；对于大型模具要用压力机或起吊装置将上、下模分开，并用专用运载工具将上、下模放到工作台上 |
| 2 | 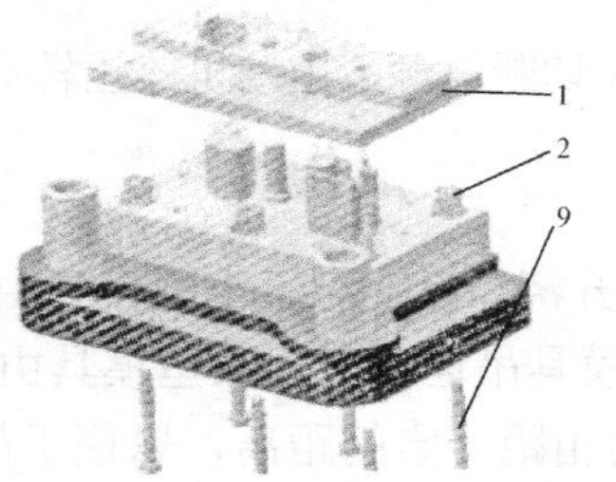 | 先拆上模<br>分离卸料部分<br>分开卸料螺钉 9，将弹性卸料板 1、弹簧 2 从上模中拆开 |
| 3 | 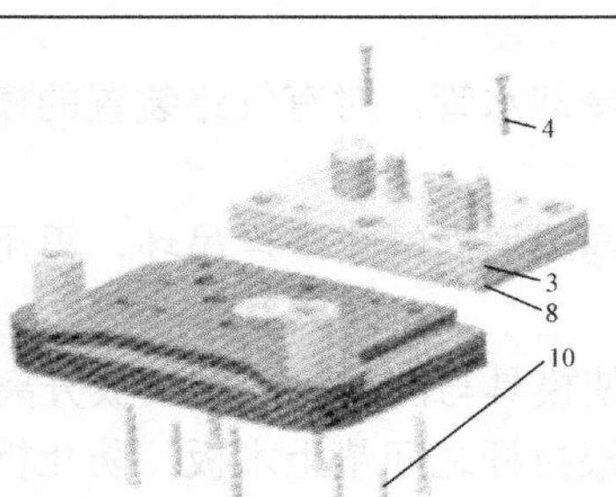 | 分离凸模组件<br>拆开连接上模座和凸模固定板的螺钉 4 和销钉 10，把垫板 8 和凸模固定板 3 从上模拆开 |

续表

| 序号 | 结构形式 | 拆装说明 |
| --- | --- | --- |
| 4 | 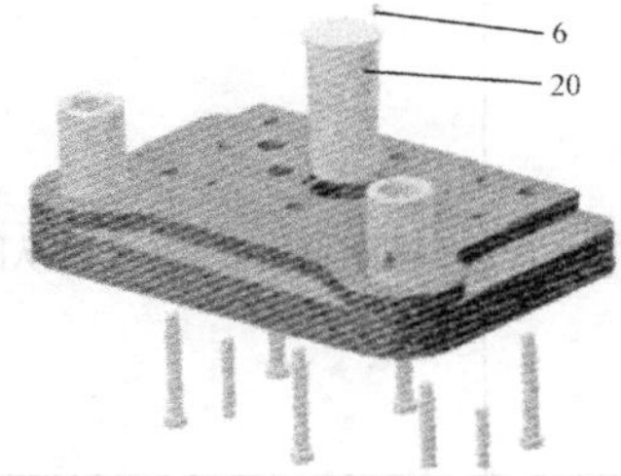 | 分离模柄<br>拆开销钉 6，将模柄 20 从上模座中拆出 |
| 5 | 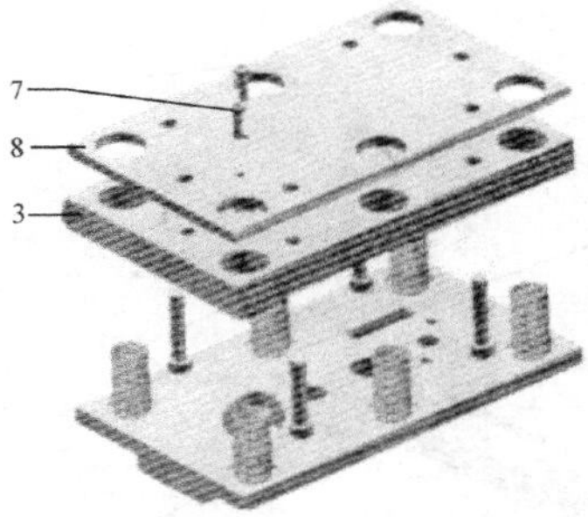 | 分离垫板与固定板<br>拆开螺钉 7，将垫板 8 和凸模固定板 3 拆开 |
| 6 |  | 分离所有凸模<br>将固定在凸模固定板 3 号件上的所有凸模 5 拆开 |
| 7 | 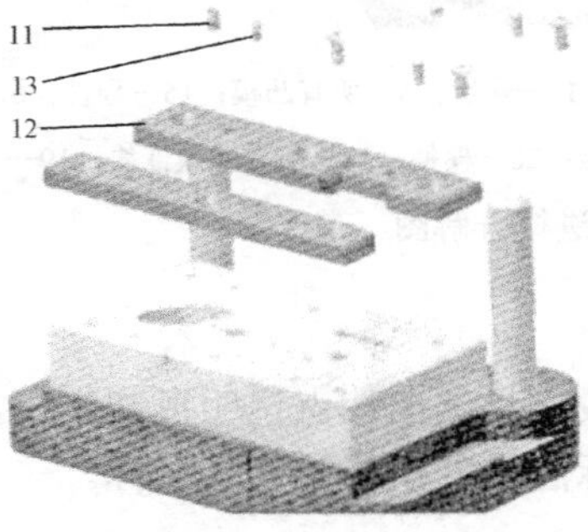 | 拆下模部分<br>分离导料板<br>将螺钉 11 和销钉 13 拆开，把导料板 12 从凹模固定板上拆下来 |
| 8 | 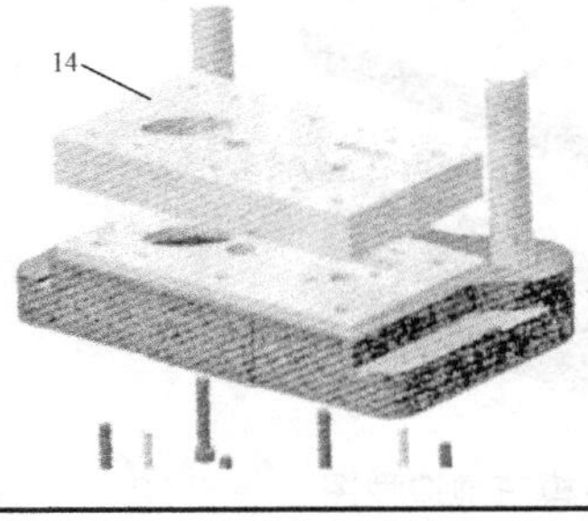 | 分离凹模组件<br>将销钉和螺钉拆开，把凹模和凹模固定板组件 14 从下模座上拆开 |

续表

| 序号 | 结构形式 | 拆装说明 |
| --- | --- | --- |
| 9 |  | 分离凹模<br>将所有的凹模嵌块从凹模固定板上拆下 |

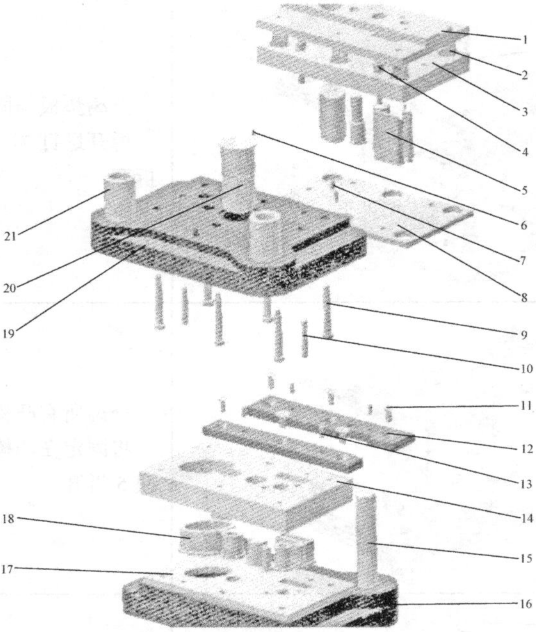

1—弹性卸料板；2—弹簧；3—凸模固定板；4．7．9．11—螺钉；5—所有凸模；15—导柱；6．10．13—销钉；8．17—垫板；12—导料板；14—凹模固定板；16—下模座；20—模柄；18—所有凹模嵌块；19—上模座；21—导套

图 8-2　级进模分解图

## 2．注射成型模的拆卸

注射成型模三维造型图如图 8-3 所示。按模具结构特点说明拆卸步骤，如表 8-2 所示。注射成型模三维结构分解图如图 8-4 所示，标注了各模块零件的名称。

图 8-3　注射成型模三维造型图

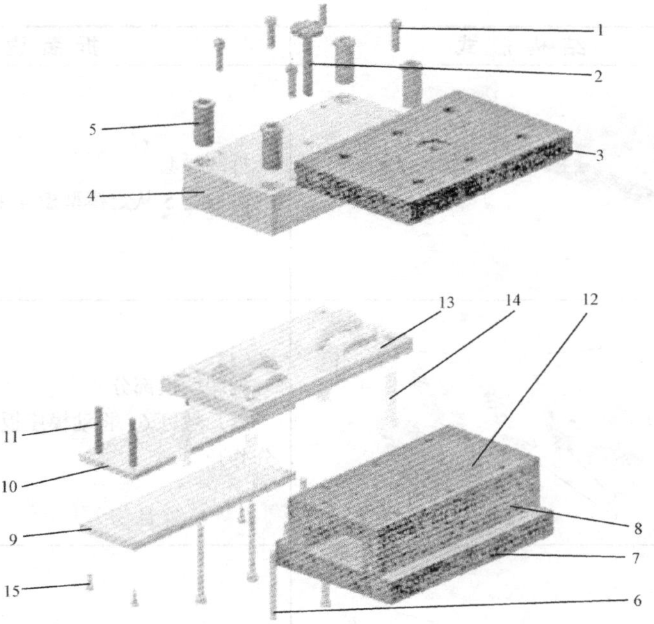


1—螺钉；2—浇口套；3—定模座板；4—定模型板；5—导套；6．15—螺钉；7—动模座板；12—支撑板；9—推杆垫板；10—推杆固定板；11—复位杆；8—垫板；13—动模型板；14—导柱

图 8-4　注射成型模三维结构分解图

**表 8-2　注射成型模的拆卸步骤实例**

| 序　号 | 结 构 形 式 | 拆 装 说 明 |
|---|---|---|
| 1 |  | 分开定模、动模<br>当模具较小时，可利用拆卸工具在钳工台上将动、定模分开；当模具较大时，动模与定模是分别从注射机上卸下来的，并用专用运载工具将动模和定模放到工作台上 |
| 2 | 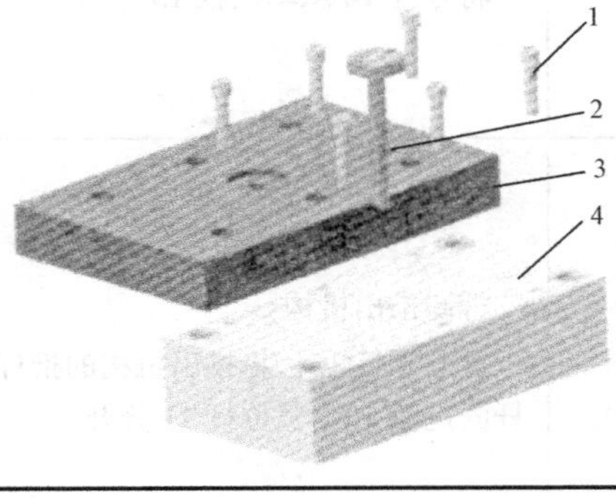 | 拆卸定模部分<br>拆开螺钉 1 后，将浇口套 2、定模座板 3、定模型板 4 分开 |

续表

| 序　号 | 结构形式 | 拆装说明 |
|---|---|---|
| 3 |  | 拆卸导套<br>将导套 5 从定模型板 4 中拆开 |
| 4 | 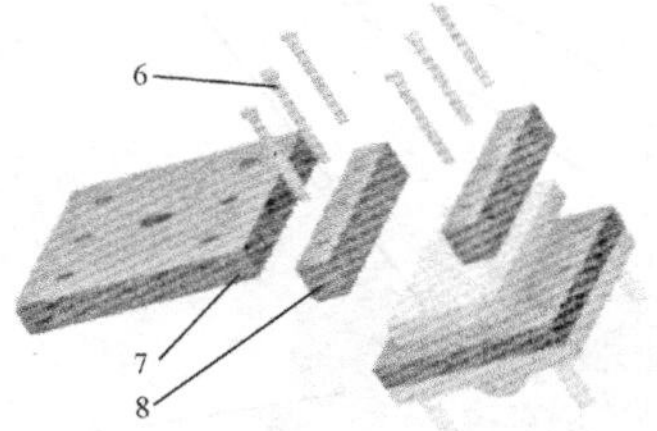 | 拆卸动模部分<br>拆开螺钉 6，将动模座板 7、垫板 8 从动模部分分开 |
| 5 | 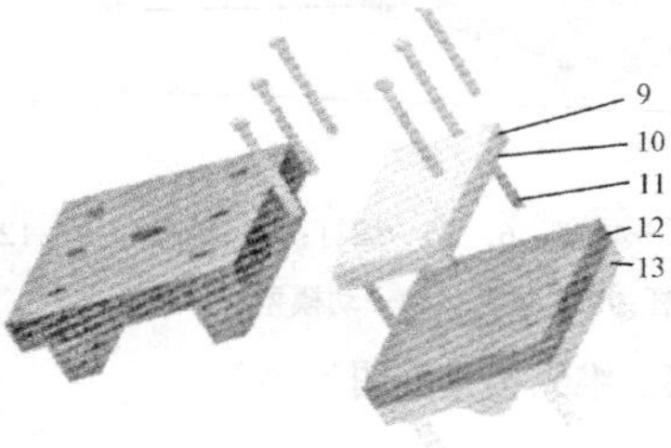 | 分离推出机构<br>将推杆垫板 9、推杆固定板 10、复位杆 11 组成的推出机构从动模部分分开 |
| 6 | 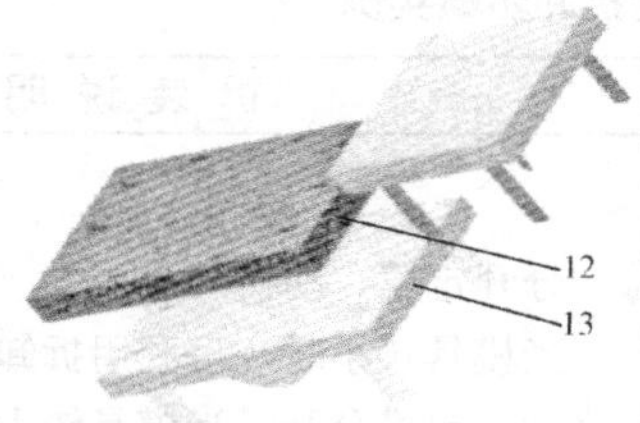 | 将支撑板 12 与动模型板 13 分开 |
| 7 | 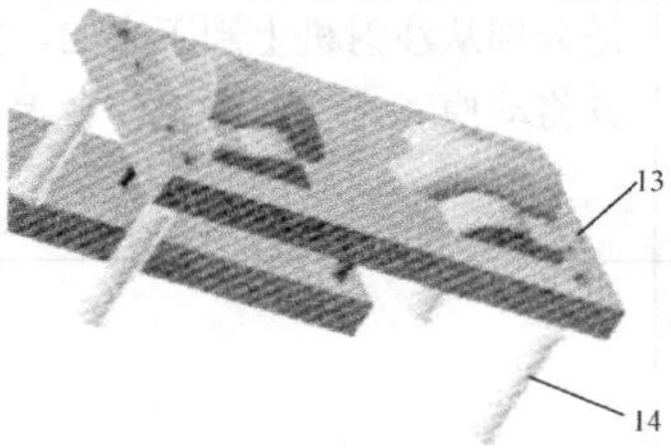 | 拆卸导柱<br>将导柱 14 从动模板 13 中分开 |
| 8 | 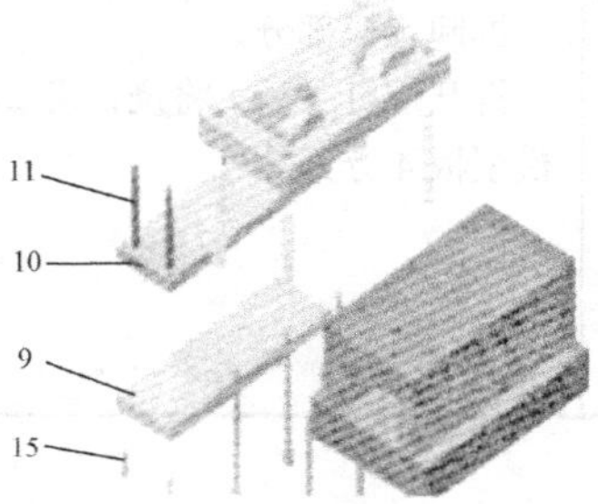 | 拆卸推出机构<br>拆开螺钉 15，将推出机构的推杆垫板 9、推杆固定板 10、复位杆 11 分开 |

# 8.2 模具的装配

模具的装配在模具制造过程中是非常重要的环节。所谓装配就是按照模具设计总装配图把所有的模具零件连接起来，使之成为一个整体，并能达到所规定的技术要求的一种加工工艺过程。装配后，必须满足装配精度要求：配合件的配合精度、相关零件间的相互位置精度、相对运动件的运动精度及其他要求，如模具的导向精度、冲裁间隙的均匀性等。所以，装配质量的好坏直接影响到模具的精度、寿命和制品的质量。

模具装配与一般机械产品的装配过程不同，它属于单件小批量生产，在装配时，操作者一定要根据模具的设计特点，按装配工艺规程进行装配。

## 8.2.1 保证装配精度的工艺方法

冷冲模装配常用的工艺方法仍然是互换性、修配法和调整法，目前常用修配法和调整法。这是因为修配法和调整法相对于互换法而言可以放宽零件的制造公差，便于加工，而互换法较少采用。

1）修配法

修配法是某些零件上预留修配量，装配时根据需要修整预修面，达到装配精度。修配法的优点是能够获得很高的装配精度，而零件的制造精度可以放宽，从而降低模具加工难度，降低模具制造成本；缺点是装配时增加了修配工作量，装配质量依赖于工人的技术水平，生产效率低。在模具制造中，常用按件修配法与合并修配法。

按件修配法是以一个零件为基准，指定另一个相配零件作为修配件，装配时再用切削加工改变该零件的尺寸以达到装配精度要求。按件修配法中，选定的修配件应是易于加工的零件，在装配时它的尺寸改变对其他尺寸链不致产生影响。

合并加工修配法是把两个或两个以上的零件装配在一起后，再进行机械加工，以达到装配精度要求。这种方法在模具装配中常用到，如凸模压入固定板后，要求凸模的上端平面与固定板的上平面共面，必须采用磨削方法加以修配。

2）调整法

调整法是在装配时，用改变产品中可调整零件的相对位置或选用合适的调整件以达到装配精度的方法。根据调整方法不同，将调整法分为可动调整法和固定调整法。

可动调整法是在装配时，只改变调整件位置达到装配精度的方法，在调整过程中无须拆卸零件，比较方便，如冷冲模采用上出件时顶件力的调整。

固定调整法是在装配过程中，选用合适的调整件达到装配精度的方法。

修配装配法和调整装配法两者的共同之处是能用精度较低的组成零件达到较高的装配精度。但调整装配法是用更换零件或改变调整件位置的方法达到装配精度。而修配装配法是从修配件上切除一定的修配余量达到装配精度。

3）互换装配法

互换装配法要求零件加工精度高，在装配时各配合零件不经修理、选择和调整即可达到装配精度，或者在成批和大量生产中，将产品各配合副的零件按实测尺寸分组，装配时按组进行互换装配以达到装配精度的方法。

## 8.2.2 冷冲模的一般装配方法

### 1．凸、凹模的固定方法

凸、凹模的常用固定方法有紧固件法、压入法、挤紧法、黏接法、热套法和焊接法等。

1）紧固件法

紧固件法如表 8-3 所示，这种方法工艺较简便。

表 8-3 紧固件法

| 紧固方法 | 简 图 | 要 点 | 说 明 |
|---|---|---|---|
| 螺钉紧固 | 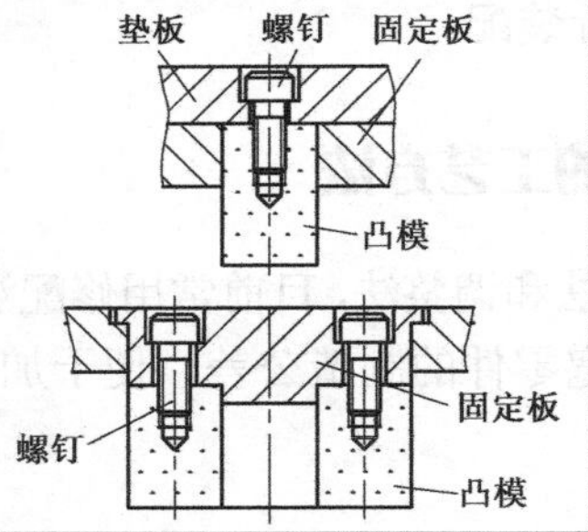 | 1．将凸模放入固定板孔内，确保其轴线与固定板安装基面垂直<br>2．用螺钉紧固，不许松动<br>3．凸模为硬质合金时，螺孔用电火花加工 | 1．当刃口间隙 $Z$=0.02mm 时，凸模轴线与固定板安装基面垂直度公差等级为 5～6<br>2．$Z$=0.02～0.06mm 时，为 6～7 级<br>3．$Z$=0.06mm 时，为 7～8 级 |
| 钢丝紧固 | 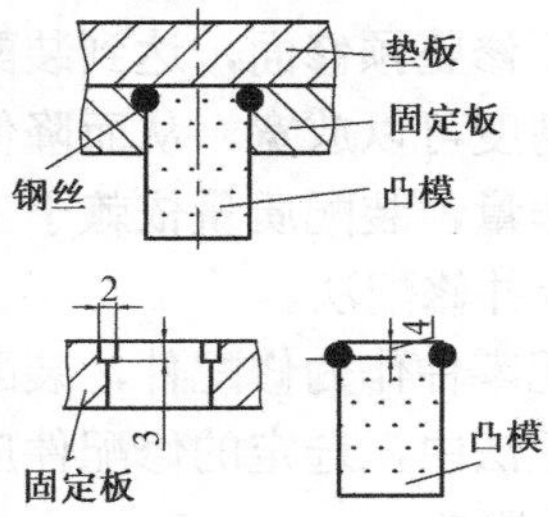 | 1．在固定板上加工钢丝槽，槽宽等于钢丝直径<br>2．将凸模与钢丝一并从上向下装入固定板 | 1．钢丝与固定板及钢丝槽的配合要严密<br>2．装配后凸模的垂直度公差同上 |
| 斜压块螺钉紧固 | 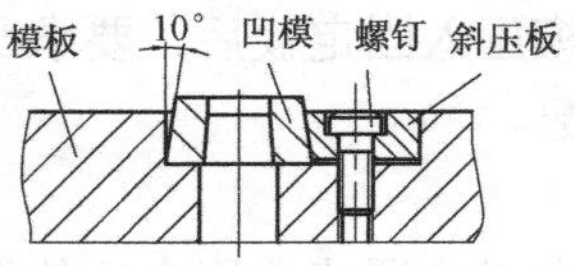 | 1．将凹模放入固定板内型孔，确保其轴线与固定板安装基面垂直<br>2．压入斜压块<br>3．拧紧螺钉 | 1．凹模轴线与固定板安装基面垂直度公差同上<br>2．10° 斜度要求准确配合<br>3．压块底面要与下固定板之间留有 2mm 以上的间隙，固定板上的螺钉孔按斜块上孔配做成通孔 |
| 压板螺钉紧固 | 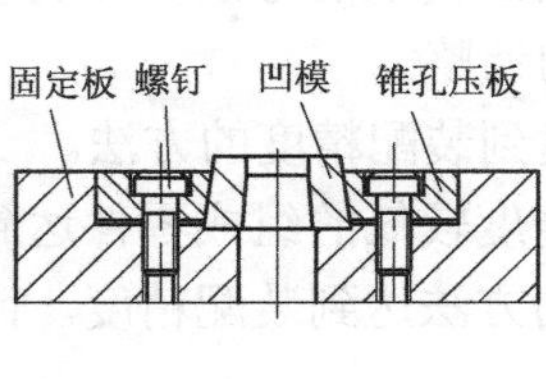 | 1．将凹模压入锥孔压板中保证两孔同轴度<br>2．将凹模组合放入固定板型孔中，保证其轴线与固定板安装基准面垂直<br>3．拧紧螺钉 | 1．凹模轴线与固定板安装基面垂直度公差同上<br>2．10° 斜度要求准确配合<br>3．压块底面要与下固定板之间留有 2mm 以上的间隙，固定板上的螺钉孔按斜块上孔配做成通孔 |

2）压入法

压入法是模具装配中常用方法之一，是过盈或过度配合零件常用的一种连接方法。它的优点是牢固可靠；缺点是对压入的型孔精度要求较高，尤其是复杂型孔或孔距中心要求严格的多型孔，比较难加工。此法常用于将凸模压入固定板，导柱、导套压入模板。如图 8-5 所示，凸模利用端部台阶轴向固定，与固定板按 H7/m6 或 H7/n6 配合。压入法常用于截面形状较规则（如圆形、方形）的凸模连接，台阶尺寸一般为$\Delta D$=1.5～2.5mm，$H$=3～8mm。

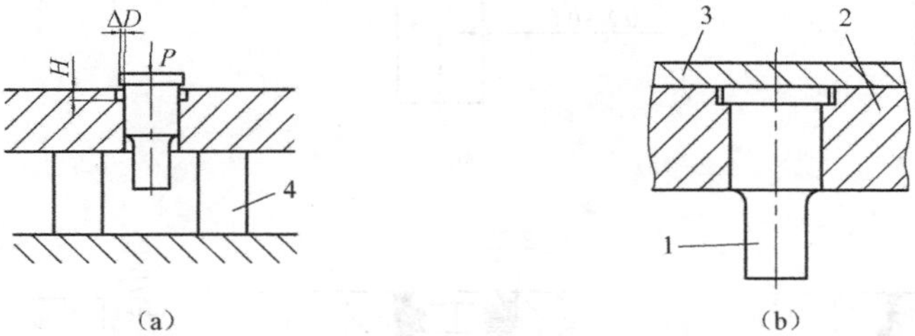


1—凸模；2—固定板；3—垫板；4—高等垫铁

图 8-5　压入法固定凸模的方式

压入法连接方便、可靠，连接精度较高，将凸模固定板架在两块等高垫铁上，用压力机将凸模压入，压入时要随时检测凸模的垂直度，压入后应将凸模尾端与固定板配磨平。

3）挤紧法

挤紧法是将冲模的凸模固定在固定板中的另一种工艺方法。适用于无台肩的中、小凸模的固定。其优点是操作简便；缺点是对固定板型孔的精度要求高，加工较难。挤紧法的一般操作步骤如下。

（1）将凸模通过凹模压入固定板型孔内（控制凸、凹模间隙使其均匀）。

（2）用小錾子环绕凸模外圈对固定板型孔进行局部敲击，将固定板的局部材料挤向凸模。

（3）复查凸、凹模间隙是否均匀，如不均匀，重新修整直到间隙均匀。

用挤压法固定凸模的方式如图 8-6 所示。凸模 4 被挤紧，图示箭头方向为挤压方向。

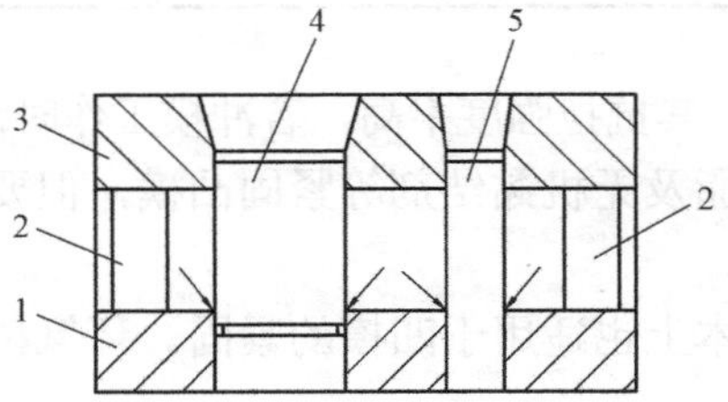


1—固定板；2—等高垫铁；3—凹模；4，5—凸模

图 8-6　用挤紧法固定凸模的方式

4）粘接法。

对于多凸模工作的模具，为了便于调整凸、凹模之间的间隙，提高模具的装配质量，常将凸模固定板的型孔做得比凸模大 3～5mm，装配时凸模按凹模定位后，在凸模与固定板的间隙内浇注黏结填充材料用以固定凸模。所用的填充材料有无机黏结剂、环氧树脂、低熔点合金和厌氧胶等。

低熔点合金固定凸模的几种结构形式如图 8-7 所示，使用时应根据不同要求合理选用。

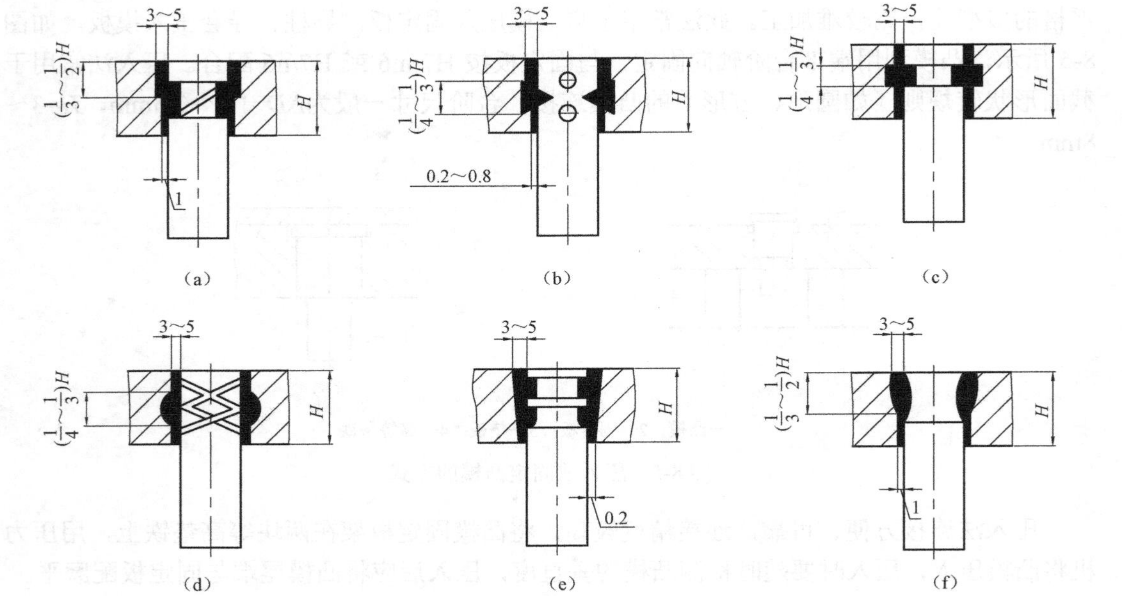


图 8-7　低熔点合金固定凸模的几种结构形式

常用低熔点合金配方如表 8-4 所示。

**表 8-4　常用低熔点合金配方**

| 按质量百分比（%）<br>合金配方 | 元素名称 | | | | | 合金熔点/℃ | 浇注温度/℃ |
|---|---|---|---|---|---|---|---|
| | 金属 | Bi | Pb | Sn | Sb | | |
| | 熔点/℃ | 271 | 327.4 | 232 | 630.5 | | |
| Ⅰ | | 48 | 28.5 | 14.5 | 9 | 120 | 150～200 |
| Ⅱ | | 48 | 32 | 15 | 5 | 100 | 120～150 |

用低熔点合金紧固凸模，其抗拉强度不高，若冲模工作时卸料力比较大，则不宜选用。

另外，还可选用环氧树脂及无机黏结剂等紧固凸模，但要根据黏结剂的特点、模具的结构及工作状态等合理选用。

上述凸模的紧固方法基本上也适用于凹模的紧固。环氧树脂、低熔点合金等也适用于导柱、导套的紧固。

5）热套法

热套法主要用于固定凹模和凸模拼块，以及硬质合金模块，如图 8-8 所示。当连接只起固定作用时，其配合过盈量要小些，当要求连接有预应力作用时，其配合过盈量要大些，过盈量控制在（0.001～0.002）$D$ 范围。对于钢质拼块一般不预热，只是将模套预热到 300～400℃保持 1h，即可热套；对于硬质合金模块应在 200～250℃预热，模套在 400～450℃预热后热套。一般在热套后继续进行型孔的精加工。

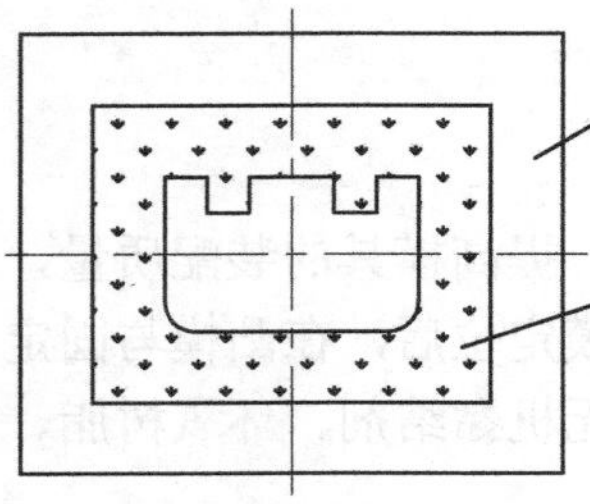


1—凹模；2—模套

图 8-8　热套法

6）焊接法

焊接法主要应用于硬质合金的凸模固定及精度要求不高的大型凸模固定。一般采用火焰钎焊或高频钎焊，焊料为黄铜或105焊料。焊接前要在700～800℃进行预热，焊接完后须放入箱式电炉中，加热至250～300℃，保温4～6h去应力退火。焊接形式如图8-9所示。

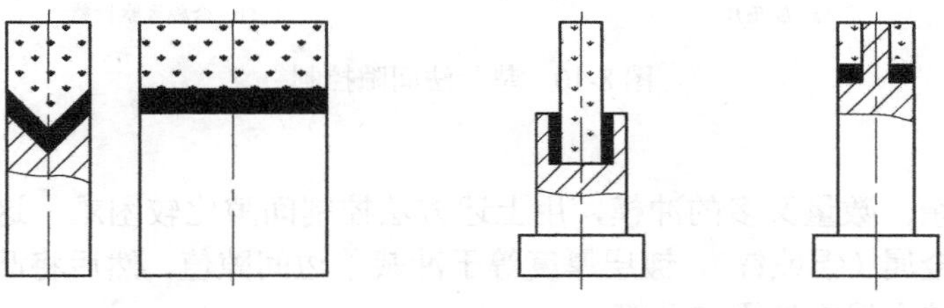

（a） （b） （c）

图8-9 焊接形式

**2．冷冲模间隙的调整方法**

凸、凹模之间的配合间隙大小，均匀与否，不仅直接影响到模具的使用寿命，而且对于保证冲压件的质量非常重要，所以如何控制好模具装配间隙是模具装配过程中一个非常重要的环节。冷冲模装配的主要目的就是确定已加工好的凸、凹模的正确位置，以保证它们之间的间隙均匀分布。

为了保证凸模与凹模的正确位置和间隙均匀，装配时总是依据图纸要求先确定其中一件（凸模或凹模）的位置，然后以该件为基准，用调整间隙的方法确定另一件的准确位置。

控制冲裁间隙的方法有以下几种。

1）测量法

测量法是将凸模和凹模分别用螺钉固定在上、下模板的适当位置上，将凸模伸入凹模内，用塞尺检查凸、凹模之间的间隙是否均匀，根据测量结果进行调整，调整适合后，配钻销钉孔并打入圆柱销。这种方法适宜于间隙比较大的冷冲模。

2）透光法

操作时将模具翻过来，把模柄夹在台虎钳上，通过光照射，从凸、凹模间隙中透过光线的大小和分布状态来判断其间隙的均匀性，然后做出相应的调整。它适于小型冷冲模的装配。

3）试切法

当凸模、凹模之间的间隙小于0.1mm时，可将其装配后试切纸（或薄板）。根据切下来的纸（或薄板）四周毛刺的分布情况来判断间隙的均匀程度，并做适当的调整。

4）垫片法

垫片法即在凹模刃口周边的适当位置安放厚度等于单边间隙的纸片或金属片（见图8-10），将上模合上，观察凸模是否顺利进入凹模与垫片接触，垫好等高垫铁，敲击固定板的方法调整间隙直到均匀为止，并将上模座预先松动的螺钉拧紧。放纸试冲，若冲切的纸无毛刺或毛刺均匀，则间隙已调均匀。这时就可将上模座与固定板同钻，铰定位销孔，并打入销钉定位。

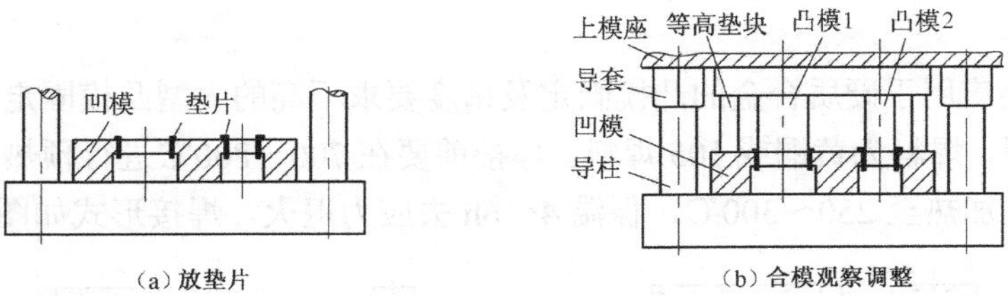


图 8-10　垫片法间隙控制

5）镀铜法

对于形状复杂，数量又多的冲模，用上述方法控制间隙比较困难，这时可将凸模工作表面镀上一层软金属（铜或锌），镀层厚度等于冲裁单边间隙值，然后将凸模伸入凹模内并调整好位置，再按上述方法固定凸模。

6）涂层法

与镀铜法相似，在凸模工作段涂以厚度为单边间隙值的涂料（如磁漆或氨基醇酸绝缘漆等）来代替镀层。

7）标准样件调整方法

对于弯曲、拉深及成型模，在调整及安装时，可按产品零件图先做一个样件。在调整时，将样件放在凸、凹模之间进行调整间隙。

## 8.2.3　冲裁模的装配

冲裁模的装配包括组件装配和总装配，即在完成模架、凸模、凹模部分组件装配后进行模具的总装配。下面以图 8-11 为例说明冲裁模的装配方法。

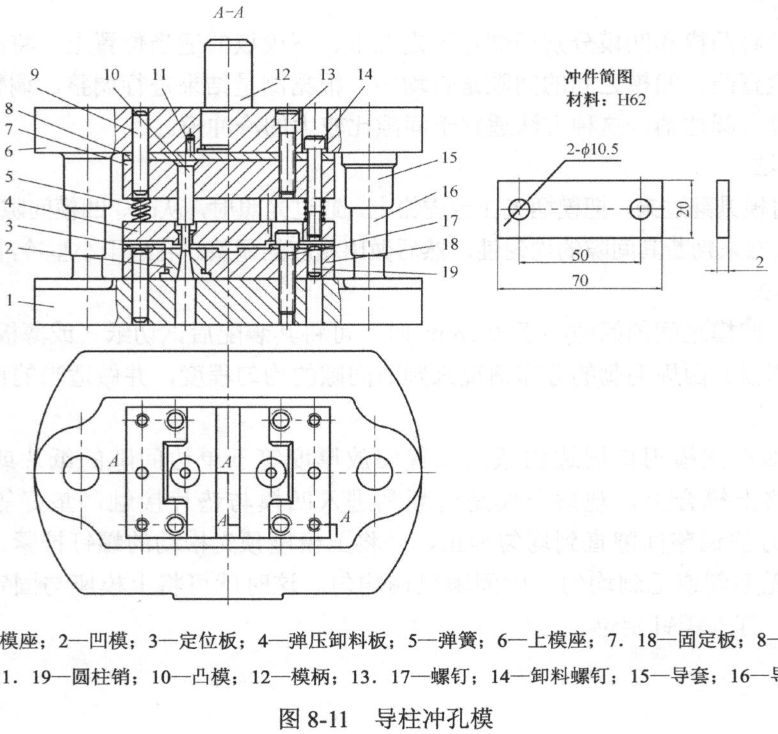


1—下模座；2—凹模；3—定位板；4—弹压卸料板；5—弹簧；6—上模座；7. 18—固定板；8—垫板；9. 11. 19—圆柱销；10—凸模；12—模柄；13. 17—螺钉；14—卸料螺钉；15—导套；16—导柱

图 8-11　导柱冲孔模

1．主要组件的装配

1）模柄的装配

图 8-12 所示为压入式模柄的装配。模柄与上模模座的配合为 H7/m6，装配时先将上模座放平，在压力机上将模柄慢慢压入或用铜棒打入模座，要边压边用 90°角尺检查模柄与上模座上平面的垂直度，其误差不大于 0.05mm。模柄垂直度经检验合格后再加工骑缝销钉孔，安装骑缝销，然后把模柄端面在平面磨床上磨平。

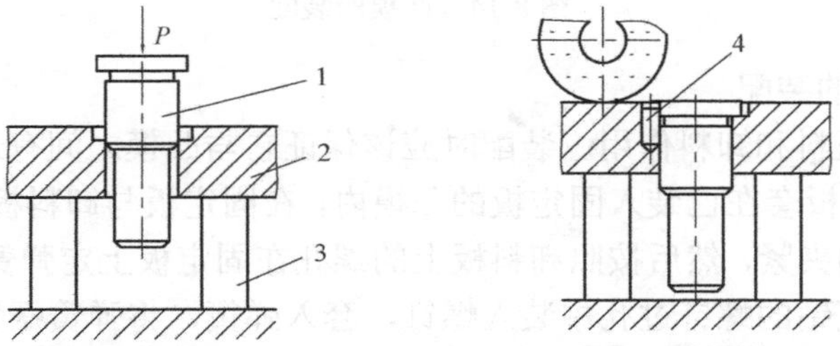


1—模柄；2—上模座；3—等高垫块；4—骑缝销

图 8-12　压入式模柄的装配

2）导柱、导套的装配

中、小型冲裁模一般均使用标准模架。但有些特殊规格或大型模，尚需模具制造厂商自行安装导柱和导套。压入式模架中导柱、导套与上、下模座的配合为 H7/r6。其装配方法一般有两种：一种是以导柱为装配基准，先装导柱，后装导套；另一种是以导套为装配基准，先装导套，后装导柱。这两种方法都应预先选配好导柱、导套，以符合配合精度要求。导柱、导套的安装如图 8-13 所示。

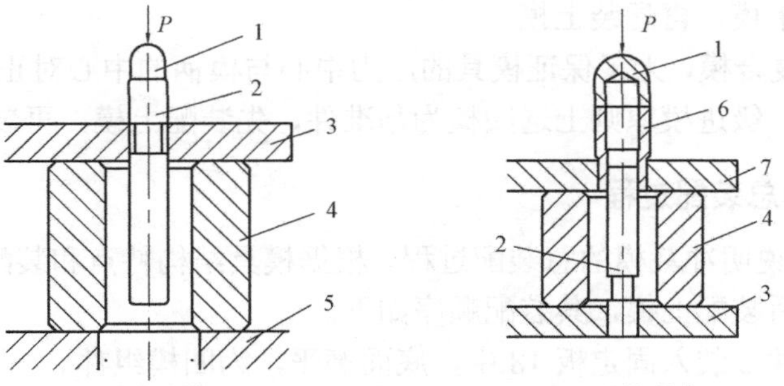


1—压块；2—导柱；3—下模座；4—专用支撑圈；5—压机工作台；6—导套；7—上模座

图 8-13　导柱、导套的安装

3）凸模的装配

凸模与固定板的配合常采用 H7/m6，装配时先在压力机上将凸模压入固定板内，检查凸模的垂直度合格后用锤子和錾子将凸模的上端铆开，然后将固定板的上平面与凸模尾部一起磨平，如图 8-14（a）所示。为了保证凸模刃口锋利，还应将凸模的端面磨平，如图 8-14（b）所示。对于凹模的装配也用压入法，先检查凹模的配合尺寸，修钝凹模先进入部位，然后压入固定板中，磨平固定板下平面。

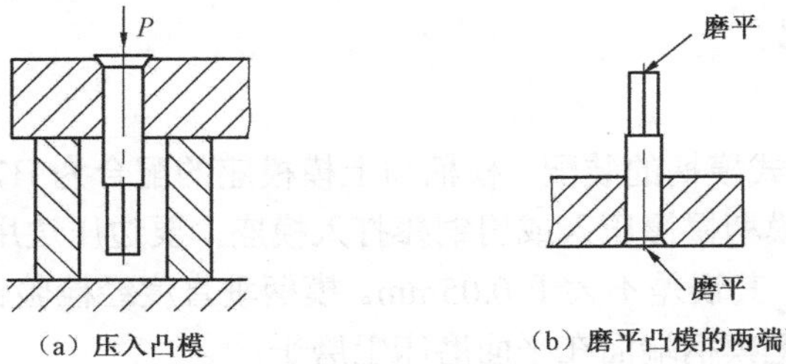

（a）压入凸模　　（b）磨平凸模的两端面

图 8-14　凸模的装配

4）弹压卸料板的装配

弹压卸料板起压料和卸料作用。装配时应该保证它与凸模之间有适当的间隙，其装配方法是：将弹压卸料板套在已装入固定板的凸模内，在固定板与卸料板之间垫上平行垫块，并用平行夹板将它们夹紧，然后按照卸料板上的螺孔在固定板上定弹簧孔位置，在上模座、垫板、凸模固定板配钻的螺钉过孔中装入螺钉，套入弹簧，将弹簧螺钉旋入卸料板的螺孔中，应注意弹簧螺钉旋入卸料板螺纹孔中的深度一致，保证卸料板与凸模间有灵活的相对运动，并能起到压料和卸料作用。

### 2．模具总装配

冲裁模主要组件装配完成后进行总装配。总装时要根据模具的结构特点、装配要求等合理地确定上、下模的装配顺序，一般是将受位置限制大的上模或下模先装配，再用下模或上模去调整位置。

（1）对于无导柱的模具，凸、凹模的间隙是在冲模安装到压力机上时进行调整的，上、下模的装配次序没有严格的要求，可以分别进行装配。

（2）对于位置精度、尺寸精度要求较高的模具，一般采用导柱导向，且凹模装在模具下座时，宜采用先装下模，再配装上模。

（3）对于导柱复合模，为了保证模具的压力中心与模柄的中心对正，一般是先装上模，再找正下模的位置。级进模原则上选凹模为基准件，先装配上模，再装配下模。

### 3．导柱冲裁模总装配过程

以图 8-11 为例说明冲裁模的总装配过程。根据模具结构特点和装配原则，导柱冲孔模具应先装配下模，后装配上模，其装配顺序如下。

（1）把凹模镶件 2 装入固定板 18 中，底面磨平，为凹模组件。

（2）在固定板和凹模上安装定位板 3。

（3）把固定板 18 安装在下模座 1 上。找正固定板位置后，先在下模座上配钻孔，然后加工圆柱销孔，装入圆柱销，拧紧螺钉。（1）～（3）步骤组装好下模部分。

（4）把已装入固定板 7 的凸模 10（凸模组件）插入凹模内，固定板 7 与凹模 2 之间垫入适当高度的平行垫铁，再把上模座放在固定板 7 上（此时导柱与导套相配），用平行夹板将上模座和固定板夹紧，并在上模座配钻卸料螺钉过孔和紧固螺钉过孔，拆开后放入垫板，拧紧螺钉。

（5）安装上模，调整凸、凹模的间隙。当凸、凹模的形状复杂，用测量法和透光法调整间隙比较困难时，可采用试切法和垫片法。调整间隙时，可用锤子轻轻敲击固定板 7 的侧面。使凸模的位置改变，以得到均匀的间隙。

（6）调整好间隙后，用平行夹板将上模板、固定板 7 夹紧夹牢，钻铰上模圆柱销孔，装入圆柱销 9。

（7）配钻弹压卸料板螺钉孔，并将弹压卸料板 4 装在凸模上，检查它是否运动灵活，凸模与卸料板配合间隙在 0.5mm 左右，最后安装弹簧。

（8）安装其他零件

装配好的模具要经过试冲，在连续冲出 100～150 个冲压件且检验合格后，模具方可正式交付使用。如果在试冲过程中发现问题，要拆卸相关零件做修整，然后重新装配，这样反复调整几次，直到完全合格为止。

### 8.2.4 塑料模具的装配

塑料模具的装配与冷冲模的装配有许多相似之处，但在某些方面其要求更为严格，如塑料模具闭合后要求分型面均匀密合。在有些情况下，动模和定模上的型芯、滑块也要求在合模后保持紧密接触，类似这样的情况常常会增加修配的难度。

**1．塑料模具组件或部件的装配**

1）型芯与型芯固定板的装配

如图 8-15 所示型芯是采用压入法装配的。型芯与型芯固定板型孔采用过渡配合，装配前应检查型芯与孔的配合是否太紧，若过紧，压入型芯时会使固定板产生变形，影响装配精度，对于淬硬的镶件将容易发生碎裂，所以应修正固定板的孔或型芯安装部分的尺寸。为了便于压入，应在型芯端部或固定板孔的入口处四周修出 10′～20′ 的斜度。型芯压入前表面涂润滑油，固定板放在等高垫块上，型芯端部放入固定板孔时，应校正垂直度，然后缓慢、平稳地压入到一半左右再校正垂直度，型芯全部压入后还要测量其垂直度，最后磨平尾部。

2）型腔与型腔固定板的装配

（1）单件圆形整体型腔与固定板的装配如图 8-16 所示。这种型腔凹模装入模板，关键是型腔形状和模板相对位置的调整及最终定位。调整方法有以下几种。

① 部分压入后调整。型腔凹模压入模板极小一部分时，即进行位置调整。可用百分表校正其直线部分。如有位置偏差，可用管子钳等工具将其旋转至正确位置，然后将型腔凹模全部压放模板。

② 全部压入后调整。将型腔凹模全部压入模板以后再调整其位置，采用这种方法一般有 0.01～0.02mm 的间隙。位置调整正确后，须用定位件定位，防止其转动。

③ 划线对准法。当型腔凹模的位置要求不高时，可用此方法。在模板的上、下平面上划出对准线，在型腔上端面划出相应的对准线并将线引至侧面，装配时以线为基准，将型腔凹模压入固定板中。

④ 光学测法。对于型腔尺寸小或形状复杂而不规则，难以用表测量时，可在装配后用光学显微镜进行测量，从目镜的坐标线上可清楚地读出形位误差。调整方法是退出重压或使之转动。

凹模一般采用销钉定位。销钉孔在热处理之前钻铰好，在装配及位置调整后，通过此孔复钻铰模板的销钉孔。

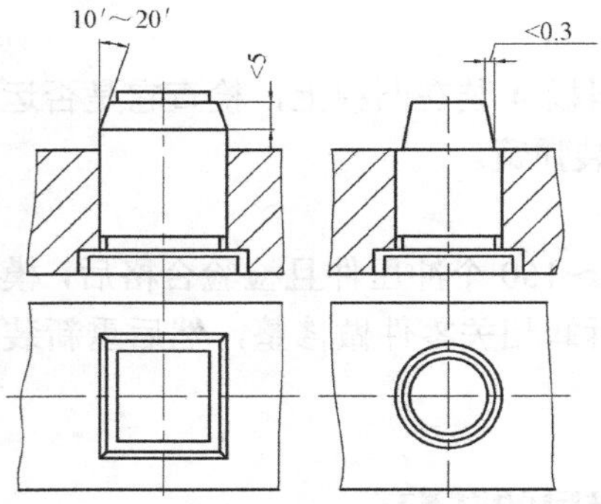


图 8-15　型芯与固定板的装配

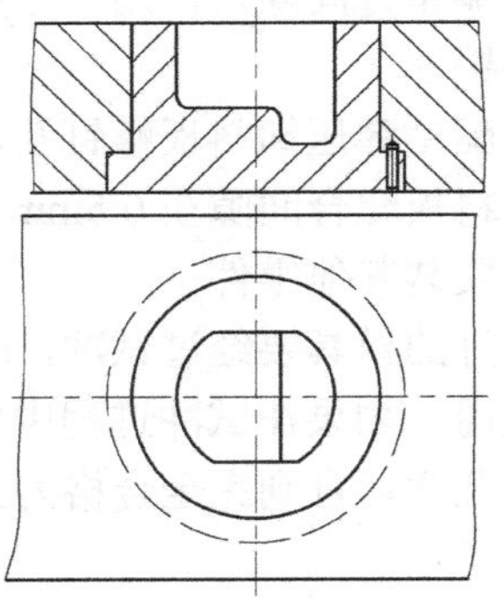

图 8-16　单件圆形整体型腔与固定板的装配

（2）多件整体型腔凹模的装配如图 8-17 所示。在一块固定板上须要装配两个以上型腔，且动、定模板间有精确相对位置要求，为了保证动模、定模准确合模，应按如下步骤进行装配。将上模镶块 1 装入定模板 7；以镶块 1 上的两个孔为基准，将推块 4 以工艺销钉（装配时代替小型芯用）导向与镶块 1 相连并定位，再将两个型腔镶块 3 套装到推块 4 上，此时测得型腔镶块 3 外形的实际位置尺寸，以此尺寸加工或修正固定板 6 上型腔装配孔的位置。待型腔 3 压入固定板 6，同时放入推块 4 后，以推块 4 的孔导向，配钻、铰固定板上的小型芯 2 的固定孔。

3）导柱、导套安装孔的加工与导柱、导套的装配

导柱、导套分别安装在模具的动模与定模上，是合模的导向装置。因此，固定板、定模板上的导柱、导套安装孔的相对位置尺寸有严格的要求，其误差不应大于 0.01mm。工艺上一般将固定板、定模板以其一对垂直的侧面或工艺定位销定位，在坐标镗床、精度高的车床、数控铣床或加工中心上配钻、配镗（或铰）导柱孔和导套孔。

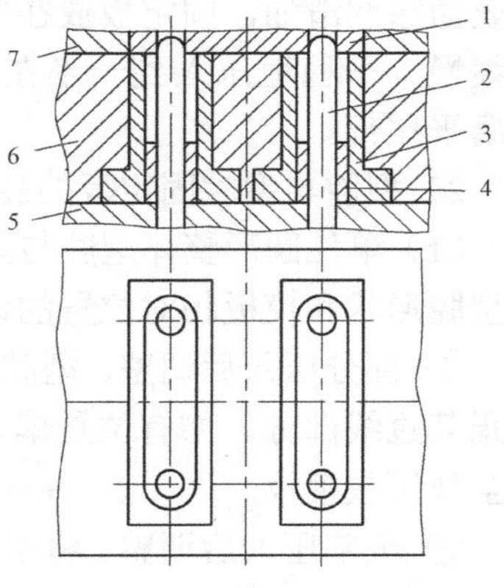


1—上模镶块；2—小型芯；3—型腔；4—推块；5、6—固定板；7—定模板

图 8-17　多件整体型腔的装配

对于需要淬硬的模板，在热处理之前已加工了导柱、导套安装孔，热处理会引起孔形和孔的位置尺寸变化，而不能满足配合导向要求。因此，热处理前加工的孔应留磨削余量，以便模板淬硬后在坐标磨床上磨孔，或将模板叠合在一起（以型腔为基准找正）在内圆磨床上磨孔。也有采用软套的方法，在热处理前将一模板上的导套安装孔孔径扩大，热处理后压入软套，将两块模板叠合在一起，以另一块模板的导柱安装孔为基准，找正，配镗软套孔。

由于模具结构和装配方法不同，所以导柱、导套安装孔的加工安排有以下两种情况。

（1）在模板的型腔、型芯安装孔未加工前加工导柱、导套安装孔。适宜的场合有：模板上型腔、型芯安装孔的形状一致，可以借助导柱、导套定位将各模板叠合在一起加工；形状不规则的立体型腔，装配合模时很难找正位置，以导柱、导套定位容易加工出正确的型芯、型腔安装孔，如图 8-18 所示；动、定模板上的型芯、型腔之间无严格的相对位置要

求的模具；有侧面抽芯滑块机构的模具，因装配时修配面较多，先加工、装配好导柱、导套作为找正定位基准，其他的有关零件修配时容易找正。

（2）在模板的型腔、型芯安装孔加工后，加工导柱、导套安装孔，其适应的场合是在合模时动、定模板之间有较严格的相对位置或配合要求的模具，如图 8-19 所示。要求小型芯要插入下模镶块孔中。

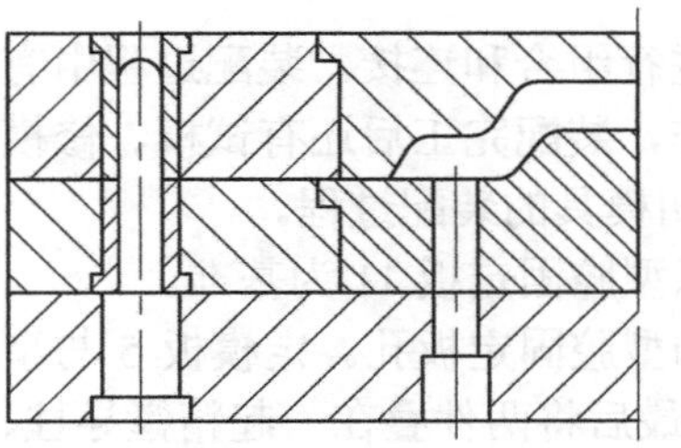
图 8-18 相对位置找正有困难的型腔

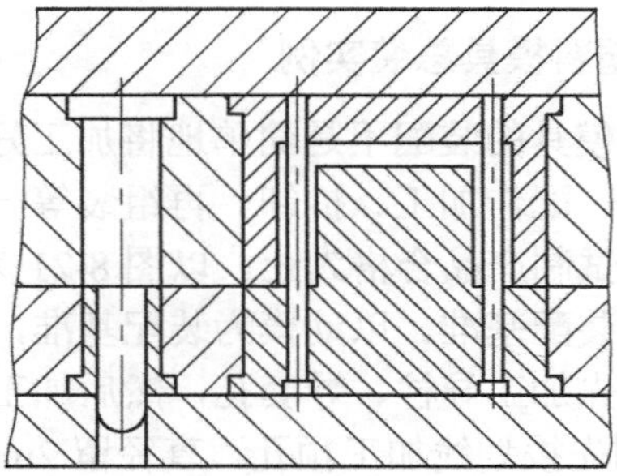
图 8-19 动、定模板间有配合要求的结构

导柱、导套的装配基本上与冷冲模的导柱、导套装配相似，也是借助压力机压入进行装配。

4）推杆、复位杆、拉料杆的装配

推杆、复位杆、拉料杆是推出机构的重要运动零件，它是通过固定板和垫板的固定支撑、导柱来导向的。其装配的技术要求为：保证运动灵活、无卡阻现象，推杆应高于型面 0.05～0.10mm，复位杆应低于型面 0.02～0.05mm，在完成塑件推出后，应能在合模时自动回复原始位置。

以小导柱作为导向的推出机构的加工和装配方法如图 8-20 所示。

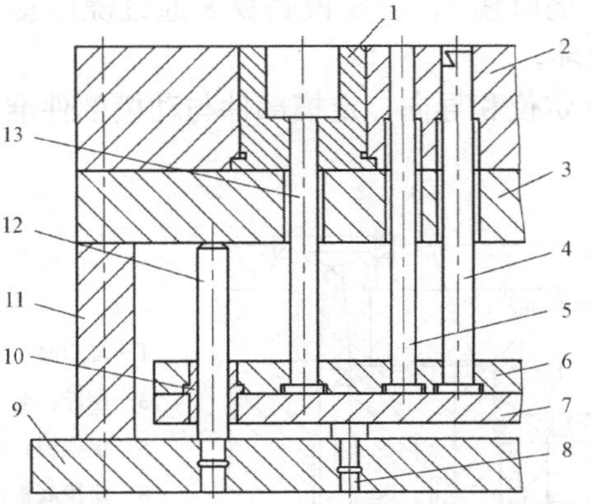

1—型腔；2—型腔固定板；3—垫板；4—拉料杆；5—复位杆；6—推杆固定板；7—推杆垫板；
8—支承柱；9—动模板；10—导套；11—模脚；12—小导柱；13—推杆

图 8-20 以小导柱作为导向的推出机构的加工和装配方法

用平行夹将推杆固定板 6、推杆垫板 7、动模板 9 夹紧，配钻导柱孔，然后镗推杆固定板 6、推杆垫板 7 的导套孔。将导柱压入动模板 9 中，导套装入推杆固定板和推杆垫板，再把导套、推杆固定板和推杆垫板组件装入导柱上。

将推杆固定板 6，由导套沿小导柱 12 导向上移，与垫板 3 接触，用平行夹将型腔固定板 2、垫板 3 和推杆固定板 6 一起夹紧，然后以型腔 1 上的推杆孔引导配钻、铰推杆固定板 6 的推杆安装孔，以型腔固定板 2 上的孔引导配钻、铰复位杆、拉料杆安装孔。松开平行夹，拆开连接零件，在推杆固定板 6 上装配推杆、复位杆、拉料杆，盖上推杆垫板，再将小导柱 12 和动模板 9 组件通过导套装配在一起。

通过调整支撑柱 8 或修磨使推杆和复位杆的长度符合技术要求。

### 2. 塑料模具总装实例

塑料模具的装配不是简单地将加工好的零件进行组合和连接。装配过程中有零件的组装、调整、配作加工、拆卸、再组装等一系列工作，装配完工后还有试模、修模等工作，直到模具试制产品合格为止。以图 8-21 为例，说明模具的装配过程。

（1）装配基准。以动模为装配基准，而动模以型腔固定板 11 为基准。

（2）先加工导柱、导套孔，然后加工定模板和型腔固定板孔。定模板 5 与型腔固定板 11 可分别先按划线加工预孔，直径留 2mm 余量，最后将两件叠在一起精镗导柱、导套孔。

（3）以导柱、导套孔定位，在定模板 5 与型腔固定板 11 上分别划线加工所有预孔，然后在型腔固定板上压装导柱 10，在定模板上压装导套 9。通过导柱、导套将定模板 5 与型腔固定板 11 叠合并夹紧，精镗型芯、型腔安装孔，最后在型腔固定板 11 上压装已装有小型芯 4 的型腔 3，并配磨浇道。在定模板 5 上压装型芯 7。

（4）动模板 17 中心线对准型腔固定板 11 和垫板 14，找正后夹紧，配钻螺钉孔预孔，配钻、铰销钉孔，拆开后在型腔固定板 11 上攻螺纹，在动模板 17 上配钻、镗（或铰）导柱 22 孔，钻支撑柱 23 安装孔，然后压入导柱 22、支撑柱 23。

（5）装配推出机构组件。具体方法在前面组件装配中已叙述了。

（6）在型腔固定板组件上安装支撑板 12、推杆固定板组件、垫板 14 和动模板组件，以销钉 18 定位，用螺钉 19 连接。

（7）在定模板 5 上压装浇口套 1，将定模底板 8 通过浇口套 1 定位与定模板 5 组装后用螺钉连接，然后安装定位环。

（8）以导柱 10、导套 9 定位和导向，定模部件与动模部件准确合模，即完成注射成型模的装配。

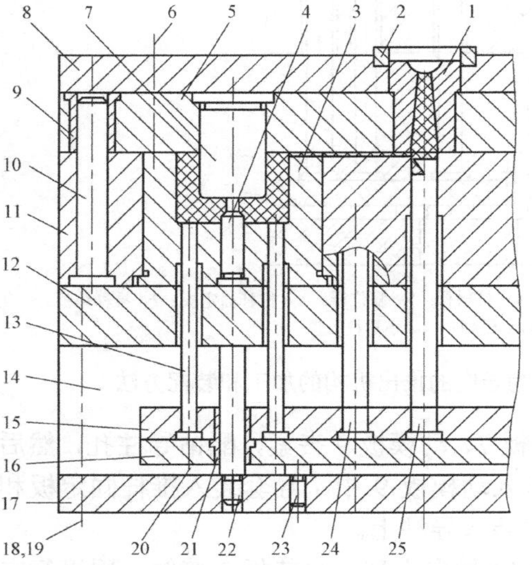


1—浇口套；2—定位环；
3—型腔；4．7—型芯；
5—定模板；6．19．20—螺钉；
8—定模底板；9．21—导套；
10．22—导柱；11—型腔固定板；
12—支撑板；13—推杆；
14—垫板；15—推杆固定板；
16—推杆垫板；17—动模板；
18—销钉；23—支撑柱；
24—复位杆；25—拉料杆

图 8-21　塑料模具

# 8.3 模具的安装与调试

## 8.3.1 冲裁模的安装与调试

### 1．冲裁模上、下模的安装

冲裁模一般由上、下模组成，在模具安装时，上模固定在压力机的滑块上或上模座上，下模固定在压力机的工作台垫板平面上。因此，模具的上模部分和下模部分是分开安装固定的，然后配合调试。

1）上模的安装形式与连接

（1）利用模具的模柄连接。对于小型模具，使用开式压力机时，模具的模柄被固定在压力机的滑块模柄孔内，由于模柄是连接模具的整个上模部分，压力机滑块的往复直线运动带动模具的上模部分完成冲压动作。

压力机的滑块模柄固定孔常用规格如表 8-5 所示。但是不同型号的压力机尺寸情况不一样。

表 8-5　几种常用开式压力机的模柄孔尺寸

| 名称 | 符号 | 单位 | 量值 | | | | | | | | | | |
|---|---|---|---|---|---|---|---|---|---|---|---|---|---|
| 称压力 | $P$ | kN | 31.5 | 40 | 63 | 100 | 160 | 250 | 400 | 630 | 800 | 1000 | 1250 |
| 模柄孔<br>直径×深度 | $D$×$L$ | mm×mm | $\phi$25×45 | $\phi$30×50 | | | | $\phi$50×70 | | | $\phi$60×75 | | |

（2）利用模具的上模座连接。这种方式常用于闭式压力机和大的开式压力机，一般模具比较大。通过压板、垫块和螺钉等，利用压力机滑块底平面上的 T 形槽将上模座紧紧地固定在压力机的滑块上，这样模具的上模部分与压力机的滑块成为一体，压力机滑块的往复直线运动带动模具的上模部分完成冲压动作。

（3）既利用模柄又利用上模座连接。如图 8-22（a）所示，压力机的滑块上既有用来固定上模的模柄孔，又有 T 形槽。在大型模具安装时，不仅可靠而且能方便对中。

2）下模的安装形式与连接

一般是在上模安装后再来安装下模。下模直接固定在压力机的工作台垫板平面上，工作台垫板平面上有 T 形槽，如图 8-22（b）所示。安装时，采用垫块、压板和螺钉将上模座压紧在工作台上。

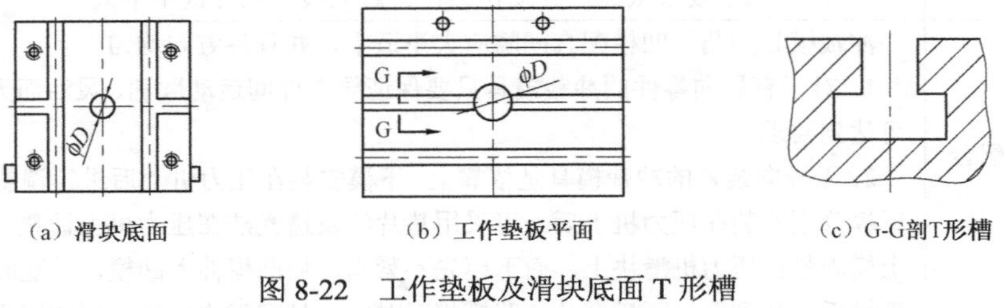


（a）滑块底面　（b）工作垫板平面　（c）G-G剖T形槽

图 8-22　工作垫板及滑块底面 T 形槽

用压板固定下模座时，应采用正确的方法，如表 8-6 所示。用于固定的支撑、垫圈和压板等，螺杆应热处理淬火；压板、螺杆和模具的相对位置必须符合要求；垫块可由多块组成或做成阶梯形，但必须与被压模座高度相等。

表 8-6　压板固定的正误情况

| 序号 | 正　　确 | 错　　误 | 原　　因 |
|---|---|---|---|
| 1 | 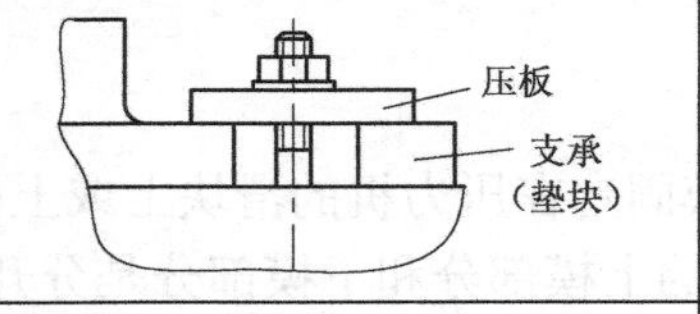 | 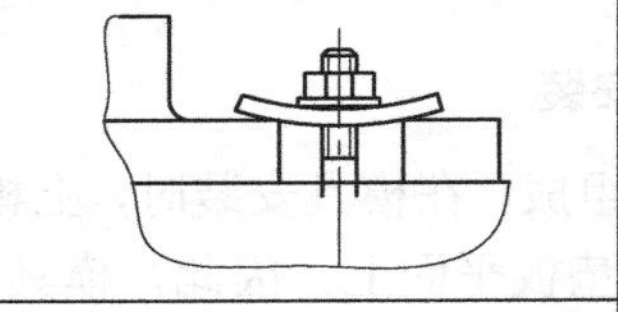 | 压板要有足够的刚度或采用专用的压板 |
| 2 | 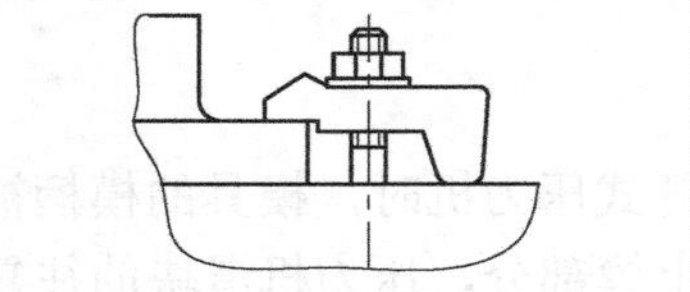 | 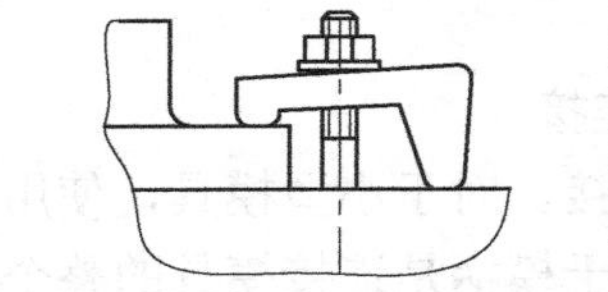 | 支撑高度应与被压的模座高度相等 |
| 3 | 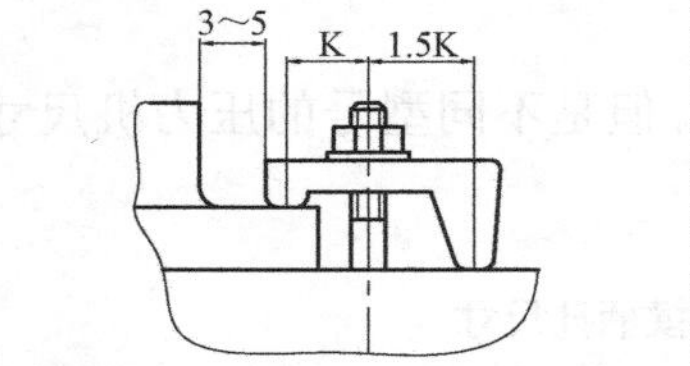 | 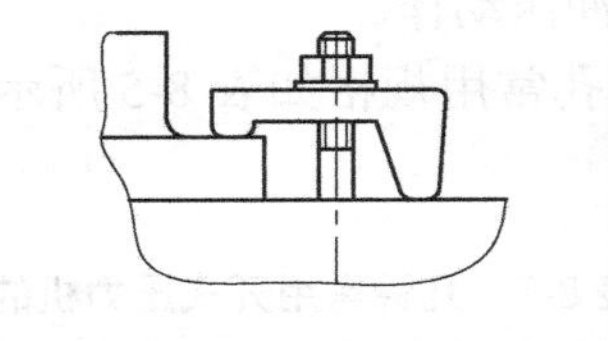 | 压板和冲模接触点与固定螺钉中心距应小于压板和压力机台面接触点与固定螺钉中心距 |

**2. 调整与试模**

模具在安装以后，必须在生产的条件下进行试模。试模中可能会发现各种缺陷，这时要仔细分析，找出原因，并对冷冲模进行适当的调整和修理，然后再试冲，直到冲模正常工作并得到合格冲压件为止。试冲的时间不应太长，对于新装的模具通过试冲达到把所存在的问题暴露出来；对于已经试模合格的模具为了取样和验证模具的可靠性也应试冲，一般要求连续冲动 20～1000 件，应根据不同的冲件材料、设备、模具种类和工厂的具体情况而定。

1）冲裁模的调整项目

冲裁模的调整项目如表 8-7 所示。

表 8-7　冲裁模的调整项目

| 调 试 项 目 | 调 整 步 骤 |
|---|---|
| 凸、凹模的配合深度的调整 | 1. 凸、凹模的配合深度是依靠调节压力机连杆长度来实现的，即调整模具的闭合高度。凸、凹模相互咬合深度要适中，应以能冲下合格的零件为准<br>2. 凸、凹模咬合太深，会损伤刃口；若太浅，则冲裁不下来 |
| 凸、凹模配合间隙的调整 | 冲裁模具的凸、凹模配合间隙应大小适中，并且各方向均匀<br>1. 对于有导向零件的冲裁模具只要保证导向件间运动顺利、灵活而无发涩现象即可达到要求<br>2. 无导向装置的冲裁模具是依靠上、下模安装在压力机上后进行调整的，即将上、下模分别安装在压力机上后，可采用垫片法及透光法在压力机上调整。调整时，将上模固紧在压力机滑块上，而下模先不紧固，使凸模伸入凹模，并随时用手锤敲打下模板，直到上、下模及凸、凹模相互对中，且间隙均匀后，再紧固下模 |

续表

| 调试项目 | 调整步骤 |
| --- | --- |
| 定位的调整 | 模具装入压力机后，检查冲模的定位销、定位块、定位板是否符合定位要求，定位是否稳定可靠，若发现位置不合适，应进行修整，必要时要重新更换 |
| 卸料系统调整 | 1．卸料板（推件器）的形状与冲压件相吻合，无间隙<br>2．卸（推）料弹簧和橡胶弹性力量足够大<br>3．卸料板（推件器）行程要适中，动作灵活，运动自如<br>4．漏料孔和出料槽畅通无阻，凹模刃口无倒锥 |
| 导向系统调整 | 模具安装在压力机上后，其导柱、导套应有良好的配合精度，不能发生卡紧、发涩现象，若有卡紧、发涩现象应重新安装 |

2）调整方法

冲裁模在试模时的调试不可能一步到位，要根据冲件的质量反复调整；其次是模具在使用时出现产品质量问题时也须要调整。最实用的调整方法是根据冲件常见缺陷来分析模具装配存在的问题，还可以有针对性地调整模具。这种方法在长期的生产实践中被广泛的采用，并从中积累和总结出了一些行之有效的经验。表 8-8 归纳了冲裁模常见缺陷和解决办法。

表 8-8　冲裁模常见缺陷和解决办法

| 序号 | 存在问题 | 产生废品的原因 | 调整方法 |
| --- | --- | --- | --- |
| 1 | 啃口 | 1．凸模、凹模装偏，同轴度不好<br>2．导柱、导套间隙过大<br>3．推件块或卸料板上的孔位歪斜，迫使冲孔凸模位移<br>4．平行度误差积累<br>5．凸模、导柱等零件安装不垂直<br>6．导柱长度不够 | 1．重新装配凸模、凹模，保证同轴度<br>2．返修或更换导柱、导套<br>3．返修或更换推件块或卸料板<br>4．重新修磨，装配<br>5．重新装配，保证垂直度<br>6．更换导柱 |
| 2 | 凸模弯曲或折断 | 1．凸模热处理硬度不合格<br>2．卸料板倾斜<br>3．上、下模板表面与压力机工作台面不平行<br>4．凸模、导柱、导套由于长期使用受冲击振动而与支持面不垂直<br>5. 切断模冲裁时产生的侧向力未抵消 | 1．重新热处理，调整硬度或重选材料<br>2．重装卸料板或给凸模加导向装置<br>3．重新安装模具于压力机上<br>4．重新装配，保证模具的垂直度<br>5．采用反侧向力来抵消侧向力或改变凸、凹模形状 |
| 3 | 送料不通畅或料被卡死 | 1. 两导料板之间的尺寸过小或有斜度<br>2. 板料裁得不规矩，宽窄不均匀<br>3．导料板工作面和侧刃不平行，条料冲后形成锯齿形易使条料卡住<br>4．侧刃与导料板挡块之间有缝隙，配合不严形成较大毛刺<br>5. 在连续冲裁中，凸模与卸料板孔间隙太大，使搭边翻转 | 1．调整或重装导料板<br>2．控制裁板宽度<br>3．重新调整导料板的安装位置<br>4．修整侧刃及挡块之间的间隙，使之密合<br>5．减小凸模与卸料板之间的间隙 |

续表

| 序号 | 存在问题 | 产生废品的原因 | 调整方法 |
|---|---|---|---|
| 4 | 工件有凹形圆弧面 | 1. 凹模刃口有倒锥，工件从孔中通过时被压弯<br>2. 冲裁模结构不合理，没有压料装置<br>3. 推件与工件接触面过小<br>4. 级进模中，导正销与预冲孔配合过紧，将工件压出凹陷 | 1. 修磨凹模刃口<br>2. 加装压料装置<br>3. 更换推件装置<br>4. 修小导正销 |
| 5 | 工件毛刺大 | 1. 刃口不锋利<br>2. 凸、凹模间隙过大、过小或不均匀 | 1. 修磨刃口，使其锋利<br>2. 调整间隙，使其均匀 |
| 6 | 料卸不下来 | 1. 卸料装置该动作没有动作，卸料螺钉与螺钉过孔配合太紧，或卸料螺钉有卡死现象<br>2. 卸料弹力不够<br>3. 卸料孔不畅通，废料卡在排料孔内<br>4. 顶出器过短<br>5. 凹模有倒锥度 | 1. 重新装配和修整扩大螺钉过孔，做到没有卡死现象<br>2. 更换弹性元件，保证弹力足够<br>3. 加大排料孔，并检查凹模的排料孔与下模座上相应孔大小、位置<br>4. 将顶出器的顶出部分加长<br>5. 修整凹模 |
| 7 | 制件的形状和尺寸不正确 | 凸模和凹模的形状尺寸不正确 | 修整凸模或凹模的形状和尺寸不正确的部分，再调整冲模的合理间隙 |
| 8 | 工件断面光亮带不均匀或一边带斜度的毛刺 | 凸模和凹模中心线不重合，间隙不均匀 | 返修凸模、凹模或重新装配调整到间隙均匀 |
| 9 | 工件断面光亮带太宽甚至有二次光亮带和齿状毛刺 | 凸、凹模间隙太小 | 在不影响冲压件尺寸公差的前提下：<br>1. 对落料模应磨小凸模或磨大凹模，保证间隙合理<br>2. 对冲孔模应磨大凹模或磨小凸模，保证间隙合理 |
| 10 | 工件断面粗糙，圆角大，光亮带小，有拉长的毛刺 | 凸、凹模间隙太大 | 对于落料模更换或返修凸模；对于冲孔模，更换或返修凹模，以保证合理间隙 |
| 11 | 内孔与落料外形轴线偏移 | 1. 定位销位置不正<br>2. 落料凸模上导正销尺寸过小或无导头<br>3. 级进模中导料板和凹模送料中心不平行，使孔位偏移<br>4. 级进模中侧刃不准确，侧刃尺寸大于或小于步距 | 1. 修整定位销<br>2. 更换导正销<br>3. 修整导料板<br>4. 修磨或更换侧刃 |
| 12 | 工件校正后超差 | 采用下出件漏料模冲裁时，工件产生不平，校正后工件尺寸胀大 | 修整落料模或改成有弹性装置的落料模 |
| 13 | 工件小孔口破裂并且工件有严重变形 | 1. 导正销尺寸大于冲孔孔径尺寸<br>2. 导正销定位不准 | 1. 修整导正销<br>2. 纠正定位误差 |

### 8.3.2 注射成型模的安装与调试

1．定、动模的安装

注射成型模的结构形式很多，但每副注射成型模都是由动模和定模两大部分组成，动模安装在注射机的移动模板上，定模安装在注射机的固定模板上。尽管定模、动模安装部位不同，但是，在安装时应保证它们相互配合的准确性，运动的灵活性。为了便于安装，小型模具是整体吊装，可以确保动模、定模之间相对位置的准确性；对于大型模具是分开安装，通过定位环来保证动模与定模之间相互配合。

1）定模的安装形式与连接

（1）定模的安装形式。

无论是大型模具还是小型模具，定模板上配有定位环，一方面为了保证模具定模板与注射机固定板的定位，防止工作时移动；另一方面保证模具浇口套与注射机喷嘴的准确配合。

定模的安装主要通过模具上的定位环与注射机定模板上定位孔相互配合定心，如图 8-23 所示。为了使定模座板牢固地贴在注射机的定模板上，利用螺钉、压板、垫块将定模部分压紧、固定牢。

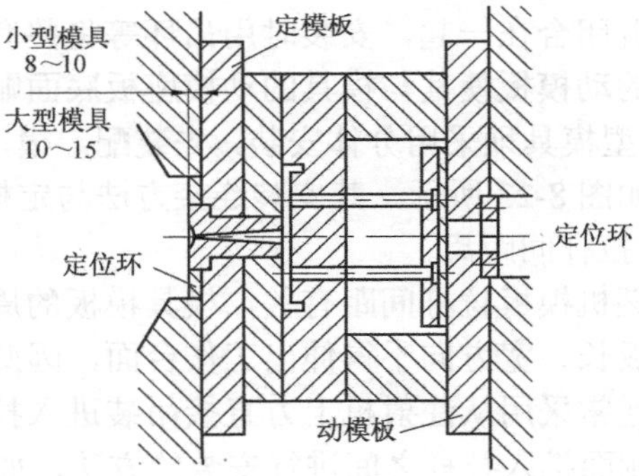


图 8-23 大型注射成型模定位环结构

（2）定模的安装固定形式。

注射机的固定模板和移动模板上通常布置有一定数量和规格的螺钉孔，以便于安装定模板。模具的安装固定形式一般有压板固定和螺钉直接固定两种，如图 8-24 所示。

当用压板固定时，只要模具座板以外的附近有螺孔就能固定，其灵活性较大。但是压板要垫平，压板和螺钉要有足够的强度，并且是专用工具。当用螺钉直接固定时，模具座板上安装孔的位置和尺寸应与注射机模板上的安装螺孔完全吻合，否则无法安装。图 8-24（d）适用于小型模具或专用模具，两孔中心距离与注射机的定、动模板上的相应孔距相符，且过孔大于螺钉直径。图 8-24（e）适用于模板开槽，便于安装，槽宽大于螺钉直径。图 8-24（f）适用于厚模板，可以缩短螺钉长度。一般动、定模各用螺钉和压板 2～4 个，对称分布，用力均衡，螺钉拧入螺孔中的长度应大于螺栓直径的 1.5～2 倍。

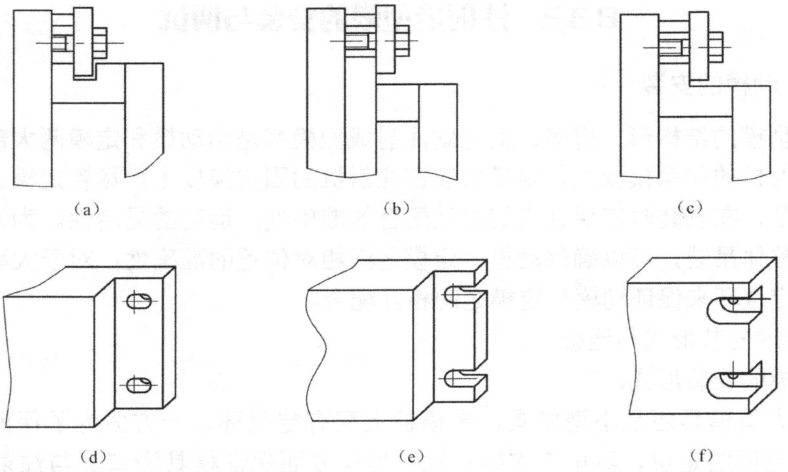


（a）～（c）用压板固定模具　　　　（d）～（f）用螺钉直接固定模具

图 8-24　螺钉直接固定和压板固定模具的形式

2）动模的安装形式与连接

动模的安装一般是在定模安装后及时进行的。对于中、小型模具采用总体安装，动模、定模在使用前通过导向装置闭合在一起，安装时用吊环等将整套模具吊起，先将定模对正压紧，然后再调整注射机的动模板使其与模具的动模座板底面贴合（一般小型模具动模座板上没有定位环）。对于大型模具须采用分体安装，先装配定模，后装配动模，动模座板上设有定位环以便于装配，如图 8-23 所示，其安装连接方法与定模的安装连接方法相似。

3）模具的安装方式与拉杆间距离

模具的安装方式与注塑机模板拉杆间距有关，模具模板的周界尺寸范围不得超出注射机的模板规格，即模具座板长、宽方向不得伸出工作台面，因此，可以根据模具尺寸采用下面三种形式安装。模具通常采用从注射机上方直接吊装进入拉杆之间进行安装，另一种方法是先吊到侧面，再由侧面推入拉杆之间进行安装的方法，如图 8-25（a）、（b）所示。此时为安全起见，在下面拉杆之间垫上木板，以防模具滑落。当模具模板周界尺寸受到拉杆间距的限制时，可采用图 8-25（c）所示安装。要求模具厚度比拉杆间距尺寸小，模具装入拉杆之间后能够旋转到图示位置，才能进行安装。

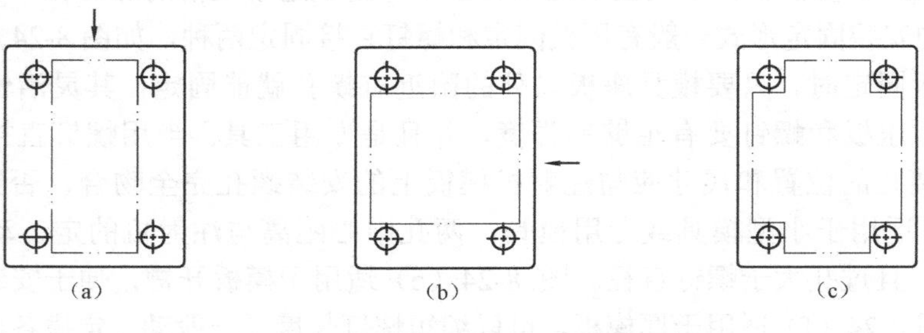


图 8-25　模具模板周界尺与安装形式

对于非标准模架，当模具结构有突出部位不利于安装时，可将超出拉杆间距的部件在模具装机后再进行安装。气路和水路连接件也应在模具装机后安装。

模具一般配制有吊环，在安装时应该通过吊环孔用绳索吊运，然后将模具运到拉杆之间进行安装，严禁违规操作。

**2. 模具的调整与试模**

1）注射机模板闭合厚度的调整

不同型号和规格的注射机，允许安装的模具厚度是不一样的，所安装的模具闭合厚度 $H$ 应在注射机允许的最大模具厚度值 $H_{max}$ 和最小模具厚度值 $H_{min}$ 之间，如图 8-26 所示，并应符合下列关系式：

$$H_{min} \leqslant H \leqslant H_{max}$$

$$H_{max} = H_{min} + L$$

式中 $H$——模具闭合厚度（mm）；

$H_{max}$——注射机允许的最大模具厚度（mm）；

$H_{min}$——注射机允许的最小模具厚度（mm）；

$L$——注射机模板在模具厚度方向的调节量（mm）。

若 $H < H_{min}$，也可以采用调整模具垫块的高度或另增加垫板的方法来保证模具闭合。但若 $H > H_{max}$，则模具无法闭合锁紧，尤其是机械—液压锁模的注射机，其肘杆无法撑直，这是不允许的。

在安装模具时，注射机移动模板与固定模板之间的距离必须调整到等于模具闭合厚度 $H$，模具才能正确合模。如果移动模板与固定模板之间的距离大于模具闭合厚度，模具的锁模力不够，注射时模具会从分型面胀开；如果小于模具闭合厚度，对于机械—液压锁模的注射机，其肘杆无法撑直，因此必须仔细调节移动模板，模具才能注射。如图 8-26 所示，通过调节螺母在 $L$ 范围内调节移动模板，实现模具正确闭合。对于新式注射机，移动模板的调节是通过手动调模进或调模退等操作来实现，使注射机定、动模板之间合模距离调整到等于模具的闭合高度为止。并且还应有一定的锁模力（根据塑料注塑参数而定），保证模具开闭运动平稳，锁模可靠。

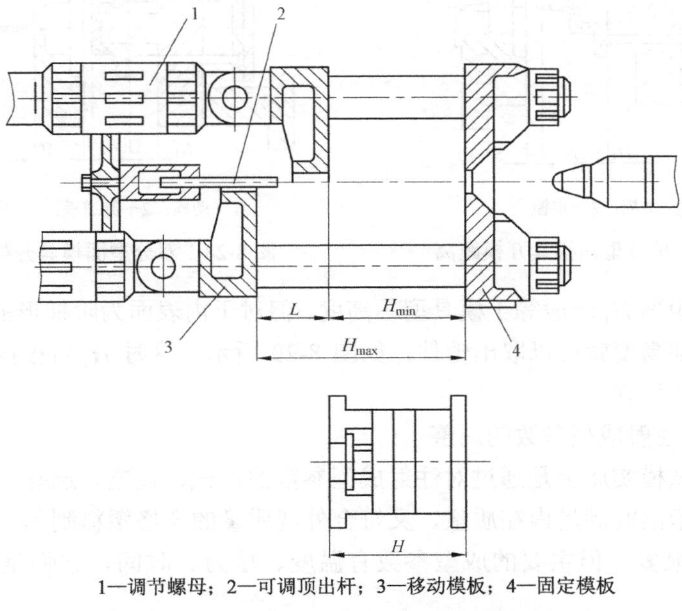


1—调节螺母；2—可调顶出杆；3—移动模板；4—固定模板

图 8-26 模具闭合高度与注射机模板距离

2）顶出距离和开模距离的调整

顶出距离又称脱模距离，通常等于模具型芯的高度。常用的曲肘式结构注射机，其开模行程是固定的，在模具设计时设计师也进行了开模行程的校核，因此模具安装时只要调整注射机顶杆的顶出距离。另外，有些注射机的开模距离是可以调节的，试模时除了调整顶杆的顶出距离，还要设置好注射机的开模距离。开模距离太小，塑件无法从分型面取出来；开模距离太大，增加了生产周期，加速了机械磨损。开模距离的计算分为以下几种情况。

（1）单分型面注射成型模。

如图 8-27 所示，采用顶杆顶出塑件的模具，开模距离 $S$ 按下式计算：

$$S \geqslant H_1+H_2+(5\sim10)$$

式中 $H_1$——塑件推出距离（mm）；

$H_2$——塑件（包括浇注系统）高度（mm）。

模具的最大开模距离应当小于注射机的最大开模行程。

（2）双分型面注射成型模。

为了取出浇注系统凝料，开模距离须要增加定模座板与流道板分离的距离。如图 8-28 所示，开模距离 $S$ 应按下式计算：

$$S \geqslant H_1+H_2+K+(5\sim10)$$

式中 $H_1$——塑件推出距离（mm）；

$H_2$——塑件高度（mm）；

$K$——取出浇注系统凝料所需的距离（mm）。

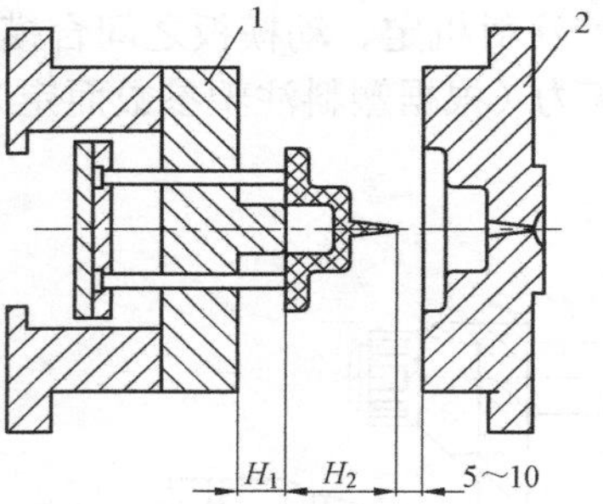


1—动模；2—定模

图 8-27 单分型面模具开模距离

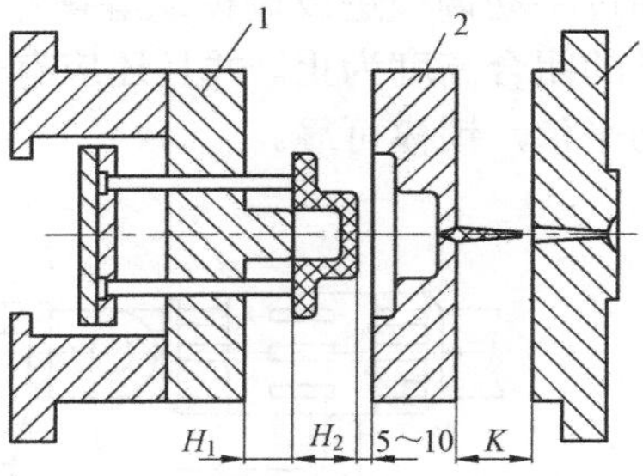


1—动模；2—流道板；3—定模

图 8-28 双分型面模具开模距离

塑件的推出距离 $H_1$ 一般等于模具型芯高度，但对于内表面为阶梯形的塑件，有时不必推出到型芯的全部高度就可以取出塑件，如图 8-29 所示。这时 $H_1$ 可根据调试情况而定，以能顺利取出塑件为宜。

3）塑料模具注射成型参数的调整

塑料模具的试模实质上是通过对注射成型参数的调试、调整，选择一个合理的成型参数条件，从而成型出既满足内在质量，又符合外观质量的合格塑料制品。塑料模具的成型条件和控制因素很多，但主要的成型参数有温度、压力、时间，它们是影响塑料制件质量的主要因素。

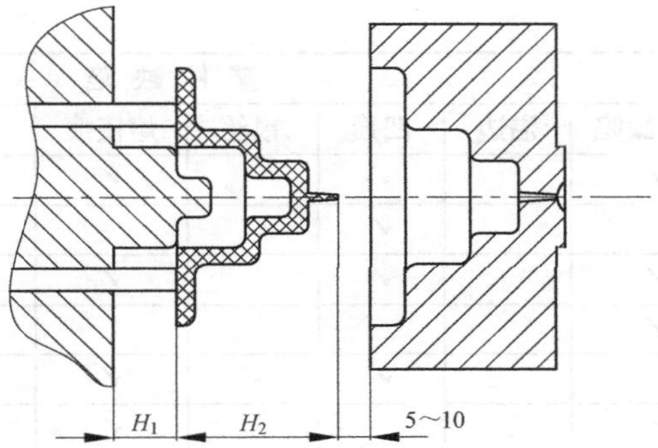


图 8-29 内表面为阶梯状时顶出距离

（1）温度的设定与调整。

塑料模具安装工作完成后，就可将已干燥好的塑料送入加热料筒上方的料斗内，打开冷却水开关，以防料斗附近的塑料因温度过高结块堵塞，此时可启动设备电气系统，开始正常设定温度条件而准备试模。温度设置通常分为模具温度、喷嘴温度和料筒温度（料筒温度又分为前段、中段、后段）三种，一般要求喷嘴温度比最高成型温度低 10～20℃，料筒前段温度最高，中段、后段逐渐降低。设置温度时首先按塑料制品的注射成型工艺设置，在以后试模过程中再调整。

（2）压力的设定与调整。

压力的设定包括塑化压力、注射压力及保压压力的设置。塑化压力指塑料塑化时，螺杆顶部熔体在螺杆转动后退时所受到的压力，其大小应根据塑料品种而定，一般在 2MPa 左右。塑化压力又称背压，背压的大小可以通过液压系统中的溢流阀进行调节。注射压力是指柱塞或螺杆头部对塑料熔体所施加的压力，一般控制在 40～130MPa 之间。其作用是克服熔体进入型腔的流动阻力，给予熔体一定的充型速度。因此注射压力越大注射速度也就越快，正确的注射压力才有最佳的注射速度，才能保证塑料制品的外观及内在质量。

型腔充满后，要对模内熔料进行保压压实，压实时的压力等于或小于注射时所用的注射压力。

（3）成型周期的设定与调整。

成型周期将影响生产效率和设备利用率。为保证塑料制品的质量，应尽量缩短成型周期。成型周期包括充模时间、保压时间、冷却时间和辅助时间，而充模时间、保压时间、冷却时间是最重要的，对塑料制品质量有决定性的影响，设定时应以确保塑料制品充满、压实、保压补缩充分、浇口固化及脱模时塑件不变形为原则。在生产中，充模时间一般不超过 10s。注射时的保压时间较长，一般为 20～120s，壁厚特别大的可达 5～10mm。冷却时间长短主要以保证塑件脱模时不引起变形为原则，一般约为 30～120s。

（4）注射成型模试模时产生的缺陷和原因快查表如表 8-9 所示。

表 8-9 注射成型模试模时产生的缺陷和原因快查表

| 原　　因 | 塑件缺陷 | | | | | | | |
|---|---|---|---|---|---|---|---|---|
| | 外形缺陷 | 溢边 | 凹痕 | 银丝 | 熔接痕 | 气泡 | 裂纹 | 翘曲变形 |
| 料筒温度太高 | | ✓ | ✓ | ✓ | | ✓ | | ✓ |
| 料筒温度太低 | ✓ | | | | ✓ | | ✓ | |
| 注射压力太高 | | ✓ | | | | | ✓ | ✓ |

续表

| 原　因 | 塑件缺陷 | | | | | | | |
|---|---|---|---|---|---|---|---|---|
| | 外形缺陷 | 溢边 | 凹痕 | 银丝 | 熔接痕 | 气泡 | 裂纹 | 翘曲变形 |
| 注射压力太低 | ✓ | | ✓ | | ✓ | ✓ | | |
| 模具温度太高 | | | ✓ | | | | | ✓ |
| 模具温度太低 | ✓ | | ✓ | | ✓ | ✓ | ✓ | |
| 注射速度太慢 | ✓ | | | | | | | |
| 注射时间太长 | | | ✓ | ✓ | ✓ | | ✓ | |
| 注射时间太短 | ✓ | | | | ✓ | | | |
| 成型周期太长 | | ✓ | | ✓ | | | | |
| 加料太多 | | ✓ | | | | | | |
| 加料太少 | ✓ | | ✓ | | | | | |
| 原料含水份过多 | | | | ✓ | | | | |
| 分流道或进料口太小 | ✓ | | ✓ | ✓ | | | | |
| 型腔排气不好 | ✓ | | | ✓ | | ✓ | | |
| 制品壁厚设计太薄 | ✓ | | ✓ | | | | | |
| 制品壁厚设计太厚或变化大 | | | | | | ✓ | | ✓ |
| 注射机能力不足 | ✓ | | ✓ | ✓ | | | | |
| 注射机锁模能力不足 | | ✓ | | | | | | |

## 8.4 模具的使用与维护

正确的使用模具、合理的维护和保养工作是保证模具正常生产、延长模具使用寿命的必要措施。因此，在生产中应该制定相应的操作制度，定期地和经常性地维护，以确保模具的正常工作。

### 8.4.1 冲裁模的使用

冲裁模在使用时均要经过检测，对于新模具要检查该模具是否经过试模，有无模具制造合格证和试模样件，检查样件形状尺寸是否符合产品图样要求。对于已经用过的旧模具再次使用，要检查用了多长时间，模具的整体性和各构件是否完好无损，能否继续直接用于生产，要不要修理和维护。

**1．模具使用前的检查**

（1）使用的模具如果是新模具，应检查是否经过试冲验证并带有合格制件；如果是老模具，则应带有上一次生产的尾件，并检查模具历史卡片的记录情况。

（2）检查所用模具和设备是否符合工艺文件的要求，同时检查模具各主要零部件是否完好，凸、凹模有无裂纹、压伤等缺陷。

（3）检查模具的各构件和模柄等连接是否牢固，有无松动现象。

（4）模具的外观有无影响使用的异物（如保护油类等未清除干净）。

### 2. 模具装在压力机上的检查

（1）冲裁模的上、下模座与压力机的滑块底面、工作台接触面是否擦拭干净，没有脏物。

（2）压力机的打料装置应暂时调到最高位置，待装上模具后再调整至最佳位置。

（3）压力机的闭合高度和冲模的闭合高度是否相适应。冲裁模的卸料装置同压力机是否能配合使用。

（4）模具装好后再仔细检查模具内、外有无异物，安装牢固，运动灵活。

### 3. 使用过程的检查

（1）对新模具或每批次首件产品，应会同质量检查人员及现场施工人员进行首检和安全可靠性认可，方能正式投入生产。

（2）模具在使用过程中，应定时润滑工作表面，如凹模刃口、工作型腔、导向零件及活动配合表面等。但应注意，此项工作必须停机进行。

（3）应随时注意毛坯有无异常现象，如毛坯不能有硬折，厚度变化不能太大，严重的氧化皮和翘曲现象，一旦发现上述现象，应停止工作。在使用代用材料时，必须有技术部门的签字方能生产。

（4）操作时严禁多片重叠冲压。

（5）随时注意工装、设备有无异常现象，工件质量是否良好，如有问题，要及时停机处理后方能生产。要注意清理工作台面及冲模上的废料、残余冲压件及其他杂物。对坯料要预先擦拭干净并涂少量润滑油。

（6）除了操作者自检外，还应设专职检查员巡检，随时注意产品质量的变化并做记录，检查的内容主要围绕制件的品质缺陷来查模具上的问题。冲件的毛刺大了，检查模具的冲裁间隙是否过大或刃口变钝了；施工人员也应经常到现场观察工装、设备的使用情况，对违章操作规程的现象要立即制止，对严重违规者应勒令其停止作业，并认真处理。

### 4. 冲裁模的润滑

（1）拉深模的润滑。拉深时在凹模与材料之间加润滑剂，可以降低材料与模具间的摩擦系数，从而降低拉深力，提高了材料的变形程度，降低了极限拉深系数，减少了拉深次数，更重要的是保护了模具表面，提高了模具的使用寿命，可获得较高表面质量的制件。拉深低碳钢常用润滑剂如表 8-10 所示；铝拉深用植物油、工业凡士林油；铜拉深用菜子油、肥皂与油的乳化液混合体。

表 8-10 拉深低碳钢常用润滑剂

| 序号 | 润滑剂成分 | 含量（W%） | 用途 | 序号 | 润滑剂成分 | 含量（W%） | 用途 |
|---|---|---|---|---|---|---|---|
| 1 | 锭子油<br>鱼肝油<br>石墨<br>油酸<br>硫磺<br>钾肥皂<br>水 | 43<br>8<br>15<br>8<br>5<br>6<br>15 | 用于一般模具拉深模 | 3 | 锭子<br>硫化蓖麻油<br>鱼肝油<br>白垩粉<br>油酸<br>苛性钠 | 33<br>1.6<br>1.2<br>45<br>5.5<br>0.1 | 用于单位压力大的拉深模 |

续表

| 序号 | 润滑剂成分 | 含量（W%） | 用　途 | 序号 | 润滑剂成分 | 含量（W%） | 用　途 |
|---|---|---|---|---|---|---|---|
| 2 | 钾肥皂<br>水 | 20<br>80 | 用于球形制品拉深模 | | | | |

（2）冷挤压的润滑。黑色金属坯料在冷挤压之前应进行表面处理，然后涂上润滑剂，如果不进行表面处理，则在 2000MPa 以上的高压力作用下，一般的润滑剂被挤走而失去作用。制品毛坯经磷化处理后，再进行润滑可降低挤压力，避免制品的刮伤，同时磷化层还起到将变形金属与模具隔离，减少磨损，防止微量金属焊合在模具表面的作用，从而提高模具的使用寿命。有色金属冷挤压应根据合金的种类，涂上相应的润滑剂。

### 5. 完善操作制度

模具应在安全状态下正确使用才能达到应有的寿命，因此，操作者必须按操作制度有序、高效、安全生产。对于不同的模具有不同的具体操作要求，但其共同点是一致的，主要内容概括如下。

（1）操作人员必须经过岗位培训并取得操作合格许可证方可上岗操作。

（2）操作人员必须严格遵守工艺规程要求，做到尽心尽职、安全优质地全面完成任务。

（3）正式操作前要先查看交接班记录，然后检查模具和设备有无和交接班记录不相符的地方。

（4）设备和模具需要润滑的部分，生产前应及时加油润滑。

（5）正式生产前应空运转几下，观察设备和模具的动作有无异常感觉，如有应及时报告，由专职人员排除故障。

（6）新接班加工出的第一件，必须经自检和专职检查员检查通过后方可往下加工生产。

（7）生产过程中操作人员必须经常检查所加工的制件有无缺陷，如发现有，应及时停机检查原因。

（8）生产过程中由于设备的振动，可能会引起固定模具的紧固件松动，操作人员应及时检查紧固情况。

（9）操作人员必须坚持做好交接班的登记工作。

## 8.4.2 冲裁模的维护

冲裁模在使用一段时间后会出现各种故障和问题，从而影响冲压生产的正常进行，甚至造成冲裁模的损坏或安全事故。为了保证冲模安全、可靠地工作，必须十分重视模具的日常维护工作。冲裁模的维护内容如表 8-11 所示。

表 8-11　冲裁模的维护内容

| 项　目 | 原　因 | 方　法 |
|---|---|---|
| 更换易损件 | 1．定位零件磨损，造成定位不准<br>2．级进模导板、挡料块磨损，造成精度降低<br>3．复合模推杆弯曲 | 1．更换新定位杆<br>2．调整到合适位置或更换新零件<br>3．校正原推杆或换新推杆 |

续表

| 项　目 | 原　因 | 方　法 |
| --- | --- | --- |
| 刃磨凸、凹模刃口 | 冲裁模使用中，凸、凹模刃口逐渐钝化，冲裁件有明显的毛刺撕裂 | 用油石在刃口上轻轻地修磨或卸下凸、凹模在平面磨床刃磨后再继续使用 |
| 调整卸料距离 | 由于凸、凹模刃口多次修磨，使闭合高度降低，致使复合模卸料器与凸模不在同一平面上。继续使用则出现上模压卸料板的情况，使卸料弹簧变形 | 应在凸、凹模底部加垫板，保持原来的位置高度 |
| 修磨与抛光 | 拉深模与弯曲模因长期使用后磨损，模具型面质量降低，产生划痕 | 用油石、细砂纸将型面轻轻打光，然后用氧化铬抛光 |
| 模具的紧固 | 模具在使用一段时间后，由于振动与冲击，使紧固螺钉松动，失去紧固作用 | 在模具使用一段时间后，应对螺钉进行紧固 |
| 调整定位器 | 由于长期使用及冲击振动，使定位器位置发生变化 | 随时检查，调到合适位置 |

### 8.4.3 注射成型模的保养与维护

**1．保护型腔表面**

由于塑件的表面粗糙度要求较高，注塑模型腔面表面粗糙度值一般在0.4μm以下。在使用时型腔的表面不允许被钢件碰划，即使需要也只能使用纯铜棒帮助塑件脱模；当需要擦拭时应使用涤纶布或丝网布。有的型腔表面有特殊要求的，表面粗糙度 $Ra \leqslant 0.2\mu m$，表面一般镀镍处理，操作者应佩带丝绸手套，不允许用手直接触摸。

**2．型腔表面要定期进行清洗**

注射成型模在成型过程中有的塑料会分解出低分子化合物腐蚀模具型腔表面，使得光亮的型腔面逐渐变得暗淡无光而降低塑件质量，因此要定期擦洗，擦洗可以使用醇类或酮类溶剂，擦洗完后要及时吹干。

**3．型腔表面要按时进行防锈处理**

一般模具在停用24h以上时都要对型腔表面进行防锈处理，涂刷无水黄油，停用时间较长时，可以喷涂防锈剂。在涂防锈油或防锈剂之前，应用棉丝把型腔或模具表面擦拭干净并用压缩空气吹干净，否则效果不好。

**4．滑动部位应加注润滑油**

模具导柱、导套、顶杆、复位杆等动配合零件要定期擦拭加注润滑油脂，保证运动件运动灵活，防止紧涩咬死。

**5．易损件应及时更换**

导柱、导套、顶杆、复位杆、限位钢珠等活动件因长时间使用而有磨损，要定期检查并及时更换，一般在使用3～4万次就应检查更换，保证滑动配合部位间隙不能过大，模具能正常工作。

6．模具表面粗糙度的修复

一般注射成型模的型面会越用越光，制品会越做越好，模具经试模具合格后会越来越好用。由于有些塑料带有腐蚀作用，使得模具使用一段时间后型腔表面变得越来越粗糙，塑件质量下降，这时应对型面进行研磨、抛光等处理，有的还要重新抛光后镀铬或镀镍处理等。

7．型腔表面的局部损伤要及时修复

型腔的嵌件或镶件损坏应及时更换，其他局部有严重损伤的，一般采用黄铜、$CO_2$ 气体保护焊等办法焊接后，再用机械加工的方法或钳工修复打光，也可以用嵌镶的方法修复。对于要求高的表面不能用焊接或嵌镶的方法，而应采用特殊的工艺方法进行处理。

### 8.4.4 模具的管理制度

1．模具的管理

模具的管理基本要求：应做到账、卡、物三者相符，分类进行管理。管理好模具，对改善模具技术状态，保证制品质量和确保冲压生产顺利进行至关重要。

1）模具管理卡

模具管理卡记录模具号和名称、模具制造日期、单价、制品图号和名称、材料规格、所使用的设备、模具使用条件、模具加工件数及质量状况的记录，一般还记录模具定期技术状态鉴定结果及模具修理、改进及生产中借用等内容。模具管理卡是模具档案，要求一模一卡，在模具使用后，要求立即填写工作日期、制件数量及质量状况等有关事项，与模具一起交库保管。

2）模具管理台账

模具管理台账是对库存全部模具进行登记、管理。主要记录模具号及模具存放、保管地点，以便使用时及时存取。

3）模具的分类管理

模具的分类管理指模具应按其种类和使用机床分类进行定置管理。有的企业是按制件的类别分类保管，一般是按制件分组整理。例如，某个零件需要经冲裁、拉深、成型三个工序才能完成的，可将这三个工序使用的冲裁模、拉深模、成型模等一系列冲模统一放在一起管理和保存，并且便于维护和保养。

2．模具入库与发放的管理办法

（1）入库的新模具，必须要有技术和质量检验，以及生产车间、使用单位首次共同检验的合格证。

（2）使用后的模具应及时入库，一定要有技术状态鉴定说明，并确认下次是否还能继续使用。

（3）经维修保养恢复技术状态的模具，经自检和互检确认合格后，方可入库，便于下次使用。

（4）经修理后的模具，须经检验人员验收调试合格后，并确认冲制的制件合格。

不符合上述要求的模具，一律不允许入库，以防误用。

模具的发放须凭生产指令（生产通知单），填明产品名称、图号、模具号后方可发放使用。

### 3．模具的保管方法

入库保管的模具应做到井井有条、科学管理、多而不乱、便于存取，不要因存放不当而损坏模具。

（1）存放模具的仓库应通风良好，防止潮湿，为便于存取，还应分类存放并摆放整齐。

（2）小型模具应放在架子上保管，大、中型模具应放在架底层或进出口处，底面应垫上木板。

（3）模具存放前应擦拭干净，并在导柱顶端的储油孔中注入润滑油后盖上纸片，以防灰尘及杂物落入导套内影响导套精度。

（4）在凸模与凹模刃口及型腔处，导柱、导套接触面上涂防锈油，以防长期存放后生锈。

（5）模具在存放时应在上、下模之间垫以限位木块，以避免卸料装置长期受压而失效。

（6）模具上、下模应整体装配后存放，决不能拆开存放，以免损坏工作零件。

（7）对长期不使用的模具，应经常检查其保存完好程度，若发现锈斑或灰尘应及时予以处理。

（8）模具入库时，每套模具均应建立档案，记录入库日期、试模样件和以后使用维修事宜。

## 思考与练习

8-1 模具的拆卸原则是什么？

8-2 模具拆卸常用工具有哪些？

8-3 保证模具装配精度的工艺方法有几种？

8-4 冷冲模的一般装配方法有哪些？

8-5 冷冲模间隙的调整方法有哪些？

8-6 什么是型芯的压入法装配？

8-7 试举例说明塑料模具总装步骤。

8-8 试举例说明冲裁模的调整步骤。

8-9 冲裁模常见缺陷有哪些？

8-10 冲裁模的维护内容有哪些？

# 反侵权盗版声明